蒋文中　云南省社会科学院研究员，云南财经大学外聘博士生导师；中国国际茶文化研究会、茶马古道研究中心理事、专家组成员；云南茶文化研究会学术委员会主任。长期致力于云南地方史和民族文化、茶文化研究。

出版著作20余部，发表论文300余万字。专著主要有：《走进西部·云南》《云南民族文化探源》《云南民族民间手工艺》《中国普洱茶》《中华普洱茶文化百科》《爱随茶香》《古茶乡韵》《茶马古道文献考释》《茶马古道研究》《云南文化产业丛书·茶艺》，主编有《云茶大典》《中国普洱茶百科全书》，参与编撰《云南通史》《云南重大历史人物事件及影响》。被称为民族文化传播使者和普洱茶文化研究首席专家，对弘扬传播茶文化做出突出贡献。2008年被中国国际茶文化研究会选为最有影响的中国茶行业专家学者，载入《2008中国茶业年鉴》和《云南省社会科学年鉴（2008—2010）·人物传》，并被中国国际品牌协会、中国新闻传播中心评选为中国陆羽奖首届国际十大杰出贡献茶人。

云南省社会科学院研究文库

云茶史志辑考

蒋文中 编著

云南出版集团 云南人民出版社

图书在版编目（CIP）数据

云茶史志辑考 / 蒋文中编著. --昆明：云南人民出版社，2021.3

ISBN 978-7-222-14498-9

Ⅰ.①云… Ⅱ.①蒋… Ⅲ.①茶文化－文化史－云南 Ⅳ.①TS971.21

中国版本图书馆CIP数据核字（2021）第013044号

责任编辑：和晓玲
封面版式：熊小熊　蒋晓婷
排　　版：云南瀚景文化传播有限公司
责任校对：吴　虹
责任印制：马文杰

云茶史志辑考

蒋文中 / 编著

出　版　云南出版集团　云南人民出版社
发　行　云南人民出版社
社　址　昆明市环城西路609号
邮　编　650034
网　址　www.ynpph.com.cn
E-mail　ynrms@sina.com
开　本　787mm×1092mm　1/16
印　张　16.25
字　数　320千
版　次　2021年3月第1版第1次印刷
印　刷　云南新华印刷二厂有限责任公司
书　号　ISBN 978-7-222-14498-9
定　价　49.00元

如需购买图书、反馈意见，请与我社联系
总编室：0871-64109126　发行部：0871-64108507　审校部：0871-64164626　印制部：0871-64191534

云南人民出版社微信公众号

前　言

本书用了十余年时间，通过对云南有关茶业文献进行收集整理，考证研究，结合田野调查，对云南茶业史料进行了全方位梳理，其目的是深入发掘云茶历史文化价值，总结云南茶业在历史上的作用和发展经验，为支持云茶发展，富裕一方百姓，成就一方产业提供更多的借鉴，实现茶业的发展，也为学界和爱茶人研究云茶提供帮助。

《云茶史志辑考》因属填补前人过去没有做过的空白，加之云南地处边远，以至于中国历代诸多茶著，如从唐代陆羽的《茶经》、斐汶的《茶述》、毛文锡的《茶谱》至宋代赵佶的《大观茶论》、明代朱权的《茶谱》、万邦宁的《茗史》、冯时可的《茶录》等均未提到云南茶，直至明代中晚期后许次纾的《茶疏》才略记有片语。在正史通志中提到云南茶的也凤毛麟角，仅有东晋的《华阳国志》、万历《云南通志》、道光《云南通志稿》、赵尔巽的《清史稿·食货志》等。至于专门记述云南的史籍方志，清代以前仅在物产或见闻录中略有记述，最早从唐代樊绰的《蛮书·云南管内物产》、宋代李石的《续博物志·卷七》、范成大的《桂海虞衡志》等开始，到明代谢肇淛的《滇略·卷三》、徐霞客的《游记》、方以智的《物理小识》、兰茂的《滇南本草节选》等才有记载。清以后随着普洱茶兴起并成为皇家贡茶，史料才多起来。甚至还出现了专门记述普洱茶的著作，如清代张泓的《滇南新语·滇茶》、吴大勋的《滇南闻见录下卷·物部·团茶》、阮福的《普洱茶记》等。

上述史志资料中虽对云南和普洱茶有记载，但却少而分散零碎，有些记述过略，记述中多是重复转述前人，缺少考证和新资料，甚至多有错误，有不少生僻的地名和专有词汇得一一考证注解，如明代称“普茶”“普雨茶”“太华茶”“湾甸茶”等。故本书在对云茶文献的收集整理中，得通过大量的实地调查，挖掘出文献只言片语中的历史渊源及发展演绎，以还原呈现历史本来面目，并在结合文献研究、现时调研中，思考探索其文化传统与时代价值，以古为今用。总之，本书力求全面深入，在史书典籍里大海拾贝，搜集整理出云茶史料，并加以考证，以为之后能在总体把握云茶历史发展过程基础上，梳理出云南茶业发展的源流及规律，以汲取云茶传统价值并探索云茶的现当代发展路向，为研究完成《云南茶史》贡献一份力量。

本书在编著中，辑译考证了繁复的古籍文献，还认真参阅了现代有关学者对云茶和茶马古道的调研成果，并对其中较有价值的资料做了辑录。如任乃强的《康藏史地大纲》，谭方之的《滇茶藏销》，李拂一的《西双版纳与西藏之茶叶贸易》，洛克的《中国西南古纳西王国》，顾彼得的《被遗忘的王国》，方国瑜的《普洱茶》，赵春洲、张顺高编的《版纳文史资料选辑——西双版纳茶叶专辑》，蒋铨的《在云南种茶是“濮人”先行》，杨毓才的《云南各民族经济发展史》，平措次仁主编的《西藏古近代交通史》，李旭的《藏客—茶马古道马帮生涯》，宣绍武的《茶马古道亲历记》，木霁弘的《茶马古道考察纪事》，孙官生的《茶马古道考察记》，林超民的《普洱茶散论》，黄桂枢著的《普洱茶文化大观》，杨福泉的《茶马古道老城丽江忆旧》等，对引用作者资料若有漏记的，在此一并致谢并请指正！

这里还得特别说明的是，史志文献辑考，既繁多又耗时耗力，多种校本得一一对照，调研考证，颇费辛劳，有的得反复多次调查，但好在有

对普洱茶十分有研究的资深茶人冉皓冰先生的帮助，他一次次陪同实地考察，并提供对云南普洱茶和滇红茶多年研究的心得，与本人一道探讨和收集资料，历时十多年，总算完成这部拙著，填补了云茶缺憾。还要感谢岭南茶业公司和云南匠人制茶，因他们组织了很大力量，花五年多时间走遍云南茶山采集的标本和数据库，为本书在研究调查中所缺或不足的资料，提供了不少补正充实，其用匠心制茶的精神给予本书作者很多激励。还要感谢广东资深茶人梁树新先生。毕业于中山大学哲学系和广东社会科学研究生院经济学专业的梁树新先生，对云南普洱茶有三十年的品鉴收藏经历，因对普洱茶有特殊偏爱，每年都会多次到云南茶山茶企探访收藏好茶，在涉及云茶各个方面的探讨中，获益颇多，在本书的编写过程中，梁树新先生给予了帮助支持，在此深表感谢！因本人水平有限，该书难免有不少遗缺或错漏，还请同行师友多多指正！

目录

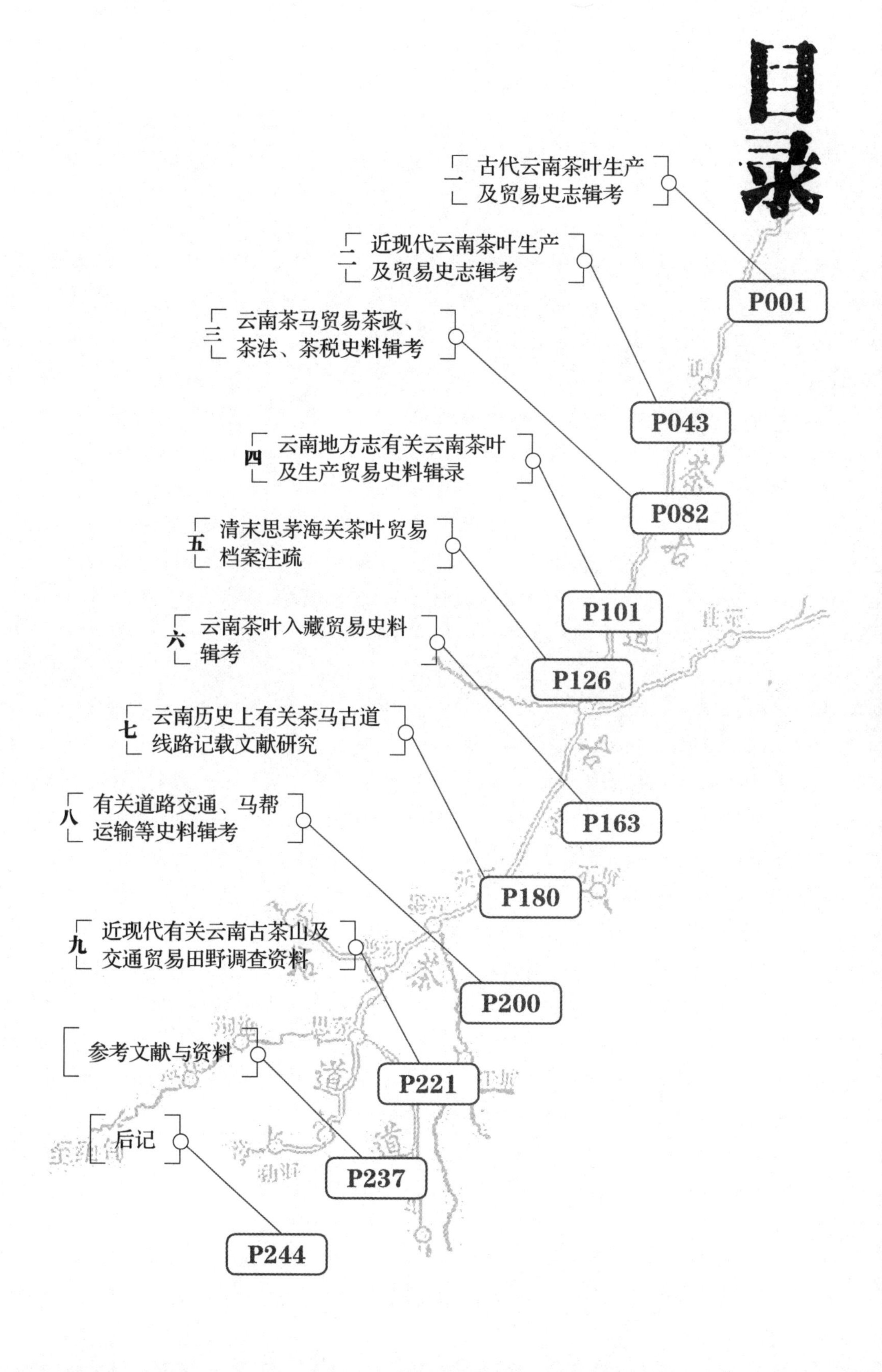

一　古代云南茶叶生产及贸易史志辑考

晋·常璩《华阳国志·巴志》

周武王伐纣，实得巴、蜀之师，著乎《尚书》。巴师勇锐，歌舞以凌，殷人倒戈，故世称之曰“武王伐纣，前歌后舞”也。武王既克殷，封其宗姬于巴，爵之以子……其地，东至鱼复，西至僰道，北接汉中，南极黔涪。土植五谷，牲具六畜。桑、蚕、麻、苎、鱼、盐、铜、铁、丹、漆、茶、蜜、灵龟、巨犀、山鸡、白雉，黄润、鲜粉，皆纳贡之。其果实之珍者，树有荔支蔓有辛蒟，园有芳蒻、香茗，给客橙、葵。其药物之异者，有巴戟天、椒。竹木之贵者，有桃支、灵寿。其名山有涂、籍、灵台、石书、刊山。其民质直好义。土风敦厚，有先民之流。故其诗曰：“川崖惟平，其稼多黍。旨酒嘉谷，可以养父。野惟阜丘，彼稷多有。嘉谷旨酒，可以养母。”其祭祀之诗曰：“惟月孟春，獭祭彼崖。永言孝思，享祀孔嘉。彼黍既洁，彼仪惟泽。蒸命良辰，祖考来格。”其好古乐道之诗曰：“日月明明，亦惟其名。谁能长生，不朽难获。”又曰：“惟德实宝，富贵何常。我思古人，令问令望。”而其失，在于重迟鲁钝。俗素朴，无造次辨丽之气。其属有濮、賨、苴、共、奴、獽、夷、蜑之蛮。

考：《华阳国志》，又名《华阳国记》，是一部记述古代中国西南地区地方历史、地理、人物等的地方志著作，由东晋常璩撰写于晋穆帝永和四年（348年）。全书分为巴志，汉中志，蜀志，南中志，公孙述、刘二牧志，刘先主志，刘后主志，大同志，李特、李雄、李期、李寿、李势志，先贤士女总志，后贤志，序志并士女名录等，共12卷，约11万字。记录了从远古到东晋永和三年（347年）巴蜀史事，记录了这些地方的出产和历史人物。

据《史记·周本纪》载，周武王在公元前1066年率领南方八个小国讨伐纣王。八国即庸、蜀、羌、髳、微、纑、彭、濮八个部族国。方国瑜等学者考证，其中的髳族、濮族均祖居云南，髳族分布在今牟定县，濮族分布面广，周秦时期称为百濮，其后裔分支很多。历代称呼为朴子、朴子蛮、布朗、蒲蛮、哈瓦、德昂等。据许慎《说文解字》记载，这些称呼都是由"濮""蛮"二字的音源而来，只是译音取字不同而已。《华阳国志·南中志》记载，诸葛亮定南中后将永昌郡濮民数千部落移至云南郡和建宁郡屯田。

唐代樊绰《蛮书》卷四《名类》载："扑子蛮，……开南、银生、永昌、寻传四处皆有。""扑子蛮"，即今佤族、布朗族和德昂族的先民。方国瑜教授在论著中考证说："在景东、景谷、普洱、思茅、西双版纳、澜沧、耿马、临沧、镇康、云县、保山诸处居民，都有蒲蛮族，自称'布朗'，以往记录濮、朴、蒲，都是布的同音异写。又布朗族与佤族（自称布饶、布幸）、崩龙族（自称布雷，即今德昂族），语言同一属系，族属亦相关（蒙古人种，亦称南亚语族），古濮人分别名号甚多，当包括有今布朗、阿佤、崩龙（德昂）诸族之先民"。[①]

由上可知，"濮人"是云南澜沧江流域最古老的土著先民，史书称"扑子蛮"，分布面也广。濮人祖居云南的历史悠久，当地有适宜种茶的条件，故有濮人为云南种茶始祖之说。这与上述商周时期云南以茶为贡品是吻合的。今云南最古老的种茶民族布朗族、佤族、德昂族便是濮人后裔。《云南各族古代史略》载："布朗族和崩龙族（历史上）统称扑子族，善种木棉和茶树。"20世纪80年代，在澜沧江中下游地区发现许多新石器，属"忙怀类型"，而"忙怀类型"属"百濮"的文化遗存。在今天的田野调查中，人们找到了大量茶文化的资料，进一步丰富了普洱茶的文化内涵，并充分证明了云南少数民族先民中的濮人是普洱茶最早的种植者。

清道光《普洱府志稿》卷八《物产》也认为："普郡于商周为产里地，

---

① 方国瑜著，林超民编：《方国瑜文集》第四辑，云南教育出版社2001年版。

始贡方物。”[①]

另一种观点，据任乃强教授考证，茶叶并非进贡给周武王，而是巴国统治者自己向属民征纳的贡品，时间晚于武王伐纣700余年。[②]另茶学专家裘览耕在《巴蜀茶文化史话》一文中写道：“据《茶谱》记载，在南朝萧齐时期（479—501年）前‘蜀州晋原（郡）洞口漕造茶为饼，印龙凤于上，饰以金箔，每八饼为一斤，入贡。’这是四川（也是中国）茶史上制造龙凤茶饼和以饼茶进贡的最早记录。”这样算来，紧压茶作为贡品已有1500多年历史，而紧压茶的先导者主要是云南古老的土著濮人。故有“当代茶圣”之誉的吴觉农先生在其《茶经述评》中认为，当时所指巴蜀包括今四川省及云南、贵州两省部分地区，故贡品中除有四川茶外也有云南茶。之后清光绪《普洱府志·建置志》载：“普郡于商周为产里地，始贡方物”。意思是说，普洱在商周时已经开始进贡地方特产，“方物”可能包括“茶”。

晋·常璩《华阳国志·南中志》

平夷县……有石兆津安乐水，山出茶、蜜。

考：平夷县即今云南富源县，在西汉前是古夜郎国属地，西汉和东汉置平夷县，县治在今大河镇恩乐村。蜀汉时期沿袭，县治迁至平夷乡（今富源县城），属牂牁郡。西晋永嘉五年（311年）置平夷郡。该史料表明，汉晋时期对云南茶已有明确记载。有学者认为这条珍贵的史料恰好可与《华阳国志·巴志》所述纳贡之茶对应起来，说明既然南中“山出茶蜜”，兼之昔日巴蜀之师中又有布朗族祖先濮人，这么说来，其所纳贡之茶，何尝不就是云南之茶呢?

濮人包括今布朗族、德昂族和佤族先民。茶叶作为濮人特产，历史上一直是纳贡之物。如1949年以前，澜沧的布朗族每年要向孟连土司上一次小贡，每三年上一次大贡。小贡除银圆、棉花外，还要上贡茶叶二十斤；大贡除银

① 《普洱府志稿》卷八《物产》，道光三十年刊本。

② 参见任乃强：《巴蜀上古史》。

圆、鼯鼠（俗称“飞乐”）等外，还要上贡茶叶五十斤。这曾经形成制度，后被废止。

晋·傅巽《七诲》

蒲桃宛柰、齐柿燕栗、垣阳黄梨、巫山朱橘、南中茶子、西极石蜜。

考：这里列举的是一系列中外名优土产。南中即云南，茶子是成个成块的紧茶，说明云南紧茶在汉晋时期已是与宛柰、齐柿、燕栗、巫山朱橘、西极石蜜齐名的特产。南中的茶与大宛国花红、阿富汗冰糖以及山东柿子、河北板栗、三峡红橘等中外名产列在一起，说明云南茶在三国时期已很有名。

当然“南中茶子”是否就是云南紧茶仍值得进一步研究。有专家认为“南中茶子”指茶树的种子。如彭承鑑先生认为，长期以来，人们将“南中茶子”中的“子”理解为云南的紧茶、饼茶，因而淹没了祖先对植物分类学的贡献。他认为，晋朝没有出现紧压茶，到唐时，云南茶叶还在“散收无采造法”。“南中茶子”中的“子”与茶叶制造无关，指的是茶种即茶果，不同于灌木型的云南乔木型大叶种茶叶果实。

三国魏·吴普《吴普本草·菜部》

苦茶，一名荼，一名选，一名游冬，生益州川谷，山陵道傍，凌冬不死，三月三日采干。注云：疑此即是今茶，一名荼，令人不眠。《本草注》：按《诗》云“谁谓荼苦”，又云“堇荼如饴”，皆苦菜也。陶谓之苦茶，木类，非菜流，茗春采谓之苦。

考：西汉武帝元封二年（公元前109年），滇王使羌臣服于汉，武帝赐以金质“滇王之印”，封其为滇王，以滇池为中心，设益州郡，领24县，包括今曲靖、玉溪、昆明、大理、保山等州市的辖区，郡治在滇池县（今晋宁区晋城）。东汉明帝时设永昌郡之前，先设西部都尉，仍归益州节制。汉献帝建安十九年（214年）设庲降都尉于今之曲靖，统辖益州、朱提（今昭通一带）、兴古（今文山、红河部分地区）、永昌（今保山和临沧）、云南（今大理、楚雄部分地区及云南东南部及贵州南部）、越嶲（今四川西昌和云南丽江、楚雄

部分地区）、牂牁七个郡。可见两汉时滇治均属益州管辖。

蜀建兴三年（225年）诸葛亮平定南中后，在南中地区倡导种茶，发展南中地区经济，使南中茶叶颇负盛名。《吴普本草・菜部》所称益州主要是指现今云南所属之地。该史料进一步说明汉晋时期，云南就已广为种植茶树。因云南与巴蜀在汉晋时关系紧密，蜀建兴三年（225年）诸葛亮充分利用了南中地区产茶的优势条件，进一步倡导种茶，发展南中地区经济，也由此使云南成为中国茶文化最早发祥地。

唐・陆羽《茶经・一之源》

茶者，南方之嘉木也，一尺、二尺乃至数十尺。其巴山、峡山，有两人合抱者。伐而掇之。其树如瓜芦，叶如栀子，花如白蔷薇……其字，或从草，或从木，或草木并。从草，当作茶，其字出《开元文字音义》。从木，当作梌。其字出《本草》。草木并作荼，其字出《尔雅》。其名，一曰茶，二曰槚，三曰蔎，四曰茗，五曰荈……

考：“茶者，南方之嘉木也……”所指茶出西南。在先秦的汉文献里没有“茶”字，只有一个“荼”字。《周礼》云：“掌荼，掌以时聚荼，以供丧事。”先秦典籍里“荼”字出现比较多的是《诗经》，如《谷风》“谁谓荼苦”，《出其东门》“有女如荼”，《邶风》“谁谓荼苦，其甘如荠”。《楚辞》中也说到“荼”，如《九章・橘颂》“故荼荠二不同亩兮”。“茶”字最晚到唐时就已见于正式文献了。陆羽《茶经》对茶、茶具、制茶的方法、饮法及用水之道、茶的源流等做了详细的介绍和研究。

陆羽《茶经》是一部具有划时代意义的经典著作。它对唐代以后中国茶文化的推进和发展，做出了非凡的历史贡献，陆羽在中国被誉为茶圣。《茶经》全书共七千多字，分上、中、下三卷共十个部分，是中国乃至世界现存最早、最完整、最全面介绍茶的一部专著。其主要内容和结构有：一之源，二之具，三之造，四之器，五之煮，六之饮，七之事，八之出，九之就，十之图。《茶经》对茶叶生产的历史、源流、现状、生产技术、饮茶技艺及茶道原理进行综合性论述，是一部划时代的茶学和茶文化重要著作，推动了中国茶文化的发展。不过，限于当时的条件，陆羽未曾亲赴中国茶树原生地云南一带做过田野考察，因而在他的《茶经》中，“茶者，南方之嘉木也”，也仅只能泛指当时中国南方而言。陆羽受当时条件所限，没有写到云南茶特别是明代才正式得名的普洱茶也是可以理解的。连乾隆皇帝在其《烹雪用前韵》诗中也写道：“独有普洱号刚坚，清标未足夸雀舌。点成一碗金茎露，品泉陆羽应惭拙”。

唐·陆羽《茶经·七之事》

《广雅》云：荆、巴间采叶作饼，叶老者，饼成以米膏出之，欲煮茗饮，先炙令赤色，捣末，置瓷器中，以汤浇覆之，用葱、姜、橘子芼之。其饮醒酒，令人不眠。

考：此文中，既有饼茶的采制法，又有饼茶的饮啜法。而且就饼茶的采制法来说，其时至少有了两种：一种是采来老叶做成的饼茶，一种是采来嫩叶做成的饼茶，两者的制法各不同，这就是所谓“叶老者，饼成以米膏出之”。

《茶经》记载的“荆、巴间采叶作饼”之说，有专家认为，就其所指的地域而言，应不仅泛指现今的湖北、川渝一带，而且还应包括现今的云南、贵州一带。今天来看，在上述四个地域之中，云南是中国茶树原生地的中心地带，古老的饼茶制作，今普洱茶制作仍沿袭之。普洱茶至今延续的各种紧压茶可印证“茶叶作饼”的古法。《广雅》本是一部训诂学的书，中国饼茶最早见之文字的历史记载，就在这部书上。《广雅》的作者张揖，乃魏国清河（即今河北）人。张揖曾任明帝太和中博士，而“太和”即魏明帝年号（227—233年），当然乃属三国时代无疑。这就是说，早在陆羽《茶经》问世的五百余年之前，中国饼茶就已然见诸史籍。不过该史料，明确说明是在“荆、巴间”，是否包括现今的云南、贵州一带，学术界尚有争议。

不少学者认为，上古时代的云南及其茶树原生地一带，是一个处于封闭状态的神秘王国。后来随着茶叶贸易之路的开拓，云南与外界的交往日复一日、年复一年地频繁起来。鉴于古濮人的茶叶行销到西北和中原，须跋山涉水，千里迢迢地远途辗转不已。要适应远途运输，唯一的良法就是生产紧压茶。于是南中的茶，率先制成形样各异的紧压茶，诸如普洱沱茶、普洱方茶、七子饼茶、团茶、砖茶、竹筒茶等应运而生，远销四方，流誉海外。因而谁能断然否认，这南中之茶不是今普洱紧压茶呢？

《茶经》提到的荆、巴间茶叶食用方法，在云南少数民族中还可看到，如基诺族“凉拌茶”，将鲜嫩的茶叶揉软撮细，放在大碗中，随即放入黄果叶、酸笋、酸蚂蚁、大蒜、辣椒、盐巴等配料后食用。这种方法沿袭至今。与上述记载看，至少已有千余年的历史。

唐·樊绰《云南志补注》卷7

茶出银生城界诸山，散收无采造法，蒙舍蛮以椒姜桂和烹而饮之。

考：唐懿宗咸通四年（863年），唐朝使节樊绰出使南诏。根据方国瑜先生考证，所谓“银生城”，即南诏所设“开南银生节度”区域，在今景东、景谷以南之地。产茶的“银生城界诸山”在开南节度辖界内，亦包括当时受南诏统治的今西双版纳产茶地区。[①]方先生同时认为银生节度又称开南节度，其辖区相当广袤，在其管辖范围内还有奉逸城和利润城，奉逸城在今天普洱县，利润城在今天的勐腊县的易武乡。[②]林超民先生在方国瑜先生研究基础上认为，樊绰所谓产茶的“银生城界诸山”应在开南节度管辖界内的茶山。

本考认为，上述史料是有关我国云南少数民族用茶、饮茶的最早记载。但“银生城界诸山”作为开南节度管辖界内的茶山，不仅指今西双版纳境内“六大茶山”，而且还包括普洱及临沧等澜沧江中下游地区，这一地区是国际茶界公认的世界茶树原产地的中心地带和普洱茶的发祥地，茶马古道的源头，不能因过去的史料更多记载了西双版纳境内“六大茶山”而忽略了种茶、制茶和茶叶贸易历史同样悠久的普洱及临沧产茶区。就“六大茶山”而言，除史料更多提到的澜沧江东岸（亦称江内）的，以易武（曼撒）为中心的攸乐、革登、倚邦、莽枝、蛮砖、易武等六大古茶山外，还应包括位于澜沧江西岸（亦称江外）的，以佛海（今勐海）为中心的南糯、勐宋、布朗、贺开、巴达和景

---

① 方国瑜：《普洱茶》，载《方国瑜文集》第四辑，云南教育出版社2001年版。

② 方国瑜：《中国西南历史地理考释》上册，中华书局1987年版，第487页。

迈古茶山，这些茶山共同成为自古代至民国时期的普洱茶“六大茶山”主产区域。

《蛮书》中的“采无时”，是说采茶不分季节，一年到头都可以采，这正是云南南方亚热带气候茶叶生产周期的真实写照。“杂椒姜烹而饮”的饮茶方法，至今还保留在佤族的擂茶和基诺族的“凉拌茶”中。

南宋·李石《续博物志·卷七》

茶出银生诸山，采无时，杂椒、姜烹而饮之。

考：清代檀萃《滇海虞衡志》对此史料注曰：“顷检李石《续博物志》云：‘茶出银生城诸山，采无时，杂椒、姜烹而饮之’。普洱古属银生府，则西蕃之用普茶，已自唐时。宋人不知，犹于桂林以茶易马。”[①]

就南宋李石《续博物志·卷七》“茶出银生城诸山，采无时，杂椒、姜烹而饮之”与唐代樊绰《蛮书》“茶出银生城界诸山，散收无采造法，蒙舍蛮以椒姜桂和烹而饮之”，两条史料对应看有相同也有差别，樊绰之言多有不足，既然说是“散收无采造法”，但接着却又说是“蒙舍蛮以椒姜桂和烹而饮之”，这有些说不通，若是无造法，怎又会以椒姜桂和烹而饮之，那些“蒙舍蛮”所采用的吃茶之法，恰恰是饼茶的饮啜法，并且跟上述《广雅》所说的饼茶之饮啜法，两者相似：一则说，“用葱、姜、橘子芼之”，一则说，“以椒姜桂和烹而饮之”，一个是三国时代的饼茶饮啜法，一个是唐代晚期的“蒙舍蛮”所用的无以名之的饮啜法，两者相隔达五百余年之久，吃法竟是如出一辙。

李石的《续博物志》“茶出银生城诸山，采无时，杂椒、姜烹而饮之”。也许是参照了比之樊绰的《云南志》更为可靠的史料，于是他断然删剔了樊绰所谓“散收无采造法”的字样，并且代之以“采无时”这样一个精当的措辞，堪称笔力不凡也。只因滇西南一带，大抵属于亚热带，部分则是属于热带的气候，故而常年可以采茶，所以，“采无时”之说，集中表达了西双版纳

---

① 檀萃：《滇海虞衡志》，云南人民出版社1990年版。

一带采茶的特色。此外，樊绰笔下的“蒙舍蛮”，有歧视当地少数民族人民的贬称，因而亦被李石删去。李石笔下的文字相对樊绰的描述更准确些。

明·钱古训撰，江应樑校注《百夷传》

宴会则贵人上坐，其次列坐于下，以逮至贱。先以沽茶及蒌叶、槟榔啖之。沽茶者，山中茶叶，春夏间采煮之，实于竹筒内，封以竹箬，过一二岁取食之，味极佳，然不可用水煎饮。

考：景泰《云南图经志书》卷十有李思聪著的《百夷传》，两书内容略有出入，征引时，为便于区分，书名前署明作者。

钱古训，号坚斋，浙江余姚人，生卒年代不详。明洪武年间官至湖广布政使司左参政。洪武二十九年（1396年），他和李思聪奉命出使缅甸和百夷，钱古训回国后，根据自己的出使经历和沿途见闻，撰写了《百夷传》一书，是流传至今的介绍缅甸情况最早的著作。该书记述了当地民族食用竹筒茶。

这是明代云南少数民族存在的以茶为食的记载。前面说的是以沽茶及蒌叶、槟榔混合啖食，后面说竹筒茶的腌制和食用法。

明·谢肇淛《滇略》卷3

滇苦无茗，非其地不产也，土人不得采取制造之方，即成而不知烹瀹之节，犹无茗也。昆明之太华，其雷声初动者，色香不下松萝，但揉不匀细耳。点苍感通寺之产过之，值亦不廉。士庶所用，皆普茶也，蒸而成团，瀹作草气，差胜饮水耳。

考：“士庶所用，皆普茶也。”这是普洱茶第一次作为专有名词出现。谢肇淛这段文献的最大意义，在于它是我们目前所能查到的最早的普洱茶名称的记载。此“普茶”即“普洱茶”，我国茶叶到明代（14世纪后期）已有手搓炉焙的制法。谢肇淛说普茶“蒸而成团”，说明明代云南普洱已有加工揉制“紧茶”的制茶技术了。明洪武十六年（1383年）普洱治地已称普耳。明万历年间，普洱治地改名普洱，概因普洱茶而得名。“士庶所用，皆普茶也，蒸而成团”，这里又十分明白地介绍了明代普洱茶的另一个情况：蒸压成圆团形的普（洱）茶，当时早已为各阶层人所常用矣。

明·谢肇淛《滇略》卷3

昆明之泰华，其雷声初动者，色、香不下松萝，但揉不匀细耳。

考：“昆明之泰华”也即太华茶，产于昆明太华山（或太华寺）。从查阅的各种文献中得知，明末，云南最著名的茶有太华茶和感通茶，感通茶产于大理感通寺。松萝茶产于安徽休宁的松萝山顶，创制于明朝，早就因其品质独特和药用价值而闻名全国，为我国较早的名茶之一。《本经逢源》中说：“徽州松萝，专于化食”。徐霞客在广西映霞庵饮了茶后，忆起了松萝茶的好处来，感叹庵中饮的茶在松萝之下，该地方的茶没有松萝的茶好。

云南茶树按物种分类共有32个种和两个变种，按植物形态分类有灌木型的中、小叶种和半乔木、乔木型的大叶种。大叶种茶种性优良，是云南的主要茶种。谢肇淛褒为“色香不下松萝（安徽历史名茶）”的“昆明太华茶”多半属于小叶种茶，褒扬之余，谢肇淛也毫不客气地指出，昆明太华茶“揉不匀细”，加工粗放不够精细。

明·谢肇淛《滇略》卷3

点苍感通寺之产过之，值亦不廉。

感通茶产于大理市七里桥乡辖区内感通寺方圆近10平方公里的圣应峰（又称荡山）、马龙峰山脚一带，处在莫残溪、龙溪之间。由于具有雪山、云雾、清泉、沃土等得天独厚的地理气候条件，加上悠久的种茶、制茶传统，所产的感通茶经冲泡后，汤色嫩绿清纯、茶香浓郁、滋味醇甘，经久耐泡，被视为待客的上品。其中感通碧玉茶更是上品中的珍品。以上史料是谢肇淛《滇略》等文献中对昆明泰华（太华），大理感通等云南名茶及用茶的一些记载。明代宗景泰六年（1455年）《云南图经志书·土产》也载，大理府感通茶，“产于感通寺，其味胜于他处所产者”。湾甸州“其孟通山所产细茶，名湾甸茶，谷雨前采者为佳”。在明代，昆明的太华茶、大理的感通茶以及昌宁的湾甸茶，应是当时云南最负盛名的三种茶。

明·谢肇淛《滇略》卷9

南甸、干崖、陇川，所谓三宣也。（干崖）其田一岁两收，婚姻以谷茶、鸡卵为聘，客至，亦以为供。

考：这是云南少数民族以茶为婚聘的最早文字记载，同时也反映了茶在少数民族生活中的重要意义。云南有25个少数民族，各民族都有自己的语言、服饰、风俗习惯、信仰，他们都有独立的哲学体系和独特的风情。不管哪种民族，直至今天他们都把茶当成一种高洁典雅的物品，认为茶是上通天神，中达祖宗，下连亲友的媒介和信物。各民族以茶为聘，以茶为媒比比皆是。茶之为用十分高洁，茶之作意极其深邃，现在很多民族的人文背景与茶息息相关、相依相伴。生活中茶可谓无处不在，无处不有。

明·谢肇淛《滇略》卷9

有孟通山所产细茶，胜于中国。

考：“胜于中国”应指内地。孟通山，据笔者考证在今云南昌宁县湾甸乡境内，此说孟通山所产细茶胜过内地茶。

明·李中立《本草原始》

（濮）儿茶出南番，系细茶末入竹筒中，紧塞两头置入污泥沟中，日久取出，捣汁熬制而成。

考：《本草原始》为明末李中立（字正宇）所纂辑，首刊于明万历四十年（1612年）。该书12卷，收载药物470种，药图420幅，其中360余幅是作者据实物亲临写生所绘，附方369个。《本草原始》与以往本草的不同点为药图不绘原植物，仅绘其药用部分，真伪对照，以利药材鉴别，为突出药材形态鉴别。对前代本草记载详明的药品图注简明扼要，对易混淆品种则详加考察，澄清混乱。该书揭露当时药商以伪充真的卑劣手法，并注意到产地环境、采收季节、炮制加工等因素对药材质量的影响，是在中药鉴定、炮制等方面做出贡献的一部药材学著作。

该书所提到的“（濮）儿茶出南番，系细茶末入竹筒中，紧塞两头置入污泥沟中，日久取出，捣汁熬制而成”。这里的茶名，省略了一个“濮”字，而只称“儿（耳）茶”，也即普洱茶。现在思普地区的濮人后裔布朗族仍保留着古老的“酸茶”制作法，即把鲜茶蒸熟，放在阴凉处晒干水汽后，装入竹筒中压紧封好，埋入土中，几个月乃至几年以后，将竹筒挖出，取酸茶款待宾客。其制作法与明代记载十分相似。笔者曾在布朗族弄养寨亲口尝过这种“酸茶”。

这种适应自然的酸茶，在云南热带、亚热带地区特别解渴解暑，提神且有助食欲。直至今天，许多茶区民族仍沿袭着古老的采制茶叶方法，如制散茶：采回鲜叶杀青后，在竹笆上揉搓，晒干即成。他们把这种晒青散茶拿到集市交换油盐布帛，因此可推断布朗族采摘制作的散茶，有可能是最早的普洱茶。这种最自然简单而实用的茶叶采制技术和饮茶方法，成为声名远播的普洱茶最基本的加工方法。而这也正是普洱茶与中国其他茶类加工最本质的区别。

明·李元阳《大理府志》

感通寺在点苍山圣应峰麓，有三十六院，皆产茶树，高一丈，性味不减阳羡，名曰感通茶。

明·周季凤·正德《云南志》卷3《大理府》

感通茶感通寺出，胜他产。

考：明代嘉靖年间成书的《大理府志》是今天大理白族自治州境内现存的第一部地方志书，具有较高的史料价值。从该书关于感通茶的记载可见那时的感通茶颇具规模，与寺院禅道相得益彰，而今在感通寺大雄宝殿右侧寺院的花园中，还是两棵明代遗存至今的古茶树。

感通茶是云南寺院茶中名气最大的茶之一，自古以来文人墨客着笔较多，留下许多文献记载和诗词吟咏。特别是用点苍山圣应峰之天然山泉水泡茶，其色、香、味、形得以充分释放，以至清代余怀在其《茶苑》中说：“感通寺山岗产茶，甘芳纤白，为滇茶第一”（余怀，清代文学家、诗人。字澹心，一字无怀、广霞，号鬘翁，又号鬘持老人。福建莆田人，侨寓南京。余怀对茶事极有兴趣，撰《茶苑》，稿初成而为人窃去。后见刘源长撰有《茶史》，病其疏略，遂又撰《茶史补》，兼具独家资料）。

历史上感通寺不仅对茶叶的栽培、焙制有独特的技术，而且十分讲究饮茶之道。寺院内设有茶堂，专供禅僧辩论佛理、招待施主、品尝香茶。寺院还专设茶头，专事烧水煮茶，献茶待客，并在寺门前派“施茶僧”，惠施茶水。徐霞客也曾至感通寺游玩品饮感通茶之后，写下了“中庭院外，乔松修竹，间作茶树，树皆高三四丈，绝与桂相似。时方采摘，无不架梯升树者。茶味颇佳……”

笔者曾去感通寺寻找当年徐霞客所看到的茶树和嘉靖年间白族学者李元阳所提到的极宜煮茶的泉水，可惜物是人非。山门前的山地上，种上了低矮的台地茶，当年的正殿大云堂已毁于火灾，周围的古树则失于僧侣重振辉煌的善良愿望，被砍伐殆尽。不过在现在的大殿旁边，仍能看到几株古茶树，只是高度远低于徐霞客当年所见，也就是一丈多高。

明·周季凤·正德《云南志》卷14《湾甸州》

茶境内有孟通山所产细茶，名湾甸茶，谷雨前采者为佳。

考：根据上述明代有关云南茶文献资料看，明末云南最著名的茶为：感通茶，产于大理感通寺；湾甸茶，出湾甸州（今昌宁县湾甸乡）；普茶，产车里之普洱山（今普洱县西门山）；剪刀粗茶，出永宁府（今宁蒗县）；乌蒙茶，出乌蒙、镇雄（今云南昭通地区）。点苍感通寺之产“过之”，湾甸茶则“胜于中国”，此为滇茶之顶尖者。湾甸茶，因产量极小，不载于《徐霞客游记》。明代云南还有昆明太华茶、十里香茶、石城茶、楚雄儿茶、顺宁玉皇庙茶、普茶、永宁剪刀粗茶等，剪刀粗茶和乌蒙茶，除本地自用外，余则作为政府茶课交与四川马政，与吐蕃易马。

对照徐霞客游记看，明代云南的大路茶是“蒸而团之”的普茶。《游记》中还提到芽茶，由于洪武年间已废团茶而重散茶，因此，我们可以推断“芽茶”应为散茶。至于它是炒青还是晒青抑或是黄茶，我们就不得而知了。《游记》中还提到昆明海口石城所产茶“茶味回于他处”，亦提及缅甸茶山所产之茶。当时，虽然从八关入缅之道已不畅通，但在滇滩关，茶山野人时以茶、蜡、黑鱼、红藤、飞松五种入关易盐、布。这种以物易物的集市交易，与元代《云南志略》所载“金齿百夷以毡、布、茶、盐互相贸易”的性质相同，应该还不是规模经营。从这里也可以推断出，在这条号称南方丝绸之路的古道上，明代似乎不存在正规的茶叶贸易。

除真茶外，《游记》中还提到两种替代茶，一种是米花茶，“僧瀹米花为献，甚润枯肠”，今天白族的三道茶中第二道就是以米花茶为主的。另一种是孩儿茶，“以孩儿茶点水飧客，茶色若胭脂而无味”。孩儿茶是用一种豆科植物的芯材熬制成的茶膏，有清热、生津化痰之功。明代李中立《本草原始》称：“儿茶出南番，系细茶末入竹筒中。紧塞两头置入污泥沟中，日久取出。俗因擦小儿诸疮效，每呼为孩儿茶。”这种孩儿茶的制法似乎与徐霞客所提稍有不同，但更类似滇西少数民族的酸茶和竹筒茶。

明·《徐霞客游记·滇游日记四》

戊寅十月二十五日……先是从里仁村望此山，峰顶耸石一丛，不及晋宁将军峰之伟杰，及抵其处而阖辟曲折，层沓玲珑，幻化莫测，钟秀独异，信乎灵境之不可以外象求也。盖是峰西倚大山，此其一支东窜，峰顶中坳，石骨内露，不比他山之以表暴见奇者；第其上无飞流涵莹之波，中鲜剪棘梯崖之道，不免为兔狐所窟耳。老猡猡言：“此石隙土最宜茶，茶味迥出他处。今阮氏已买得之，将造庵结庐，招净侣以开胜壤。岂君即其人耶？”

考：《徐霞客游记》被称为“千古奇书”，在60余万字的《游记》中，写了很多茶事。茶，源于中国，自发现起，就一直为人们所用，至今有数千年的历史。茶文化的源头在中国，艳丽的茶道之花也开在中国。徐霞客对茶情有独钟，整部《游记》初步统计涉及茶事70余处。记述有供茶、待茶、供茗、饮茶、啜茶、进茶、点茶、献茶、留茶等内容，写煮茶17次。《游记》记载了寺庵庙观设茶、施茶8处。并又记述以茶命名的茶埠1处、茶寺1处、茶亭1处、茶坞1处、茶榜1处、茶洞1处、茶园2处、茶房3处、茶庵5处，不胜枚举。[①]

① 葛云高：《徐霞客游记里的茶事》，段兆顺：《徐霞客笔下的明时茶香》，《普洱》杂志。

明·《徐霞客游记·滇游日记六》

……弘辨诸长老邀过西楼观灯。灯乃闽中纱纬者，佐以柑皮小灯，或挂树间，或浮水面，皆有荧荧明星意，惟走马纸灯，则暗而不章也。楼下采青松毛铺借为茵席，去卓趺坐，前各设盒果注茶为玩，初清茶，中盐茶，次蜜茶。本堂诸静侣环坐满室，而外客与十方诸僧不与焉。余因忆昔年三里龙灯，一静一闹，粤西、滇南，方之异也。

考：这里所记写于鸡足山，文中可看出喝茶时为表示隆重，地铺松毛，主客席松毛而坐，边喝茶边吃茶果。特别这句“初清茶，中盐茶，次蜜茶”应是最早的有关三道茶的文字记载，说明明末云南人对贵客招待以三道茶，这里的三道茶与较晚的“一苦二甜三米花”，或“一苦二甜三回味”的三道茶不同。《徐霞客游记》中曾多次提及各种茶果，如在复吾处茶果有蜜炙山参、孩儿参、桂子、海棠子、栗、枣、松子、胡桃等，在玄明处“嚼茗传松实”，在白云处“嚼茗传茶实”等等。吃茶佐以茶食，古已有之。茶食以面点为主，一般少用果蔬。日本古代《禅林小歌》中记茶食30余种，水果只几品。

明·《徐霞客游记·滇游日记八》

中庭院外，乔松修竹，间作茶树。树皆高三四丈，绝与桂相似，时方采摘，无不架梯升树者。茶味颇佳，炒而复爆，不免黝黑……中立我太祖高皇帝赐僧无极归云南诗十八章，前后有御跋。此僧自云南入朝，以白马、茶树献……僧为瀹茗设斋。

考：徐霞客对感通茶的记述是浓墨重彩的。在《滇游日记八》中到宕山感通寺找何长君，写所见的茶树，这里记述的是云南原生大叶茶种，从《游记》记载看，感通茶是乔木大树茶，从“炒而复曝，不免黝黑”看，感通茶应是一种用锅炒杀青的晒青茶，其杀青效果较直接用日晒杀青的晒青茶效果好，更易保存，较用蒸压成型的团茶茶味更佳。这种滇青茶制茶法应是当时云南高档茶的通用制法。数百年来，滇西南各县盛产的晒青茶（俗称黑茶），精工制成普洱茶、砖茶、沱茶等，就取自这种高大茶树。

明·《徐霞客游记·滇游日记八》

馈以古磁杯、薄铜鼎，并芽茶为烹瀹之具。

考：崇祯十二年（1639年）正月下旬应丽江世袭土知府木增之邀，徐霞客离开鸡足山前往丽江，并受到木增的热情款待。在当时的丽江首刹解脱林，二月初八，纯一禅师“馈以古磁杯、薄铜鼎，并芽茶为烹瀹之具”。可见作为茶马古道上的重镇之一，当时丽江的上层人士，饮茶不仅是种风尚，器具也是比较雅致的。

明·冯时可《滇行纪略》

楚雄府城外石马井水无异惠泉，感通寺茶不下天池伏龙，特此中人不善焙制尔。

考：冯时可，字元成，号文所，生于嘉靖二十年（1541年）前后，约卒于天启初年。他出生于松江华亭，是隆庆五年（1571年）的进士，先后任过广东按察司佥事、云南布政司右参议、湖广布政司参政，贵州布政司参政。

万历三十七年（1609年），冯时可任云南布政司右参议，写下见闻笔记《滇行纪略》，赞云南山水之奇，四季如春，温暖宜人，放眼望去满是奇花异草，郁郁葱葱，娇艳欲滴，更有汩汩温泉四处得觅，溶洞奇险待人寻幽探奇……大书云南有十善：“滇南最为善地，六月即如深秋，不用挟扇衣葛，一也；严冬虽雪，而寒不侵肤，不用围炉，二也；地气高爽，无霉湿，三也；花木高大，有十丈余，其茶花如碗，大树合抱，鸡足苍松数十万株，云气如锦，四也；日月与星，比别处倍大，五也；花卉多异品，六也；望后至二十月犹圆满，七也；冬日不短，八也；温泉处处皆有，九也；岩洞深杳奇绝，十也。”

冯时可对茶也素有研究，曾著《茶录》。万历三十七年（1609年）他升任云南布政司右参议，在巡游云南大理时路过感通寺，目睹当地茶香泉甘，却因为不善于焙制，工艺粗糙而默默无闻。于是在《滇行纪略》中说：“楚雄府城外石马井水，无异惠泉。感通寺茶，不下天池伏龙。特此中人不善焙制尔。”文中感通寺茶系指大理感通茶，惠泉指的是无锡惠山山泉，天池则是当时苏州天池山产的名茶，伏龙即浙江古会稽的名茶之一，亦称卧龙。冯时可在品尝过云南茶后感慨："恨此泉不逢陆鸿渐，此茶不逢虎丘僧也"。冯时可感慨当时云南茶原料的优异，却被粗略的做工所耽误埋没。这对于出生在松江华亭（今上海松江区）的冯时可，从小喝惯了江南优质鲜嫩的绿茶来看云南大叶茶也不足不怪。

无尽《传衣寺同大错和尚制茶》（七古）

掇取溪岚莺嘴芽，火中生熟调丹砂。
臼声捣落三更月，空外云英片片赊。
陆羽在时钟此好，重灭梁鸿已灭灶。
谁能日啖沟中水，舌上莲花从不到。
予今行脚遇赵州，门前之水向西流。
不重此茶重此水，欲觅阳羡当何求？

（《鸡足山志》卷12第495页。）

担当《试茶》（六绝）

采得雨前数叶，剪来却此炎歊。
自负一瓢可乐，谁云滴水难消？

（《担当诗文全集·橛庵草》卷6第274页。）

担当《题试茶图》（七绝）

不去花前学举觞，必先谷雨采旗枪。
世人慎勿轻茶童，万事无如水味长。

（《担当诗文全集·橛庵草》卷7第322页。）

考：担当（1593—1673年），名普荷，又名通荷，字担当。云南晋宁人。俗姓唐，名泰，字大来。先祖原籍浙江淳安，明初从戎来滇，世居晋宁。有诗、书、画"三绝"之誉。为人志存气节，喜爱茶，画作飘逸有奇气。著有诗集《翛园集》《橛庵草》《罔措斋联语》《杂偈》《拈花颂》等。

刘德绪《南涧茶房》（七绝）

绿萝隐隐见村烟，万仞山腰一径悬。

过客不须愁道渴，煮茶僧在白云边。

（清·乾隆《续修蒙化直隶厅志》卷6第17页。）

考：该七绝诗可看作大理南涧县产茶及饮茶的记录。

明·方以智：《物理小识》

普雨茶蒸之成团，西番市之，最能化物。与六安同。按：普雨，即普洱也。

考：方以智（1611—1671年），字密之，号曼公，安庆府桐城县凤仪里（今属安徽省枞阳县）人，是明末清初杰出的思想家、哲学家、科学家，他和陈贞慧、侯方域、冒辟疆被誉为明末四公子。方以智学识渊博，一生著述有一百余部，其中最为出名的是《通雅》和《物理小识》。《物理小识》全书共十二卷，内容涉及天文、地理、物理、化学、生物、医药、农学、工艺、哲学、艺术等诸多方面。

这段文献同样证明了在明代已有普洱茶名称的记载，且云南普洱茶已采用“蒸之成团”法加工成“紧茶”“最能化物”指普洱茶有助消化的作用。普洱茶的清胃消食，在清代吴大勋在《滇南闻见录》云：“……能消食理气，去积滞，散风寒，最为有益之物。”阮福也在《普洱茶记》写道，普洱茶可以消食、散寒、解毒。可见，古人对普洱茶的消食功效是肯定的。因为普洱茶中，茶多酚、叶绿素、芳香油、生物碱等物质较多，而茶多酚能促进脂肪的分解和消化，咖啡因可以提高胃液分泌量，帮助消化。如果控制好自己的饮食习惯，可以达到减肥效果。另外，茶叶中含有大量的氨基酸、维生素、磷脂和微量元素等成分，可以增加肠胃蠕动，促进对食物的消化吸收，达到养胃、护胃的效果，也可增加食欲。这就是我们平时吃了油腻食物，再喝一杯茶会感到特别舒服的原因，这也是为什么以肉类和奶类为食的少数民族喜欢喝茶的原因。

明·兰茂《滇南本草》范本

滇中茶叶，气味甘、苦，性微寒。主治下气消食，去痰除

热，解烦渴，并解大头瘟、天行时症。此茶之巨功，人每以其近而忽之。

考： 兰茂（1397—1476年）字廷秀，号止庵，今嵩明县杨林镇人。生活于明洪武至成化年间。他自幼好学，博览群书，成年后学识渊博，然无意仕途，隐居乡里，设馆授徒。为治母病不畏寒暑，跋山涉水，寻医问药，钻研医学。为寻方找药，他的足迹踏遍三迤，为整理单方验方，他尝百草，辨药性，明特征，绘图形。积十数年之艰辛，终于在正统年间写成了富有地方民族特色的独创性药物专著《滇南本草》。

这是明代云南名医兰茂对普洱茶药用及保健功效的充分肯定，并叹曰"此茶之巨功，人每以其近而忽视之。"

现代医药学证实了茶叶中茶多酚、咖啡因、多种芳香物质及维生素C等多种有效成分相互作用，喝茶时，茶汤中的物质刺激了口腔黏膜，从而分泌唾液，达到生津效果，从而止渴。而芳香类物质则以热气的形式带走热量，从而降低身体温度，使人感到清爽凉快。茶叶"苦且寒"，物质相互作用，让肾小球滤过率提高，让肾小管对钠离子和氯离子吸收减少，刺激肾脏排尿。长期饮用，达到降火、清热，去热毒的效果，使身体保持在平衡、纯净的状态。就如清代张泓所著的《滇南新语》中所说的一样，"滇茶，味进苦，性又极寒，可祛热疾"。

明·何乔新《椒邱文集》卷20

……成化十九年二月三日，曩罕弄等逾大小南牙山，令其孙思混等诣公献谷茶，且云来日诣营听谕。谷茶，叶如建茶，以盐水和蜜渍之，蛮人以为珍味。

考： 这是明代云南以茶为食的又一记载。直接食用茶在云南很多少数民族中一直延续迄今。民国时罗养儒写的《云南掌故·芦茶铺》还有芦、茶同食的记载："在百数十年前，中国西南各省的人民，可云不能脱尽边地夷族人的习尚，在云南省内，能从昆明人的嗜好上看出。往昔的昆明人，都喜于饭后咀嚼槟榔与芦子，而且要和着点熟石灰来嚼，如是而能使嘴唇皮上现出红色。故而，昔时的芦茶铺，在柜台的一端，都放着一罐熟石灰供人取用。称为芦茶铺者，是以芦子、槟榔、茶叶为主要货物，若草纸、烟叶等，都为附属货物。芦茶行的生意颇大，所以此一行业中的人，在得胜桥外，曾建有一芦茶会馆。逮至光绪末叶，日嚼槟榔、芦子的人渐少，其营业遂衰。但是，茶叶之销行转盛，此亦算市风上有一小变动。惟是在云南边地上，今尚有几种夷族人，仍是离不开槟榔、芦子，一样的和着熟石灰来嚼。”①

茶源起于少数民族，而喜爱茶叶的各族人民，摸索出不少独特的食茶方法。德昂族制作的腌茶，布朗族的酸菜茶，哈尼族人喜欢喝的蒸茶，特别是佤族将木擂钵擂好的茶叶加入姜、桂、盐，放在土陶罐内共煮后饮用，有清热解毒、通经理肺的功效。

清康熙·章履成《元江府志》

普洱茶，出普洱山，性温味香，异于他产。

考：章履成的《元江府志》编纂于康熙五十三年（1714年）。文献中提到的普洱山，《元江府志》的地图清楚标明于今普洱市宁洱县（原普洱县），康熙年间设普洱通判。

这条记载不但道明了普洱茶产于普洱山，而且品质优于其他产地所产。可见，普洱早在明清时不仅是普洱茶交易聚散中心，而且有普洱山之称，普洱府亦因此而得名。

长期以来，在对云南普洱茶历史的研究中，均有一种从古代史料记载一直延续下来的误解，造成了对普洱茶得名及历史上产地研究的不准确，对此，云南普洱茶协会再次从大量文献和实地研究中对此进一步考证，对云南普洱茶得名及产地的历史又有了重新认识，弥补了过去史料和研究的不足。

“普洱茶，出普洱山”，是有关云南普洱茶产地的一条重要史料。历史上的普洱茶究竟出产于何地？普洱山又在哪里？过去均认为普洱山是指西双版纳六大茶山，而非普洱，因为普洱并不产茶。如《续云南通志长编》之说：“六大茶山，在昔均隶思茅厅，思茅厅又属普洱府，故外省人士概名滇茶为‘普洱茶’，实则普洱并不产茶，昔思茅沿边十二版纳地所产之茶，盖以行政

① 罗养儒：《云南掌故》卷15，第507页。

区域之名而名耳。”为什么会认为普洱不产茶呢？笔者倾检了几乎所有有关云南茶记载的史料后发现，皆因古今史家缺少对普洱茶生产区的实地调研所致。过去（从清代至当代）对普洱茶的记载几乎如出一辙，历代著者均袭前人，以至于人云亦云，传误至今。

历史文献中，普洱茶名最早出现于明代万历年间谢肇淛的《滇略》中：“士庶所用，皆普茶也，蒸而成团，瀹作草气，差胜饮水耳。”《滇略》中虽说到普茶，但未提出具体产地。直至清康熙年间章履成的《元江府志》才第一次提到“普耳茶，出普耳山，性温味香，异于他产”。文献中提到的普耳山又在哪里呢？后人则多解释其在车里即今西双版纳六大茶山。

上述史料为何认为普洱不产茶，其原因是清雍正七年（1729年）以六大茶山和橄榄江内六版纳设置普洱府，到乾隆元年（1736年）设置宁洱县作为普洱府的治所，同时设置思茅厅。清代刘慰三《滇南志略》：“普洱府，元至元二十九年置散府。……本朝顺治十六年取其地，编隶元江府，调元江府通判分防普洱，其车里十二版纳仍属宣慰司，雍正七年裁元江通判，以所属普洱等处六大茶山及橄榄江内六版纳地设普洱府。乾隆元年，增置宁洱县，附府，移攸乐同知驻思茅，而省旧设之通判”（《滇南志略》卷3《普洱府》，《云南史料丛刊》第13卷第196页）。

由于史料的误传，以至当代史学家和茶学专家均延续“因茶叶汇集于普洱，都称为普洱茶了”。“明清两代，都以六大茶山隶属普洱。所以六大茶山所产的茶称之为普洱茶……普洱产茶，不过产茶的地点在六大茶山”。

可见，说普洱府不产茶，产茶的地点在六大茶山，普洱茶的得名是因为普洱府是茶叶集散地，这完全是一种误解。

六大茶山得名较早，清代倪蜕《滇云历年传》卷十二记载：“雍正七年己酉。总督鄂尔泰奏设总茶店于思茅，以通判司其事。六大山产茶，向系商民在彼地坐放收发，各贩于普洱……”（李埏校点《滇云历年传》，云南大学出版社1992年版）。思茅总茶店于清雍正八年（1730年）设立。该史料仅表明对六茶山茶叶贸易的管理，并非说明普洱不产茶。但因普洱府所属六茶山被经常提起，后人便一直沿用了。

结合史料和实地调研，普洱山并非西双版纳六大茶山。普洱山位于云南省南部，普洱市中部的宁洱县，宁洱县北距离省会昆明市373千米，南距离今普洱市政府驻地46千米。普洱山属典型的喀斯特地形地貌，因位于古普洱府西城门外，俗称“西门岩子”，海拔1838.3米，与县城相对高差518.8米，岩石陡峭，拔地而起，山势如壁，耸入云霄，这与《云南通志稿》卷十六《贡象道路》中所记“一山耸秀，名为光山”吻合。且普洱地方自古产茶，这在当地是有着诸多确凿事实依据的。今普洱县勐先小板山茶山上，有为当地茶农祭祀的茶王树，且当地茶农还有“凤凰山崇拜”传统。今普洱县的西门山，当地人称“贡山”，乃因所产之茶为“历代贡奉京师之首茶”（参见云南省民族理论学会思茅分会编撰的《再论普洱茶的光辉历史》，1988年刊行）。此外，今普洱县的东门山、茶庵堂、西萨、扎拉丫口等地，均有古老的茶山遗址。[①]

今天的普洱山仍有宁洱县城令人叫绝的“石壁现茶”奇特景观。在普洱山山壁的“心脏”位置，有一片呈倒三角形的裸露岩体，岩体四周都是光秃秃的，却在岩体中部生长出一些绿油油的树木，远远望去，这些树木排列出的形状，分明是一个草书的“茶”字。据城里的老人说，这个“茶”字自古以来就有，一直挂在普洱山的岩壁上。宁洱人说，先有普洱山，后有普洱茶。普洱山历史上是出产普洱贡茶的名山，所产茶性温味香，称为“众茶之冠”。

雄伟矗立的普洱山，每当晨曦初照，薄雾缭绕时，常出现飞霞焕彩、色彩斑斓的瑰丽景色，其景“天壁晓霞”为“普阳八景”之首，有“壁耸擎天柱，红飞捧日出”的描写。冬末春初，位于山腰的仙人洞云雾缭绕，似有云气从洞内散出，古诗云：“仙子何年去，闲云锁洞深”，其景“仙洞春云”亦为“普阳八景”之一。

乾隆《烹雪用前韵》诗钞

瓷瓯瀹净羞琉璃，石铛敲火然松屑。
明窗有客欲浇书，文武火候先分别。
瓮中探取碧瑶瑛，圆镜分光忽如裂。

---

① 蒋文中：《普洱茶得名历史考证》，《云南社会科学》2012年第5期，第142页。

莹彻不减玉壶冰，纷零有似琼华缬。

驻春才入鱼眼起，建城名品盘中列。

雷后雨前浑脆软，小团又惜双鸾坼。

独有普洱号刚坚，清标未足夸雀舌。

点成一碗金茎露，品泉陆羽应惭拙。

寒香沃心欲虑蠲，蜀笺端研几间设。

兴来走笔一哦诗，韵叶冰霜倍清绝。

考：全诗二十句，140字。乾隆这首诗写了当时晨饮用雪烹普洱茶的全过程，有对皇宫品茶环境、氛围、茶具、燃火、取瑛、观沸、烹煮、品赏、感受、评论、吟哦的生动描写。

黄桂枢研究员考证研究认为，乾隆皇帝嗜茶，更爱普洱茶，又注重品水，他要用“雪”来“烹”茶而称之《烹雪用前韵》，题目可见全诗之意境矣。《烹雪用前韵》诗第一句是对茶具的描写，用瓷茶盅来作烹煮瀹茶的盛具，胜过各种有光宝石。“瀹”为以汤煮物，第二句“石铛”中的“铛”属釜，炊具之温器，“然”字是燃烧的“燃”的本字，这句说燃松屑之火以沸炊温。第三句是说，明窗旁坐着来客想晨饮，“浇书”即晨饮。宋代诗人苏东坡先生谓晨饮为“浇书”（见宋赵与虤《娱书堂诗话》说郛九）。第四句是说烹茶时的氛围，第五句是说从陶制盛器瓮中取出石玉水晶似的美玉（雪块）。第六句是说，在瓮中的雪形如圆镜一样，取出时破裂而“分光”了。第七句是说，玉色美石般的冰雪取出来不减莹彻之高洁。第八句说，零碎的雪块好像光华的美石彩结，“缬”，彩结。第九句是说，烹茶之汤沸已渐大的状态，俗以汤之未沸者为盲汤，初沸曰蟹眼，渐大曰鱼眼，唐代白居易《长庆集》六三《睡后茶兴忆扬同州诗》曰：“沫下麹尘香，花沸鱼眼沸”。“麹”，麦豆混合物。乾隆观察烹茶汤沸程度用“鱼眼起”，十分生动形象。第十句说，有名的茶品摆在盘中。第十一句是说春茶在清明节雷雨前后有着不同的脆软度。第十二句说，把凤凰神鸟似的小团茶分裂开来又觉可惜。“小团”即普洱贡茶“团茶”中的一两五钱重团茶。“双鸾”指凤凰之类的神鸟。“坼”分裂开之意。

第十三句“独有普洱号刚坚”，是全诗的核心之句，乾隆品饮后称赞，独有普洱茶的色香味茶性独特，滑润、回甘、醇和，坚硬强劲而“号刚坚”。《荀子》（法行）中曰：“坚刚而不屈义也”，乾隆借喻自己的性格也如此坚强不挠而“刚坚”。第十四句“清标未足夸雀舌”是说，俊逸的风采都未足以来夸这雀舌般美妙的嫩茶芽。“清标”指俊美洒脱不同凡俗之俊逸风采。第十五句“点成一碗金茎露”，这“点”字用得很灵妙，道出了烹茶如同石膏点豆腐般地要掌握好火候分寸，才能点成一椀（木碗）芳香的金茎甘露来。第十六句“品泉陸羽应惭拙”，此句是乾隆帝以雪烹普洱茶而得出“水以轻者为上”的品水理论，笑说善于品泉的茶圣陆羽应感到惭愧笨拙不如自己。

第十七句中的“沃心”，在《书·说命》上曰：“启乃心，沃朕心”，后指臣下向皇帝献谋建议为沃心。“蠲”，免除之意。这一句是说，乾隆一边品茶一边思考如何采纳臣下的献谋建议，以显示其大德，免除百姓的一些负担。第十八句中的“蜀笺”，指唐代以来著名的蜀地（今四川）所建笺纸。“端研”即端砚，产于广东端州（今肇庆）的砚台上品。此句是说，供我吟诗赋句的蜀笺端砚已摆设在小桌子上了，“几”小桌子。第十九句说，乾隆品饮了雪烹普洱贡茶后，诗兴大发，提笔写下了这首诗。第二十句是说，这首诗押韵冰霜而倍感高洁，从而也显示出了乾隆自己如同普洱茶似的纯洁、清廉、公正、独特的高洁品格。

从诗中看，乾隆品饮普洱茶是“烹”饮的，“烹”即煮。这与唐南诏樊绰撰著《蛮书》中描述“蒙舍蛮以椒姜桂合烹而饮之”的“烹”（煮）一样。清代曹雪芹在《红楼梦》六十三回《寿怡红群芳开夜宴》中写有“该焖些普洱茶喝”和“焖了一茶缸女儿茶，已经喝过两碗了”之句，“焖”也是传统煮茶方法的一种。[①]

詹本林先生对《烹雪用前韵》一诗的意义和价值有较好的评论。

其一，这是目前已知的中国历史上唯一一位皇帝对普洱茶进行品评的诗词。乾隆皇帝为我们留下的这首《烹雪用前韵》，诗词的格调、韵律清新明快、精神十足，写实的味道更为突出。

---

① 黄桂枢：《乾隆皇帝品吟普洱茶诗的搜集考证研究》，《民族茶文化》2007年总第9期。

据历史记载，普洱茶是在清代雍正年间正式成为贡品进入皇宫的。在这之前，在汗牛充栋的历史典籍中，有关普洱茶的记载少得可怜，这也成为普洱茶文化发展的一大遗憾。自雍正朝开始，普洱茶开始受到上至皇家贵胄、下至士绅平民的追捧和热爱，于是出现“普洱茶名遍天下。味最酽，京师尤重之”的现象。这时，有关普洱茶的记载也逐渐多起来，但归纳下来，其实也不算太多，更多的是出现在一些野史、私人笔记中。

戴逸先生在《影印〈乾隆御制诗文全集〉序》中所言，乾隆诗文让普洱茶被钦定的历史价值要大大超过其艺术价值。作为中国历史上第一位，也是目前为止所得知的唯一一位在诗文中提到并对普洱茶予以高度评价的皇帝，乾隆为普洱茶注入了厚重的文化品位和历史内涵，为普洱茶增添了极大的荣耀。

其二，至少在清雍正年间，普洱茶已成为皇室贵胄们追捧的茶品。《烹雪用前韵》这首诗词，最早收录进乾隆还身为皇子时代（即雍正当政时期）所刊刻的《乐善堂全集》中。这说明早在清代雍正年间，云南普洱茶确实已作为贡品进入皇宫，并且受到皇室的器重和喜爱。由于受地理、交通运输等客观条件的制约，云南普洱茶千里迢迢运至皇宫，费时费力，且当时数量不多，因此普洱茶并未普及开来，只限于皇家贵胄品饮。在这种情况下，乾隆皇帝在身为皇子时，当然是有机会得以品饮普洱茶的。

其三，《烹雪用前韵》一诗提供了有关普洱茶形状、品质及品饮等宝贵信息。乾隆皇帝以“小团”描述普洱茶形状，这和阮福在《普洱茶记》中的记载相吻合：“每年备贡者，五斤重团茶，三斤重团茶，一斤重团茶，四两重团茶，一两五钱重团茶，又瓶装芽茶，蕊茶，匣盛茶膏，共八色，思茅同知领银承办”。说明当时的普洱茶是以团茶为主。

在品质方面，乾隆认为用清明前茶叶制作而成的普洱茶最为珍贵，这种原料制成的普洱茶，看似易脆，实则极具柔韧度。滋味方面，普洱茶浓郁醇厚、强劲地道、滋味绵长，与其他各类茶品比较，表现得鹤立鸡群，独树一帜。

在品饮方面，乾隆将冲泡普洱茶所涉及的器具、材料一一罗列，如用“瓷欧”装茶杯，用“石铛”作为火炉，用“松子”作为烧水燃料，用“翁”装冰块或冰水，用“驻春”烧水，用“建城”装茶品。这些细致的描述，让我们身临其境，所有器具和场景历历在目。这也为我们今天整理、提炼、完善普洱茶的冲泡技法、用具等提供了翔实而又精彩的参考。

清·张泓《滇南新语》

滇茶有数种，盛行者曰木邦，曰普洱。木邦叶粗味涩，亦作团，冒普茗名，以愚外贩，因其地相近也，而味自劣。普茶珍品，则有毛尖、芽茶、女儿之号。茶尖即雨前所采者，不作团，味淡香如荷，新色嫩绿可爱；芽茶，较毛尖稍壮，采治成团，以二两四两为率，滇人重之；女儿茶亦芽茶之类，取于谷雨后。以一斤至十斤成一团，皆夷女采治，货银以积为奁资，故名。制抚例用三者充岁贡。其余粗普叶皆散卖滇中，最粗者熬膏成饼，摹印，备馈遗。而岁贡中亦有女儿茶膏并进蕊珠茶。茶为禄丰山产，形如甘露子，差小，非叶，特茶树之萌茁耳，可却热疾。又茶产顺宁府玉皇庙内，一旗一枪，色莹碧，不殊杭之龙井，惟香过烈，转觉不适口，性又极寒，味近苦，无龙井中和之气矣。若迤西之浪穹、剑川、丽江诸边地，则采槐柳之寄生以代茶，然惟迤西人甘之。

考：该史料记录时间为清乾隆二十年（1755年）前后，是这时期对云南普洱茶采制最为翔实的记述，也是普洱茶、女儿茶、蕊珠茶及茶膏进贡的有关记载。对顺宁府所产茶也有记载。

贡茶制在中国古代一直是茶政的一部分。历史上，随着茶叶生产的发展，历代统治者不断加强其管理措施，包括纳贡、税收、专卖、内销、外贸等。早在商周之时，西南地区的茶已纳贡，至唐代贡茶的份额越来越大，名目繁多。普洱茶作为贡茶，在明代也有了明确的记录。明代万历《云南通志》记载："车里司（今勐海）专管贡茶及各勐土司，实行茶引制"。到清代，普洱茶的身价日益增高，成为京师争购品饮的名茶，也成为云南进献皇帝的贡品。清代阮福在《普洱茶记》中对贡茶也做了介绍："福又捡'贡茶'案册，知每年进贡之茶，例于布政司库铜息项下动支，银1000两由思茅厅领去，转发采办，并置办收茶、锡瓶、缎匣、木箱等费。其茶在思茅厅本地收取鲜茶时，须以三四斤鲜茶方能折成一斤"。

清·张庆长《黎歧纪闻》

黎茶粗而苦涩，饮之可以消积食，去胀满。陈者尤佳。大抵味近普洱茶，而用亦同之。

考：这里所指黎茶为边境地区黎族、瑶族、彝族等少数民族所制之茶。元代，松、潘、黎、雅地区藏族所需的茶叶已单独形成一个种，叫“西番茶”，以别于腹地所饮的各种川茶。明代，腹茶与边茶不仅销售范围、对象有区别，而且在采摘季节、制法和包装均不相同。最上等的是腹茶，又称“细茶”“芽茶”，它来自清明前后的嫩芽绿叶，经过烘焙、搓揉等工序制成，味香但不经泡。黎茶又称“剪刀茶”“刀子茶”，系在秋季采摘，茶农用小刀连枝带叶制成粗茶，此茶色味俱浓，经煮耐泡，故颇适藏族地区市场需要。

清·道光《云南通志稿》卷183《南蛮志·种人》

黑窝泥性绌，采茶卖茶其业也。女子勤绩缕，虽行路不释手，普洱府属思茅有之。

考：这里所指黑窝泥即今普洱、西双版纳等地的哈尼族僾伲人，以采茶卖茶为业。文中肯定了一些山区的哈尼族以采茶卖茶为生。

明（郎中）滕槟（永昌）《百花寺》（七律）

石涧东风百种花，百花深处见僧家。
凤溪绕屋分晴霭，鹫岭当窗落绮霞。
深院雨余留鹤迹，小园日夕散蜂衙。
前村后寨皆蒲僰，竞向新春摘茗芽。

（康熙《云南通志》卷29第824页。）

清·刘慰三《滇南志略》卷3《普洱府》

普洱府，元至元二十九年置散府。……本朝顺治十六年取其地，编隶元江府，调元江府通判分防普洱，其车里十二版纳仍属宣慰司，雍正七年裁元江通判，以所属普洱等处六大茶山及橄榄江内六版纳地设普洱府。乾隆元年，增置宁洱县，附府，移攸乐同知驻思茅，而省旧设之通判。

考：“车里”即今景洪，当时“车里”及六大茶山为普洱府所管辖。该史料对从元江府至普洱府并由普洱府管辖六大茶山及橄榄江内六版纳地的行政沿革做了说明。

雍正七年（1729年）七月，鄂尔泰宣布成立普洱府，强化对滇南边陲地方之控制，以宁洱地方为府治，置通判分驻思茅。但普洱等地以外版纳地方，仍属车里宣慰司领地，方圆数百里，其间山岭重叠，林深箐密，交通十分不便，仍有鞭长莫及之势。对于朝廷喜爱的普洱贡茶操办困难不少，紧接着，普洱府设立后，开始强化对十二版纳的控制。普洱府辖宁洱县、威远厅（今景谷）、他朗厅（今墨江）、思茅厅（管辖今思茅区及六大茶山）、车里宣慰司。车里宣慰司本来管辖十二版纳地，设普洱府时将江内六版纳归普洱府直接管辖，车里宣慰司辖区只剩下江外六版纳。凡六大茶山及橄榄坝，江内六版纳地，俱隶属于普洱府直接管辖之下；江外六版纳地方虽仍属车里宣慰司领地，但规定须“岁纳粮于攸乐”。

清·刘慰三《滇南志略》卷3《普洱府》

思茅茶山，地方瘠薄，不产米谷，夷人穷苦，惟借茶叶养生。

考：这里指出了茶叶是边疆民族地区经济的重要依靠。清代茶业是普洱的经济命脉，茶马古道的拓展和延伸将普洱同各茶山、西双版纳和外地联结起来，产自普洱及周边地区的茶叶都要运到当时的政治、经济、文化、贸易中心普洱，经过加工、交易后，源源不断地通过茶马古道运往全国及东南亚、中东、欧洲各国。马帮将普洱茶驮运到国内外后，又将那里的工业品、土特产品驮运回普洱交流，各地商旅、各路商贾、各地马帮云集普洱互通有无，各得其利。

清·赵学敏《本草纲目拾遗》卷6《普洱茶》

普洱茶出云南普洱府，成团，有大中小三等。云南志：普洱山在车里军民宣慰司北，其上产茶。性温味香，名普洱茶。南诏备考：普洱茶产攸乐、革登、倚邦、莽枝、蛮专、曼撒六茶山，而

以倚邦、蛮专者味较胜，味苦性刻，解油腻牛羊毒。虚人禁用，苦涩，逐痰下气，刮肠通泄……普洱茶膏能治百病，如肚胀受寒，用姜汤发散，出汗即愈；口破喉颡，受热疼痛，用五分噙口过夜即愈；受暑擦破皮血者，研敷立愈……按，普洱茶。大者一团五斤，如人头式，名人头茶，每年入贡，民间不易得也。有伪作者，乃川省与滇南交界处土人所造，其饼不坚，色亦黄，不如普洱清香独绝也。普洱茶膏黑如漆，醒酒第一。绿色者更佳，消食化痰，清胃生津，功力尤大也。物理小识，普雨茶蒸之成团，西番市之，最能化物，与六安同。按普雨，即普洱也，编者按。物理小识，原就作普茶……

考：清代赵学敏《本草纲目拾遗》成书于乾隆三十年（1765年）间。这里"普洱山在车里军民宣慰司北"，再次说明普洱山在普洱府治所今宁洱。"成团，有大中小三等"指普洱茶，大者一团五斤，如人头式，名人头茶，每年入贡，民间不易得到，因而也有作假者，乃川省与云南交界处土人所造，其饼不坚，色亦黄，不如普洱清香独绝也。普洱茶膏黑如漆，醒酒第一，绿色者更佳，消食化痰，清胃生津，功力尤大也。作为清代御医的赵学敏，在此书中不仅记述了普洱茶产地、制法、形状，而且充分肯定了普洱茶的药用价值。

清·吴大勋《滇南闻见录》下卷《物部·团茶》

团茶产于普洱府属之思茅地方，茶山极广，夷人管业。采摘烘焙，制成团饼，贩卖客商，官为收课。每年土贡有团有膏，思茅同知承办。团饼大小不一，总以坚重者为细品，轻松者叶粗味薄。其茶能消食理气，去积滞，散风寒，最为有益之物。煎熬饮之，味极浓厚，较他茶为独胜。

考：团茶，也就是用晒青毛茶蒸软后压制成的紧压茶。依据压制的形状，有团茶、沱茶、砖茶、饼茶等。直至今天作为后发酵茶的普洱茶，经蒸压存放后才更具有醇和、耐泡、陈香等特点，不仅口感好，而且有利健康，这构成了普洱茶区别于其他茶叶的特点和价值。此史料记述了作者对普洱茶生产、贩卖及对普洱茶保健药用及品饮价值的肯定。作为清代仕宦云南的吴大勋，称滇西南的大叶种茶能消食理气，去除积滞，驱散风寒，“……最为有益之物。煎熬饮之，味极浓厚，较他茶为独胜”是对普洱茶的称赞。

清·檀萃辑《滇海虞衡志》

普茶名重于天下，此滇之所以为产而资利赖者也，出普洱所属六茶山：一曰攸乐、二曰革登，三曰倚邦，四曰莽枝，五曰蛮耑，六曰慢撒，周八百里。入山作茶者，数十万人，茶客收买，运于各处，每盈路可谓大钱粮矣。尝疑普茶不知显自何时？宋自南渡后，于桂林之静江军，以茶易西蕃之马，是谓滇南无茶也。故范公志桂林自以司马政，而不言西蕃之有茶，顷检李石《续博物志》云：“茶出银生诸山，采无时，杂椒姜烹而饮之。洱古属银生府，则西蕃之用普茶，已自唐时。宋人不知，犹于桂林以茶易马，宜滇马之不出也。李石于当时无所见闻，而其为志，记及曾慥端伯诸人。端伯当宋绍兴间，犹为吾远祖檀倬，墓志则尚存也。其志记滇中事颇多，足补史缺云。茶山有茶王树，较五茶山独大，本武侯遗种，至今夷民祀之。倚邦、蛮专茶味较胜。又顺宁有太平茶，细润似碧螺春，能经三沦犹有味也。大理有感通寺茶，省城有太华寺茶，然出不多，不能如普洱之盛。

考：檀萃《滇海虞衡志》所记时间为清嘉庆四年（1799年）。文中所言“普茶名重于天下，此滇之所以为产而资利赖者也。出普洱所属六茶山，周八百里，入山作茶者，数十万人，茶客收买，运于各处，每盈路可谓大钱粮矣”，可见茶山繁荣之状。

普洱茶产销至清代达于极盛，成为一大经济来源。活跃于滇西南从事普洱茶经营者，有不少便是外来的流民。以江西、湖南人为主的外来流民，在迁居车里茶山等地后，凭借在家乡掌握的制茶知识，很快投身于普洱茶生产及销售的浪潮，尤以从事收购、加工及贩卖者居多。雍正六年（1728年），鄂尔泰的奏疏称：思茅、猛旺、整董、小孟养、小孟仑、六大茶山以及橄榄坝、九龙江各处，原有“微瘴”，“现在汉民商客往来贸易”，并不以“微瘴”为害。清代吴大勋所撰《滇南闻见录·汉人》也说，凡歇店饭铺，估客厂民，以及夷

寨中之客商铺户，以江西、湖南两省之人居多，他们积攒成家，娶妻置产，“虽穷村僻壤，无不有此两省人混迹其间”，乃至“反客为主，竟成乐国”。大量移民进入滇西南等边疆地区作茶，推动当地长期封闭落后、难以形成普洱茶萌生及发展的社会条件的改变。这里，作者还透露出普洱茶历史之悠久已不可追，并又因史载唐时银生府茶输“西番”（今藏、滇、川藏族居住区），而指出银生府茶即普洱茶，早在唐朝南诏国时期，普洱茶已输入藏族聚居区了。

清·师范《滇系》第六册《山川》

普洱府宁洱县六茶山，曰攸乐，即今同知治所；其东北二百二十里曰莽芝，二六十里曰革登，三百四十里曰曼砖，三百六十五里曰倚邦，五百二十里曰曼洒。山势连属，复岭层峦，皆多茶树。六茶山遗器……又莽芝有茶王树，较五茶山树独大，传为武侯遗种，夷民祀之。

考：师范（1751—1811年），字端人，号荔扉，又号金华山樵。官至望江县知县。清乾隆十六年（1751年）年正月廿九日生于大理赵州（今弥渡县寅街镇）莘野村，嘉庆十六年（1811年）卒于安徽望江旅次。师范少即博学，凡有关民生国计莫不考求实用。尤熟于水利边防事宜，指陈古今，悉中利害。晚成《滇系》百卷，固为研究西南舆地所必不可少之宏篇巨帙。《滇系》等大量著述，是留给我们的丰厚遗产。他的诗是一部诗人成长史、南北交通史、社会生活史，而他的著作又恰似一部云南家乡的赞美诗。

《滇系》一书，共分12系（类），40册，约45万字，全面、详尽载述清嘉庆以前云南一省疆域、职官、事略、赋产、山川、人物、典故、艺文、土司、属类、旅途、杂载等。本书于1806年开始编纂，嘉庆十三年（1808年）成书，这是对车里六大茶山地理位置及距离的记述，说明因普洱茶的重要，最有价值的是把六大茶山及方位里程写进《滇系·山川》。

清·师范《滇系》第六册《异产》

普洱茶产攸乐、革登、倚邦、莽枝、蛮砖、漫撒六茶山，而倚邦、蛮砖者味较胜。

考：这里记述了当时六大茶山普洱茶以倚邦、蛮砖者味较胜。蛮砖茶山东接易武，北连倚邦，面积约300平方千米，清代有茶园万亩以上，从磨者河边到曼林山顶六十里路沟沟壑壑都是茶。蛮砖的得名，史料说法是跟诸葛亮崇拜有关，说诸葛亮当年来六大茶山时，在曼庄埋下了一块铁砖，于是这里就称作埋砖，音为蛮砖。蛮砖傣语的意思是大寨子、中心之村，因曼庄过去是土司头人们经常聚集开会商议解决各种事务的地方，故又称曼庄。

清·张澍《续黔书》

黔之龙里东苗坡及贵定翁栗冲、五柯树、摆耳诸处产茶……名曰高树茶。

考：《续黔书》由嘉庆年间，在云贵一带做过地方官的张澍所作。张澍（1776—1847年），字百瀹，号介候。清嘉庆四年（1799年）中进士，选翰林院庶吉士。嘉庆六年（1801年），张澍26岁，散馆，被派到贵州省玉屏县任知县，年底到达玉屏，从此开始了仕宦生涯。壬戌（1802年）年初秋，代理遵义县知县。癸亥（1803年）二月，代理广顺州（今长顺县）知州。这年冬即辞官离开了贵州。

张澍在《续黔书》中记录了贵州的大树茶。对此有文章讨论认为，贵州的大树茶应为濮人所种。濮人，是中国西南最古老的种茶人，有专家认为濮人即越人，“濮”是越人自称，“越”则是被称。上述史料中提到的“摆耳”即为古越人的一种，虽汉字写法有异，但古越语发音是完全一样的，其实就是一个族系的名称。而“摆耳”与“普洱”的古越语发音也是完全相同的。可以佐证，保存较多上古越音的韩语中，“普”“摆”发音都类“PO”，而“洱”“耳”“夷”的发音则都类“yi”。用汉语拼音把“摆耳”“坝夷”和“普洱”的古越音写下来就是“poyi”“pol”，与“濮”的古越语发音几乎一样。再看史料上的记载，唐代樊绰著，今人赵吕甫校释的《云南志校释》卷六记有：“又咸远城、奉逸城、利润城……并黑齿等类十部落皆属焉。”据考，“奉逸城”正是在今普洱县一带。到宋代大理国时期，“奉逸城”写作“步日部”，后又记为“普日部”。“奉逸”“步日”“普日”显然是同音异写，其古越语发音，与“摆耳（摆夷）”“坝夷”“普洱”，乃至“布日”“布耳”“布饶”“布朗”“崩龙”等古濮族系部落名称完全一样，就是古濮人，于是可知“普洱茶”者，即“濮人种的茶”“濮人采制的茶”之意，也可是今贵州东苗等地尚存古茶树亦为濮人所种。

关于古濮人有的专家以考古学、民族学和语言学当代文史研究的三大基本支柱，进行了深入研究，认为汉语对古濮（越）人及其后裔支系的音记名称是相当多的，如白族、布依族、侗族、仡佬族、仫佬族、傣族、土家族等等，可以说都是对古濮（越）人及其后裔（或融合了较多古濮越成分的）族系的不同汉语音记名称。并且，这还是较大的部族的音记名称，而对每个部族内部支系，往往又有许多不同的（大多实为同音异写）音记名称。如先民为古濮人的仡佬族，目前散居在今四川东南及滇黔渝交界一带，史料上写作“僰”或“卜”（明代田汝成《炎徼纪闻》中记有“僰人……俗呼‘摆夷’”）。而仡佬族内部自称，汉语又音记作褒佬、布尔、濮佬、濮僚（见翁家烈《仡佬族》，民族出版社1992年版）。再如，今云南石屏县与元江县交界一带，元明时，记载有古濮（越）后裔部落“獛喇”（即濮喇）、“摆夷”。元代元江府境内的古濮人后裔又写作“阿僰诸部”。而今，文山州的古濮人后裔部族，汉语写作“濮标”“濮喇”。

由于是汉语间接的音记、音写，再加上古濮（越）族族系本身就极庞大，支系部落众多，又有与氐羌族系长期杂居融合的关系，现在所看到的有关古濮（越）人后裔族系部落的名称就显得极为繁杂，有些问题也就不易搞得清楚或容易判断了。比如，香港陈春兰茶庄的远年普洱茶，其装茶的茶听外面贴了印着“云南普洱Yunnan Po Nae”的纸签，以标明是采购自云南的正宗普洱茶。陈春兰茶庄是一老字号，始于清咸丰五年（1855年），其采用的普洱茶的注音“PoNae”，而不是英文的Pu—erhTea（英文的这个写法，显然是从“普洱”的汉语叫法而来，应是后来才有的），此发音或者说这普洱茶的叫法，当是茶庄在云南的采购地，也即普洱茶出产地或采制地的叫法，也可以说是“最正宗”的普洱茶叫法，但为何不是“普洱”（普日、步日）的“Poyi”或“Poi”，而是可记为“普纳”的“PoNae”音呢？现在，我们依据前面提到及搜罗到的史料（如翁家烈《仡佬族》，田汝成《炎徼纪闻》，樊绰著、赵吕甫校释《云南志校释》等），推测这“普纳”（PoNae）音，很有可能正是来自古濮（越）人的后裔部落“褒佬”“濮佬”“濮僚”“濮喇”的族称——若用古越语来读这几个族称的发音，正是“PoNao”音（单个音读为PoLao，连发即为Ponao）。现以“濮喇”的韩语发音为例加以佐证：韩语“濮”发音类“Po”，“喇”发音类“La”，用韩语连读“濮喇”，即音变为“普纳”，可写作“Pona”。

根据史料记载推测，在很久远的时候，某个时期开始，在今天的云南，从保山、德宏州、临沧地区，到思茅（包括今普洱县）、玉溪（包括今元江县）、西双版纳州、红河州（包括今石屏县）、文山州等这块滇南较广大的地区，居住着的正是古濮（越）人。据流传至今的滇南一些地区的民族传说，今普洱县自古就为布朗族、佤族等濮（越）人所居住，“至今在佤族布饶人中，仍然广泛传说着思茅普洱一带，曾经是布朗族和佤族居住的地方。布朗族自己也说，他们是普洱一带最早的居民……墨江县一些寨子的布朗族是从普洱搬来的……（虽然）已经不大会说布朗话了，但是他们从前辈们的传说中知道自己是布朗族，他们还说普洱城最早是他们的老祖宗建立的”[①]

由于居住地的不同，或者本身就存在着不同的部族支系，所以名称上就有些差异，这表现在今天所看到的用汉语所记写的名称上。但无论这类汉语名称如何繁多庞杂，只要细加分析，仍可辨识出它们是来自同一个大的民族的。“僰”“卜”“濮”“濮喇”“褒佬”“濮佬”“濮僚”“摆夷”“坝夷”“摆耳”，及“崩龙”“布朗”“布饶”“布日”“步日”“普日”“普洱”等，若从汉语字面上看，确是不同的，但从古越音发音来看，实在是无甚区别的，他们原本就是一个民族——古濮（越）族。

业界目前比较统一的认识，“濮人”（布朗族、德昂族等少数民族的先民）是云南种茶的先行者。据《布朗族史志》记载，公元180年，布朗族人在头领的带领下种下了第一棵茶树，至今已有1800多年历史了。

古濮（越）人擅长种茶，也以茶人自称，后来的氐羌系各部族，自然也会用“茶”（如“濮喇”“腊”）来称呼古濮（越）部落，甚至对“茶”的

---

① 黄桂枢：《与茶有关的普洱思茅地名新考释及其建议》，载《农业考古》2001年第2期。

叫法也是从古濮（越）人那里“借”来的。比如氐羌系的景颇族“茶”发音的“PaLa”（用古越音快读类“Pona”）；哈尼族（史书上还写作“窝泥”“倭泥”“于泥”“和尼”等）称“茶”为“Laobao”（僾伲方言），或“Lape”（哈尼方言）；拉祜族“茶”发音为“La”；基诺族“茶”发音为“Laobu”或“nola”。哈尼族语、拉祜族语和基诺族语对“茶”的叫法，可能受到古彝语的影响。彝语“茶”发音为“La”或“Labo”。再进一步推测，彝语“茶”的发音，最初是否也是“借自”古濮（越）语呢？比如布朗语、傣语的“茶”发音就是“La”。

说到哈尼族“茶”的发音“Laobao”，在这儿顺便提一下广西苍梧县产的“六堡茶”。从汉语字面上看，会想到“六个城堡”或“第六座城堡”这样的意思上去，然而，“六堡茶”的注音却是“Leu—Pao”（如广西横县茶厂出的“六堡茶”，盒子上就是以这个注音作英文翻译的）。用古越音来发这个“Leu—Pao”音，同“Laobao”音是一样的。那么，它们之间有什么联系呢？是否这“六堡茶”其实就是来自哈尼族对“茶”、对“茶山”的叫法呢？今天，广西境内仍有“那坡”“南坡”“那比”“那彭”“那卜”这样的地名，用古越音来念，同“Laobao”音很接近（“Laobao”音，用古越音开口音变来发音为“naobao”），且这些地方同云南省境内哈尼族的居住地处于同一纬度上，有的就在两省交界一带，而且也都是古老的产茶地，由此可见，这些地名都与茶有关，当是古老茶名的遗存。

至此，“普洱”就是古濮人的族称、住地名及他们的主产茶的古老名称，已经昭然若揭了。这用汉字记下的“普洱”，很像一块有色的布，将里面真实的面目给盖住了，就一般的喝茶人乃至读者们来说，看到这叫“普洱”的地名和叫“普洱”的茶，又有多少人能想到它就是“古濮（越）人后裔们住的地方及采制的茶”的意思呢？[①]

---

① 赵子、陈琿：《普洱茶名由来的民族学探析》，《中国茶叶》2004年第6期。

清·雪渔《鸿泥杂志》卷2

云南通省所用茶，俱来自普洱。普洱有六茶山，为攸乐、为革登、为倚邦、为莽枝、为蛮专、为曼洒。其中惟倚邦、蛮专者味较胜。若云南府所出之太华茶，大理出之感通茶，徒耳其名，未尝见也。

考：这里记述了当时六大茶山普洱茶品质及明代盛传的太华茶和感通茶，感通茶前面述及已多，这里所谈云南府所出之太华茶指今昆明太华茶。徐霞客曾在日记中写道："十四日，晨起而饭。驼骑以候取盐价，午始发……又下三里，过一村，已昏黑。又下二里，而宿于高简槽。店主老人梅姓，颇能慰客，特煎太华茶饮予"。徐霞客所写到的"太华茶"在同一时期谢肇淛的《滇略·产略》亦有记载，为明代云南四大名茶之一。

清·王士雄《随息居饮食谱茶》

茶，微苦、微甘而凉。清心神，醒睡除烦；凉肝胆，涤热消痰；肃肺胃，明目解渴。普洱产者，味重力峻，善吐风痰，消肉食。凡暑秽痧气、腹痛、干霍乱、痢疾等症初起，饮之辄愈。

考：由于普洱茶具有茶叶肥壮、叶质柔软、浓绿，芽头壮实、白毫显露等的优良特点，冲泡饮用时色泽乌润，香气馥郁，汤色明亮、醇厚，回甘耐泡，毛尖清香如荷、新绿可爱，内质外形兼优，不仅具有一般茶叶解渴、提神、明目、解油腻的作用，还有消食、化痰、利尿、解毒、减肥等功效。普洱茶所具有的这些优良特性以及独特的制作方法，是其在历史上名扬海内外、成为中国历史名茶之一的重要因素。此文对普洱茶的多重保健功效做了充分说明和肯定。

清·段永原《信征别集》卷下

朱继用又言：思茅厅地方，茶山最广大，数百里间，多以种茶为业，其山川深厚，故茶味浓而佳，以开水冲之，十次仍有味也。而归其美名于普洱府。其实普洱之茶，皆思茅所产也。

考：《信征别集》为清同治六年（1867年）段永原撰，这里指出了茶叶是

边疆民族地区经济的重要依靠。上述史料说明思茅茶叶种植的扩大和边疆山区经济的发展。

茶叶的利用和开发，是云南南部各世居民族在长期生产、生活过程中的观察和发现的必然产物。在今普洱境内各地的哈尼等民族聚居区大都是古茶树、古茶园分布地区，同时也是现今茶叶主产区。普洱各族人民在漫长的历史过程中对茶的发现、驯化、种植、利用和生产，使普洱逐渐发展成为云南最大的茶叶加工、集散贸易中心，从明代起至清代，这里因普洱茶的产销不断成为商贾云集、马帮不绝的陆路茶马商埠和茶马古道的又一源头。

清·阮福《普洱茶记》

普洱茶名遍天下，味最酽，京师尤重之。福来滇，稽之《云南通志》，亦未得其详。但云产攸乐、革登、倚邦、莽枝、蛮专、曼洒六茶山，而倚邦、蛮专者味最胜。福考普洱府古为西南夷极边地，历代未经内附。檀萃《滇海虞衡志》云，尝疑普洱茶不知显自何时。宋范成大言，南渡后于桂林之静江军以茶易西蕃之马，是谓滇南无茶也。李石《续博物志》称：茶出银生诸山，采无时，杂椒姜烹而饮之。普洱古属银生府，西蕃之用普茶，已自唐时，宋人不知，尤以桂林以茶易马，宜滇马之不出也。李石亦南宋人。本朝顺治十六年平云南，那酋归附，旋叛伏诛，遍隶元江通判，以所属普洱等六大茶山，纳地设普洱府，并设分防。思茅同知驻思茅，思茅离府治一百二十里。所谓普洱茶者，非普洱府界内所产，盖产于府属之思茅厅界也。厅治有茶山六处，曰倚邦、曰架布、曰熠崆、曰曼砖、曰革登、曰易武，与通志所载之名互异。福又拣贡茶案册，知每年进贡之茶，列于布政司库铜息项下，动支银一千两，由思茅厅领去转发采办，并置办收茶锡瓶缎匣木箱等费。其茶在思茅本地，收取鲜茶时，须以三四斤鲜茶，方能折成一斤干茶。每年备贡者，五斤重团茶、三斤重团茶、一斤重团茶、四两重团茶、一两五钱重团茶，又瓶盛芽茶、蕊茶、匣盛茶膏，共八色，思茅同知领银承办。思茅志稿云：其治革登山有茶王树，较众茶树高大，土人当采茶时，先具酒醴礼祭于此。又云：茶产六山，气味随土性而异，生于赤土或土中杂石者最佳，消食散寒解毒。于二月间采蕊极细而白，谓之毛尖，以作贡，贡后方许民间贩卖。采而蒸之，揉为团饼；其叶之少放而犹嫩者，名芽茶；采于三四月者，名小满茶；采于六七月者，名谷花茶；大而圆者，名紧团茶；小而团者，名女儿茶；女儿茶为妇女所采，于雨前得之，即四两重团茶也，其入商贩之手；而外细内粗者，名改造茶；将揉时预择其内劲而不卷者，名金玉天；其固结而不改者，名疙瘩茶。味极厚。难得种茶之家，芟锄备至，旁生草木，则味劣难售，或以它物同器，则染其气而不堪饮矣。

考：阮福所记时间为清道光五年（1825年），这是第一篇详细记述普洱茶的文献。但限于某些原因，阮福所谈“所谓普洱茶者，非普洱府界内所产，盖产于府属之思茅厅界也……”是有误的，他前面说“顺治十六年平云南，那酋归附，旋叛伏诛，遍隶元江通判，以所属普洱等六大茶山，纳地设普洱府……”既然车里及六大茶山均划归普洱府所管辖，又说“非普洱府界内所产”，故而自相矛盾。从史料研究看，“车里”即今景洪，当时“车里”为普洱府所辖六大茶山，今属西双版纳州。明代思茅、普洱隶属车里宣慰司，由傣族土司管理。清雍正七年（1729年）清朝廷为了更好地控制六大茶山的茶叶，以六大茶山和九龙江内六版纳设置普洱府，到乾隆元年（1736年）在今天的普洱县设置宁洱县，作为普洱府的治所，同时设置思茅厅。攸乐同知驻思茅。可见普洱茶所产是以普洱府的治所今宁洱为中心区域，涵盖今西双版纳州六大茶山。

清·王昶《滇行日录》

乾隆三十三年十二月初三日，抵南甸，已接总督印任事。是晚，抚军以顺宁、普洱茶见饷。顺宁茶味薄而清，甘香溢齿，云南茶以此为最。普洱茶味沈刻，土人蒸以为团，可疗疾，非清供所宜。

考：此对乾隆时期顺宁今凤庆茶有甘香溢齿之评价。凤庆是云南著名茶

乡，也是著名的滇红之乡。今有世界茶祖之称的“锦绣茶祖”就位于凤庆县城以东50多公里的小湾镇锦绣山村境内。该古茶树高达10.6米，基围5.84米。1982年，北京市农展馆馆长王广志以同位素方法，推断其树龄超过3200年。

清·刘靖《顺宁杂著》

顺宁为滇省僻远之地，在万山之中，他省人鲜知之者。……郁密山，在郡城西南三十里外，……太平寺，迄今百余年来，善果叠成，规模清整，花木繁秀，为顺郡禅林第一，寺旁多别院，亦皆静雅。其岩谷间，偶产有茶，即名太平茶，味淡而微香，较普洱茶质稍细，色亦清，邻郡多觅购者，每岁所产只数十斤，不可多得。僧房之左有清泉一股，石上横流，潺湲可听，凿池贮水，汲烹新茗，尤助清香。

考：位于云南省西南部的凤庆县，是世界著名的“滇红”之乡，是世界种茶的原生地之一。境内群山连绵，山川相间，澜沧江横穿其间，山峦起伏，层峦叠嶂，原始密林茫茫苍苍，野生型、半野生型、栽培型古茶树成林成片。据《顺宁县志》记载：“1938年，东南各省茶区接近战区，产制不易，中茶公司遵奉部命，积极开发西南茶区，以维持华茶在国际上现有市场，于1939年3月8日正式成立顺宁茶厂（今凤庆茶厂），筹建与试制同时并进”。当年生产15吨销往英国。如今凤庆茶园面积已达20余万亩，年产量8000多吨，产值上亿元，茶叶产业已占全县国民经济收入的半壁江山。凤庆是世界茶树原产地中心地带，是“滇红”的诞生地，也是普洱茶的原产地之一。刘靖《顺宁杂著》是对凤庆茶乡的又一史料记录。

清·汪灏等《御定佩文斋广群芳谱》卷18《茶谱》

太华山在云南府西，产茶，色味俱似松萝，名曰太华茶。普洱山在车里军民宣慰司北，其上产茶，性温味香，名曰普洱茶。孟通山在湾甸州境，产细茶，味最胜，名曰湾甸茶。

《大理府志》：感通寺在点苍山圣应峰麓，旧名荡山，又名上山，有三十六院，皆产茶，树高一丈，性味不减阳羡，名曰感通茶。

《滇行纪略》：城外石马井水无异惠泉，感通寺茶不下天池伏龙，特此中人不善焙制尔。

考：以上三条史料均再次提到在明代已出名的云南四大名茶顺宁茶、普洱山普洱茶、湾甸茶、感通茶。明代知名的云南茶叶，见于记载的有昆明太华寺所出的太华茶，与大理感通寺所产的感通茶。崇祯十一年（1638年），徐霞客在昆明啜饮太华茶，称“茶洌而兰幽，一时清供”（《徐霞客游记·滇游日记四》，云南人民出版社校注本，1985年版）。据《明一统志》卷八六：“感通茶，感通寺出，味胜他处产者”。康熙《云南通志》载：“太华茶，出太华山，色味俱似松萝”，“感通茶，出太和感通寺”。①

清光绪·贺宗章《幻影谈》卷下

普洱茶，亦滇产之大宗也，元江、思茅、他郎皆有茶山。茶味浓厚，过于建茶，能去油腻、消食，惟山口有高下优劣之分，名目各异。初皆散茶，拣后，用布袋揉成数两一饼，或团如月形，或方块，蒸黏压紧，以笋箨裹之，其最佳者，制如馒头，形色味皆胜，所出无多，价亦数倍，多为外人购去，即在滇省，殊不易得。其入滇普通行销者最低，迤西庄、四川庄较优。

考：这里同样说明了普洱茶是云南最有特点的茶叶。

清道光·易武磨者河《永安桥功德碑记》

云南迤之利，首在茶。而茶之产易武较多，其间山径之蹊，间向崎岖险阻者，今成孔道，由倚邦至易武，中隔磨者河，峰旋谷应，当夏淫秋霖，波涛泛滥，飞流迅湍，中舟渡绳，行均无所何，而又沿河上下燥湿不和，商旅之出其途者，不再循而殃，岁而成夏，思城贡士逍勉齐过其地，深悯历涉之艰，邀同人王贺，概出白金叁佰以为首倡。……请以该路商民道照，茶担出由，日每

① 康熙《云南通志》卷12《云南府》，卷12《大理府》，云南省图书馆藏本。

担抽收银伍分，以资工费，矣大功告竣，再行停免。……国家采办贡茶所必由之道，官斯士者胡，可所其往来艰危而不一蹐及乎哉。茶山并捐口以助旬有数月矣，一日，有翟生名树旗，皆孝廉封君名奏凯求见，进而询之封赠谷肆十石，翟生亦常往来茶山而知兹事，据言滋事之成功有日矣。……予不徒为重事人于功伐善也，其所持者甚正，所见者甚微，予捻之非好事者，爰如所请，并次其言而缀识之，因名其桥，日永安，匪直日，一劳改永逸，尚异后之熙来攘往者，章历潜泊云。道光十年岁在庚寅仲春月上干特授思茅知留任候升长白成斌撰……道光十六年仲春月下完工。

考：碑立于清道光十六年（1836年），具有历史参考价值，“功德碑记”中刻文曰：易武茶山磨者河上曾建过3座石桥，永安桥、圆功桥、承天桥，可惜前两座桥今已不存在，此永安桥碑文《勐腊县志》有录载。

从思茅经倚邦至易武的茶马驿道，不论是道光以前开辟的旧道，还是道光之后开辟的新道，都有补远江（又名小黑江）和磨者河阻隔。这两条大河一西一东，把倚邦、蛮砖茶山夹在中间，易武茶山亦被磨者河隔在东岸。为将倚邦、曼撒连接，易武的先辈在磨者河上架设了一座石拱桥，著名的有3座，第一座叫永安桥，是清道光十年（1830年）架设的，历时6年，桥长20公尺，宽3公尺，高6公尺，详见碑文。1839年被洪水冲毁。第二座叫圆功桥，是道光三十年（1850年）架设的。第三座叫承天桥，1919年架设，桥宽4.5米，净宽3.5米，长31米，为三孔石拱桥，主孔跨经12米，高7米，原是通往象明的公路桥，因有人在桥下炸鱼，损坏桥基，恐不安全，又在距该桥上游600余米处架设钢筋水泥桥。承天桥上还能通4—5吨重的卡车，已立为文物保存。架设桥时刻在石壁上的功德碑文及严禁炸鱼的石碑已遭破坏，更为可惜的是2002年7月6日百年不遇的洪峰把石拱桥冲毁了。

笔者调查，乾隆年间，易武茶山崛起，茶业日趋兴旺。清廷贡茶除在倚邦采办外，又让易武采上好茶叶作贡。思茅厅采办贡茶的官差时常在倚邦易武往来，终于发现磨者河给采办贡茶带来的不便。道光年间，思诚贡士逍勉斋为采办贡茶而过磨者河时，“深悯历涉之艰”，动了造桥之念，贡士赵良相随即倡导造桥，得到石屏茶商和茶山头目支持。官、商与茶山头目共同捐资五百余两白银。在磨者河上修建了一座称为“永安桥”的石桥。据立在磨者河边的

“永安桥碑文”记载，永安桥于道光十六年（1836年）已竣工使用。自此，倚邦至易武的茶马驿道客商熙来攘往，春夏无阻。“永安桥”虽然早已无踪无影，但立在石桥遗址上的石碑却未随时光流逝。石碑上的文字详细记载了修桥的经过和该桥的历史作用。

清道光·易武《圆功桥碑记》

道光十六年建造永安桥于大麻，道光二十五年又由思茅修砌石路至茶山；内，□二次工用共万有余金，皆江□府□厅主及众商咨好善之所积而利济之功巨矣。推此小河经雨水涨时复难涉，□□成与梁其功不周且金□，因名曰圆功桥，夫是为序。

石屏张理堂题石屏武绍竞书州。大清道光三十年庚戌孟春月。

考：□表示无法辨认的字。此碑记载了易武茶山茶马道上修建桥梁的历史。该碑在磨者河，碑刻原物已不存，作为历史参考资料，《勐腊县志》有载。

圆功桥，于道光三十年（1850年）架设。道光年间，随从思茅到易武的石板驿道从思茅通到易武以后，易武一带茶商又在磨者河上再次修桥。此次修筑的石桥名曰“圆功桥”。可惜“圆功桥”也被洪水所毁，只在遗址上留下一块“圆功桥碑记”，刻下了上面一段文字。

二　近现代云南茶叶生产及贸易史志辑考

清·郑绍谦等·道光《普洱府志》（卷一）序

车里为缅甸、南掌、暹罗之贡道，商旅通焉。威远宁洱产盐，思茅产茶，民之衣食资焉，客籍之商民于各属地或开垦田土，或通商贸易而流寓焉。

考：“车里”即今景洪，“南掌”即老挝，“暹罗”即泰国，“威远”即今景谷，“宁洱产盐”即磨黑盐井，“思茅产茶”指“思茅厅”属六茶山，今属西双版纳州。这里道明了茶是思茅民之衣食所靠。随着普洱茶经济价值越来越高，内地汉族越来越多地进入普洱府管辖下的各茶山种茶为业，同时也有大量外来人员在这里经商。

清·郑绍谦等·道光《普洱府志》

茶，产普洱府边外六大茶山。其树似紫薇，无皮曲拳而高，叶尖而长，花白色，结实圆匀如棕榈子蒂，似丁香根如胡桃。土人以茶果种之，数年新株长成，叶极茂密，老树则叶稀、多瘤如云雾状，大者制为瓶，甚古雅，细者如栲栳可为杖。茶味优劣别之，以山首数曼砖、次倚邦、次易武、次莽芝。其地有茶王树，大数围，土人岁以牲醴祭之。其曼洒，次攸乐，最下则平川产者名坝子茶。此六大茶山之所产也，其余小山甚多，而以蛮松产者为上，大约茶性所宜，总以产红土带砂石之坂者多清芬耳。茶之嫩老则又别之，以十二月采者为芽茶，即白毛尖，三四月采者为小满茶，六七月采者为谷花茶，熬膏外则蒸而为饼，有方有圆，圆者为筒子茶，为大团茶，小至四两者为五子圆。拣茶时其叶黄者名金崦蝶，卷者名疙瘩茶，每岁除采办贡茶外，商贾货之远方。按：思茅厅每岁承办贡茶，例于藩库银息项下支银一千两转发采办，并置收茶锡瓶、缎匣、木箱等费，每年备贡者五斤重团茶，三斤重团茶，一斤重团茶，四两重团茶，一两五钱重团茶，又瓶承芽茶、蕊茶，匣盛茶膏，共八色。樊绰《蛮书》：茶出银生城界诸山，散收无采造法，蒙舍蛮以椒姜桂和烹而饮之。阮福以普洱古属银生府。按银生，今楚雄府，唐蒙氏立银生节度，威远归其管辖，因威远属银生界近车里而谓普洱亦属银生，则非也。按：六茶山·通志云：攸乐、革登、倚邦、莽枝、蛮端、曼洒。而阮福普洱茶考及思茅采访则云：倚邦、架布、熠崆、曼砖、革登、易武，与通志互异。

卷九风俗中载：普洱府，民皆夷，性朴风淳，蛮民杂居，以茶为市《大清一统志》衣食仰给茶山，服饰率纵朴素。旧《云南通志》夷汉杂居，男女交易，土农乐业，盐茶通商。《思茅厅》：五方杂处，仰食茶山。

卷二十古迹中载：六茶山遗器，俱在城南境，旧传武侯遍历六山，留铜锣于攸乐，置于莽芝，埋铁砖于曼砖，遗木梆于倚邦，埋马镫于革登，置撒袋于曼洒，因此名其山。又莽芝有茶王树，较五山茶树独大，相传为武侯遗种，今夷民犹祀之。

考：雍正二年（1724年），茶商和工匠大量涌入茶山，达数十万之众，马帮出入，土特产品及日用生活用品的交换日益发展，饮食业和人马旅店应运而生。普洱天天为街，日日为市，甚至还出现了夜市，成为滇南商业活动中心。磨黑、石膏井、勐先、满磨街等集市亦随之形成，并日益兴隆。

从清代郑绍谦等道光《普洱府志》卷一序中所载可以看出，当时茶叶生产及贸易出现人流物流的繁荣景象。道光《普洱府志》是对普洱茶从茶树、采制到茶山及贡茶的又一详细记述史料。

清·郑绍谦等·道光《普洱府志》卷之八“物产”

普郡于商周为产里地，始贡方物。

清·郑绍谦等·道光《普洱府志》卷之十九《食货志六》

……国家财用所繁也，普洱物产丰饶，盐茶榷税之利甲于滇南。

考： 这里说到盐茶是滇南为首的榷税之利。《汉书·车千秋传》。“榷，谓专其利使入官也。”榷茶即征收茶税，榷茶最早始于唐文宗大和年初。这是一条对后世影响重大的诏书，茶榷制度从唐文宗时期制定以来，直到清末才被取消。最初制定茶榷制度的唐文宗并没有想到，自己为了增加税收的一个举措变成了延绵千年的国策。从唐代开始，历代统治者积极采取控制茶马交易作为榷茶的手段。

清·郑绍谦·道光《普洱府志》卷之十九《食货志六·物产》

思茅厅采访：茶有六山，倚邦、架布、熠崆、蛮砖、革登、易武。气味随土性而异，生于赤土或土中杂石者最佳，消食散寒解毒。于二月间采，蕊极细而白，谓之毛尖，以作贡，贡后方许民间贩卖，采而蒸之，揉为圆饼。其叶之少放而嫩者，名芽茶。采于三四月者，名小满茶。采于六七月者，名谷花茶。大而紧者，名紧团茶。小而圆者，名女儿茶。女儿茶为妇女所采，于雨前得之，即四两重团茶也。其入商贩之手，而外细内粗者，名改造茶。将揉时预择其内之劲黄而不卷者，名金月天。其固结而不解者，名疙瘩茶，味极厚。难得种茶之家，芟锄备至。旁生草木则味劣难售。或与他物同器，则染其气而不堪饮矣。……普洱古属银生府，则西番之用普茶，已自唐时。

考： 清光绪二十六年（1900年）《普洱府志》五十一卷全书刊成，以道光《普洱府志》为蓝本，对道光三十年（1850年）前事迹有所增益，三十年以后至光绪二十五年（1899年）事迹之为续增。这段有关普洱茶的记载，与阮福《普洱茶记》及道光《普洱府志》所述相同，同样也是对普洱茶的又一详细记述，并与清嘉庆四年（1799年）檀萃《滇海虞衡志》一样认为“西番之用普茶，已自唐时”。

唐宋时虽“普洱茶”一名尚未出现，但外界对云南茶已有较大的需求，特别是居住在藏族聚居区的民众。由于云南大叶茶所具有的优异品质更适合以肉类与乳制品为食的藏族民众的生活习俗，即与酥油极易混合，因而特别受到藏族民众的欢迎。明代方以智《物理小识》："普雨茶蒸之成团，西番市之，最能化物。与六安同。按：普雨，即普洱也。"[①]这里不仅正式用"普洱茶"一名而且说明其制作方式为"蒸之成团"，主要销售地点是"西番"，即藏族聚居区。藏族人民不惜翻越雪山，漂流金沙江，跋涉丛林，行程数千里进入南诏、大理，以藏族聚居区的马匹、乳制品、藏药等换取茶叶，逐渐形成了经步日、下关、丽江而至西藏或经缅甸北部进入腾冲，靠人背马驮"以马易茶"的"茶马古道"。

清·光绪《续修顺宁府志》卷13

茶，旧《志》：味淡而微香谨案：郡属土司地产茶甚广，种类亦不一，其香味不及思普各大茶山远甚，又其次者只销行西藏、古宗等地。

考：这里谈到临沧土司管辖地域产茶甚广，所产之茶香味虽不及思普各大茶山，但销行西藏、古宗等地。

清·顾祖禹《读史方舆纪要》卷119

湾甸御夷州……高黎共山……孟通山，在司境。产茶，名湾甸茶，味殊胜。

考：这里又谈到了位于今镇康孟通山的湾甸茶。洪武十七年（1384年），镇康府降为州，旋即裁撤，划归湾甸御夷州。孟通山今已无此地名，笔者考察孟通山湾甸茶大概可能指镇康永德一带的茶。今天这里还有数百年树龄的古茶园，山野气韵十足，温润如碧玉，甜畅如春水，喝罢此茶之余味悠长不尽，使人难忘。

---

① 方国瑜主编：《云南史料丛刊》第六卷，云南大学出版社1998年版。

清·黄炳堃《采茶曲》

正月采茶未有茶，村姑一队颜如花。
秋千戏罢买春酒，醉倒胡麻抱琵琶。
二月采茶茶叶尖，未堪劳动玉纤纤。
东风骀荡春如海，怕有余寒不卷帘。
三月采茶茶叶香，清明过了雨前忙。
大姑小姑入山去，不怕山高村路长。
四月采茶茶色深，色深味厚耐思寻。
千枝万叶都同样，难得个人不变心。
五月采茶茶叶新，新茶还不及头春。
后茶哪比前茶好，买茶须问采茶人。
六月采茶茶叶粗，采茶大费拣工夫。
问他浓淡茶中味，可似檀郎心事无。
七月采茶茶二春，秋风时节负芳辰。
采茶争似饮茶易，莫忘采茶人苦辛。
八月采茶茶味淡，每于淡处见真情。
浓时领取淡中趣，始识侬心如许清。
九月采茶茶叶疏，眼前风景忆当初。
秋娘莫便伤憔悴，多少春花总不如。
十月采茶茶更稀，老茶每与嫩茶肥。
织缣不如织素好，检点女儿箱内衣。
冬月采茶茶叶凋，朔风昨夜又前朝。
为谁早起采茶去，负却兰房寒月宵。
腊月采茶茶半枯，谁言茶有傲霜株。
采茶尚识来时路，何况春风无岁无。

（清·黄炳堃：《采茶曲》，民国《景东县志稿》卷18《艺文志》。）

考：黄炳堃，清代光绪景东郡守。黄炳堃的《采茶曲》以采茶比喻爱情，由采茶感悟人生，因采茶而体察采茶女所追求的生活方式和审美情趣，对普洱茶的采摘进行了动情的描述，展示了一幅幅清晰的民俗画卷，这正是这首

《采茶曲》的高妙之处。

清·许廷勋《普茶吟》

山川有灵气盘郁，不钟于人即于物。
茶山僻在西南夷，鸟吻毒茼纷轇轕。
味厚还卑日注丛，香清不数蒙阴窟。
千枝峭倩蟠陈根，万树槎丫带余枿。
绣臂蛮子头无巾，花裙夷妇脚不袜。
一摘嫩芷含白毛，再摘细芽抽绿发。
筠篮乱叠碧氄氄，松炭微烘香饽饽。
冬前给本春收茶，利重逋多同攘夺。
满园茶树积年功，只与豪强作生活。
万片杨箕分精粗，千指搜剔穷毫末。
好随筐篚贡官家，直上梯航到宫阙。
蛮江瘴岭剧可憎，何处灵芽出岑蔚。
岂知瑞草种无方，独破蛮烟动蓬勃。
始信到处有佳茗，岂必赵燕与吴越。
春雷震厉勾潮萌，夜雨沾濡叶争发。
竞向山头采撷来，芦笙唱和声嘈赞。
三摘青黄杂揉登，便知杭稻参糠麸。
夷人恃此御饥寒，贾客谁教半干没。
土官尤复事诛求，杂派抽分苦难脱。
山中焙就来市中，人肩浃汗牛蹄蹶。
丁妃壬女共薰蒸，笋叶藤丝重检括。
区区茗饮何足奇，费尽人工非仓卒。
我量不禁三碗多，醉时每带姜盐吃。
休休两腋自更风，何用团来三百月。

（光绪《普洱府志稿》卷48《艺文志》。）

考：许廷勋，清光绪年间宁洱县生员。许廷勋这首七言古诗，全面反映

了普洱茶乡人的生产生活情形。诗中描绘的茶山景象，各族男女采茶时的山歌唱和，向人们展示了茶乡奇异的风情。茶农的困苦不幸，官商的巧取豪夺，贡茶的生产进献，从不同侧面再现了茶乡生活的真相。丰赡的内容，朴素的语言，自然平实的风格，是这首诗的主要特征。

清·丘逢甲《长句与晴皋索普洱茶》

滇南古佛国，草木有佛气。

就中普洱茶，森冷可爱畏。

迩来人世多尘心，瘦权病可空苦吟。

乞君分惠茶数饼，活火煎之檐葡林。

饮之纵未作诗佛，定应一洗世俗筝琶音。

不然不立文字亦一乐，千秋自抚无弦琴。

海山自高海水深，与君弹指一话去来今。

（选自陈彬藩主编：《中国茶文化经典》，光明日报出版社1999年版）

考：丘逢甲，字仙根，自号仓海君，台湾苗栗人，是中国近代史上著名的爱国志士、教育家和诗人。丘少聪慧，14岁时报年龄为16岁，参加童子试，为院试全台第一名。光绪十五年（1889年），赴北京会试，中第81名贡士，殿试中三甲第96名进士，钦点工部虞衡主事。入署不久，无意仕途，以亲老告归台。在台湾，主讲于衡文、罗山书院，并以台湾布政使唐景崧等联结诗社，社课唱酬，诗风大盛。1894年，甲午中日战争爆发，清室战败，议割台湾予日本。次年四月十七日签订《马关条约》，身在台湾的丘逢甲，联合台绅，先后4次上疏，血书5次，反对割让。而各官奉旨内渡，丘与唐景崧等人，继续留台，筹备义军数万，亲任团练使，决与台湾共存亡。后日军攻台，抵抗失利，遂内渡大陆，返祖籍广东嘉应州镇平县。内渡后先后在东山、景韩等书院主讲，诗作大约2000多首，结为《岭云海日楼诗钞》，颇受学者推许。柳亚子先生在1916年写的《论诗六绝句》记有：“时流竟说黄公度，英气终输仓海君；战血台澎心未死，寒笳残角海东云”，把其与“诗界革命”的旗手——黄公度并列，可见对丘诗的评价之高。

这道《长句与晴皋索普洱茶》收于丘逢甲《岭云海日楼诗钞》卷十。晴皋，是清廷派驻云南的将军，该诗为与其索要普洱茶。诗的开篇就点明普洱茶的生长环境，“滇南古佛国，草木有佛气”，思茅、西双版纳一带，居住着濮、傣泐等少数民族族群，他们笃信南传上座部佛教，此教传入该地历史久远，且全民信仰，村村寨寨均有佛寺，土司住地有总佛寺，四座以上有中心佛寺，村寨里有寨佛寺，是纯粹的佛教世界，难怪丘逢甲说“滇南古佛国”了，这里的草木自然也就沾了佛气。在这延绵几百里的山岳之中，所种植的茶树，皆沾濡佛气，故受敬仰，自然使人“森冷可爱畏”，“迩来人世多尘心，瘦权病可空苦吟”，纵观人世之间，尘心凡俗，物欲横流。不是权小位微的怨天尤人，就是疾病缠身的悲悲切切，仰天苦叹。请将军你给我几饼普洱茶，房前屋外，葡萄檐下，点火燃炉，泉水煎熬，饮之虽不能成诗仙佛圣，但“定应一洗世俗筝琶音”。

佛教崇尚饮茶，有“茶禅一位”之说。“禅”就是“禅那”略称，意为“静虑”“修心”。禅宗自南朝宋末达摩在中国创立，至六世分南北两宗，而南宗的顿悟说较北宗的渐悟说更近禅旨，得以承五祖弘忍衣钵，主张不立文字，教外别传，直指人心，见性成佛。所以丘在诗中说“不然不立文字亦一乐”了。茶作为饮食在寺院里盛行，起始是因为形而下的健胃和提神。禅僧礼佛前必先吃茶，而且学禅务于不寐，不餐食，唯许饮茶。如此修心悟性，以追求形而上的心灵净化，对自然的感悟和回归，在静思默想中，达到真我的境界。这也正是丘诗中的“千秋抚无弦琴”的境意。“海山自高海水深，与君弹指一话去来今”，以茶为引，丘逢甲最后直抒了他纵横千秋，指点江山的气概。

丘逢甲处于清王朝腐朽崩溃的年代，看不惯社会黑暗，只好弃官教学。意识上只能近禅求佛，以修身悟性。而禅的意境与茶的精神意气相通，茶的清静淡泊，朴素自然，韵味隽永，恰是禅所要求的天真、自然的人性归宿。这一意境正是贯通丘逢甲此诗的精髓。

清末·柴萼《梵天庐丛录·普洱茶》

普洱茶产于云南普洱山，性温味厚，坝夷所种，蒸制以竹箬成团裹。产易武、倚邦者尤佳，价等兼金，品茶者谓普洱之比龙井，

犹少陵之比渊明，识者韪之。

考：柴萼，字小梵，浙江慈溪人。著述中以《梵天庐丛录》扬名书林。柴萼1925年在安徽财政厅任职时辑成此书，三十七卷，内容为历代朝野遗闻、艺林佚事、典制考据等，而以近代者为多。凡一千一百八十三目，共一千九百九十八条。其材料除录自前人撰述外，也有一部分是他自己的见闻。多记载清末史实，文献价值颇高。

柴萼在《梵天庐丛录·普洱茶》中写道："普洱茶产于云南普洱山，性温味厚，坝夷所种，蒸制以竹箬成团裹……"这里可看出，从雍正年间普洱茶列入贡茶视为罕见名茶后，普洱茶的需求大增，改土归流后，随着普洱茶产地社会渐趋安定，普洱茶的生产获得较大的发展。从清代到民国，古茶树所摘之茶均不敷需求，产茶地区的夷民试种大叶种茶获得成功，乃在平地大量种植茶树，以满足茶商争购的需要。同时对提高普洱茶质量的需求也在增加，在内地大量迁入的茶农促进下，当地少数民族不断改变粗放经营的传统做法，对所种茶叶勤于锄草捉虫，"旁生草木，则味劣难售"。普洱茶成品的存置亦多讲究，"或与他物同器，即染其气而不堪饮矣"。受茶叶产地、采摘时间等因素的影响，普洱茶又分为不同的等级，生于赤土或土中杂石者最佳。于二月间采摘，茶蕊极细而白的茶叶，谓之"毛尖"，充作贡品。制作贡品的任务完成后，方许民间采摘及贩卖。茶农将所采之茶上笼略蒸，揉为团饼，其叶犹嫩、味道亦佳者，称为"芽茶"。三四月采摘及加工者，称"小满茶"。采于六七月间的名"谷花茶"。少女在雨季之前采摘、出售以备嫁妆者，则称"女儿茶"（道光《云南通志》卷70《食货志六之四·普洱府·茶》，引《思茅志稿》）。对六大茶山生产茶叶的销售去向，官府另有规定。质优者充为岁贡，较差的茶叶散卖省内各地，粗老的茶叶则熬膏压制成茶饼，摹印图案备馈赠亲友。普洱茶的迅速兴起，使产茶地区的少数民族多享其益。

柴萼善品普洱茶，该文对易武、倚邦茶评价较高，"价等兼金"，说"品茶者谓普洱之比龙井，犹少陵之比渊明，识者韪之"。也就是说，当时的普洱茶好茶价格是银子（或金子）的两倍，民国至抗战年间，普洱茶又得到一定发展，很多这个时期的老字号茶还有遗存，我们现在喝起来口感气韵非常好，但因价格奇高，假冒者比比皆是。

《梵天庐丛录》是柴萼1925年撰写的笔记小说，里面这段有关普洱茶的描述很有意思。首先表明，民国时期普洱茶名遍四海，懂茶的名士贵宦都喜欢，普洱茶从一种宫廷品饮文化蔓延到文士和官员阶层，价格在当时很高。“价等兼金”，意思是易武、倚邦普洱茶价格是黄金的两倍。而“普洱之比龙井，犹少陵之比渊明，识者韪之”，柴萼将普洱茶与龙井对比，以杜甫喻普洱茶，而以陶渊明喻龙井，前者博大精深，集茶美之大成，后者清新可爱，显得寡淡小众，在今天看来，也是如此。

民国·《新纂云南通志·物产考》

茶属山茶科。常绿乔木或灌木，……此种植物，性好湿热，适于气候湿润，南面缓斜，深层壤土，河岸多雾之处。我滇思普属各茶山，多具以上条中，故为产茶最著名之区域。普洱茶之名，在华茶中占特殊位置，远非安徽、闽、浙可比。……普茶之可贵，在于采自雨前，茶素量多，鞣酸量少，回味苦凉，无收涩性，芳香清芬自然，不假薰作，是为他茶所不及耳。普洱每年出产甚多，除本省销用者外，为出口货之大宗。

考：云南普洱茶进入清宫，经过同各地贡茶比较，茶味与茶性都不同于小叶种茶，深得帝王家青睐，视为罕见名茶。究其原因，在于深山老林原始大茶树的大叶种茶，具有茶味特别浓厚的特殊品质，帮助消化的功力最强，并有治病、保健的作用。普洱茶的特性，明、清时代人士早有体验，并有多种文字记载，明末学者方以智认为“普洱茶蒸之成团”“最能化物”，清人赵学敏《本草纲目拾遗》以药性观点记载说，普洱茶“味苦性刻，解油腻牛羊毒”，“苦涩，逐痰下气，刮肠通泄”，“消食化痰，清胃生津，功力尤大”。这种茶性非常适合清宫贵族们的需要。于是普洱茶、女儿茶、普洱茶膏，深得帝王、后妃、吃皇粮的贵族们的赏识，宫中以饮普洱茶为时尚。

上有所好，下必效焉，于是云南普洱茶在清代北京名声大振，社会咸闻。乾隆年间，文人曹雪芹有所闻知，便在《红楼梦》一书的六十三回“寿怡红群芳开夜宴”一节中写了贾宝玉喝普洱茶、女儿茶助消化的片段。

清宫重品普洱茶的风尚刺激了贡茶产地云南普洱茶的生产发展，“普洱

每年出产甚多，除本省销用者外，为出口货之大宗”反映了普洱茶当时深受消费者欢迎的实际情况。

民国·《新纂云南通志·物产考》

普洱茶之名，在华茶中占特殊位置，远非安徽、闽、浙可比。……普茶之可贵，在于采自雨前，茶素量多，鞣酸量少，回味苦凉，无收涩性，芳香清芬自然，不假薰作，是为他茶所不及耳。

考：普洱茶所具有的优良特性以及独特的制作方法，是其在历史上名扬海内外，成为中国历史名茶之一的重要因素。该文对普洱茶的品质及经济价值做了充分肯定。

1938年，东南各省茶区接近战区，产制不易，中茶公司遵奉部命，积极开发西南茶区，以维持华茶在国际上的现有市场，于1939年3月8日正式成立顺宁茶厂（今凤庆茶厂），筹建与试制同时并进。

凤庆是滇红茶的诞生地，1939年，冯绍裘在凤庆创建顺宁实验茶厂，亲自设计、制造了制茶机器，培训技工，批量生产滇红茶。滇红茶于1939年在云南凤庆首先试制成功，并生产了500担，通过马帮，沿着鲁史古道运到祥云，再通过滇缅公路运到昆明后，装进木箱铝罐，转运香港后出口。滇红茶香高味纯，品质独特，足以和印度大吉岭、斯里兰卡的乌伐以及中国的祁红相媲美，成为世界四大红茶之一。20世纪50年代，凤庆茶厂生产的“金芽茶”在英国茶市创下有史以来最高价。1959年以后，滇红特级茶被国家定为外交礼茶，指定由凤庆茶厂独家生产。1986年，英国女王伊丽莎白二世访华，凤庆生产的滇红金芽茶珍品还被作为国礼送给女王，滇红再一次名噪海外。

现在的顺宁茶厂已经更名为云南滇红集团股份有限公司，目前集团自有基地茶园30700亩（其中20000亩通过瑞士IMO国际有机茶认证），茶叶初制所80多个，主要生产线4条，CTC红碎茶生产线4条，茶叶科学研究院一个（拥有全国最齐全的茶类种质资源），现年生产加工规模5000吨（2011年完成整体搬迁后生产规模将达15000吨）。产品以滇红茶、滇红CTC碎茶为主，并包含了普洱茶、紧压茶、绿茶、茉莉花茶、袋泡茶、速溶茶等八大类130多个品种。

今凤庆茶园面积已达20余万亩，年产量8000多吨，产值上亿元，茶叶产业已占全县国民经济收入的半壁江山。凤庆是世界茶树原产地中心地带，是滇红的诞生地，也是普洱茶的原产地之一。

民国·《路南县志》卷1

宝洪茶产北区宝洪山附近一带，其宜良、路南各有分界，茶树至高者三尺许，夏中采枝移莳，一二年间即可采叶。清明节采者为上品，至谷雨后采者稍次，性微寒，而味清香，可除湿热，兼能宽中润肠，藏之愈久愈佳。回民最嗜。路属所产年约万余斤，上品价每斤约五角余。

考：民国时期，云南又产生了一个名茶，即宜良县的宝洪茶，又名十里香茶，产于云南省宜良县城西北5公里外的宝洪寺。唐朝年间由福建开山和尚引进福建小叶种种植而成。据1948年《新纂云南通志》载："滇茶除普洱茶外，有宝洪茶，产宜良……为该地之特品"。可见，宝洪茶早已是云南宜良县特产，属中小叶高香型茶树品种。当鲜叶采下，一两小时即散发出花香，香气高锐持久，故云南宝洪茶有高香茶之称。宝洪寺遗址在昆明宜良县匡远镇永丰村，又名相国寺。始建于唐代。由来自福建的玄兴和尚云游至此，悟生欢喜，遂在此开山创寺。明万历年间重建。据历史考证，云南宝洪茶早在唐朝宜良宝洪山建寺时（当时称相国寺，明朝改建称宝洪寺），由开山和尚引进。开山和尚系福建人氏，茶种来源于闽，种植至今已有一千二百多年的历史了。

民国·罗养儒《云南掌故》卷10《宜良之琐屑志》

宜良境内，大都是平畴广陌，当无山谷丘林（陵），即有之，亦未见其有若何之幽深、若何之佳妙也。虽然，城之附近亦有一岩泉寺焉，聊可称为名胜处尔。寺在一高山之近巅处，殿宇亭阁都傍岩而结。岩有泉，泉沿岩下注，入于涧中，随绕殿台亭阁而流入一圆池内，池满则流溢于山下。泉水清而且甜，以之作饮，清胃而沁膈，故游人多喜就岩下烹茶。寺前有亭，翼然于圆池上，若凭栏远眺，可极目于数十里外。是处既具有此泉流，有此岩阿，而更有林曲，有涧池，复松柏菁葱，槐榆掩映，修篁夹路，繁花满山，春色秋光俱足以快心悦目，自是邑之风景地也。去宜良县城约十五六里，有宝洪寺，寺在江头村后之一山上，山以寺名，曰宝洪寺山。山间种满茶树，高几丈者，百年以上物也。然以高及于人者为多，足见茶树之不易长成；且不可迁动，移根必死，古人取茶茗为聘定物，即以其不可迁移也。

考：这里对宜良县的宝洪茶再次做了详细描述。宜良气候温和，年平均气温16.3摄氏度，年平均雨量1000毫米左右，风力仅24米／秒，宝洪山一带茶园海拔1550—1630米之间，山峦起伏，云雾缭绕，漫射光占优势。茶树对光的利用率相对增加，提高了茶叶里的有效物质，在长期优越的生态环境下，农民精心培育，形成宝洪茶萌发力强，芽叶肥壮，白毫丰满，成茶香气高锐持久的特点，群众形容宝洪茶的香气道："屋内炒茶院外香，院内炒茶过路香，一人泡茶满屋香"，可见宝洪茶确属香高质优，人人称赞的名茶。宝洪茶品质分为一至三级。此茶外形扁平光滑，苗锋挺秀，汤色碧亮，味浓爽口，香气馥郁芬芳，高锐持久。1980年被评为云南省名茶之一。

民国·罗养儒《云南掌故》卷18

《解茶贡》：清室在同、光以前，长城内仅有十八行省，而各个行省的督抚，在地位上也就等于真正封建时代的分封诸侯。诸侯讲朝贡于天下，督抚亦讲进贡于皇帝。此十八行省中，当然各省有各省的产出，而又各省有各省的特殊出产，或属于衣着，或归于食用，或入于药饵者。只要此省所产之某一种什物，或某一种食品，在实质上及功用上，强胜于他省所产；或此一种品物，仅为此省所用，而为他省所无，都可以入贡。云南则以普洱茶为最有名，果也色香两全。虽然，普洱茶固称名贵，但泡出茶来，入于云南人之口，无非道一声"味道不错"，好似仍认为不及外省之水仙、龙井。夫"人离乡贱，货离乡贵"，是千古名言，普洱茶一输到他省，泡在茶壶内，便能生发出一种特别的香味来，可以说能隔座闻香，然此尚是一些平常的普茶。若是雨前毛尖，那就更能芳香沁齿了。因此，云南的普洱茶，有入贡于朝的价值。论云南贡茶入帝廷，是自康熙朝开始。康熙某年有旨，饬云南督抚“派员，支库款，采买普洱茶五担运送到京，供内廷作饮。”自此，遂成定例，按年进贡一次。逮至嘉庆年间，则改为年贡十担，但除正贡外，尚有若干担副贡。副贡不入内廷，是送给内务府中大小官员及六部堂官。此一件事，在光绪朝以前，究不知作何办法。在光绪年间，贡茶是由宝森茶庄领款派人到普洱一带茶山上拣选采办，自是一些最好最嫩之茶。茶运到省，则由宝森茶庄聘请工匠，将茶复蒸，乘茶叶回软时，做成些大方砖茶、小方砖茶，俱印出团寿字花纹，是则不仅整齐，而亦美观。此外，又做些极其圆整、极其光滑之大七子圆、小五子圆茶，一一包装整齐妥当，然后送交督抚衙门。此则照例派员查验点收，随即装箱，准备派人解贡。普洱茶，是奉旨呈进之贡，然除普洱茶外，尚附有十个八个云南出产之大茯苓，而每个都是重在七八斤或十斤上下者。又附有宝森茶庄所制之茶膏若干匣。此则装以黄缎匣子，匣绘龙纹，是为贡呈于帝廷之物。分送内务府中官员及六部堂官者，却用红缎匣子装贮。然赠送于一般当道者之茶膏，总数当不下五百匣，实超过贡入内廷之件数在五倍以上。本来云南茶膏，较他省熬煎者为佳，如遇一切喉症，噙半块于口中，不过三小时，病即消除，所以在北京的人，对于云南茶膏，十分宝贵。贡入帝廷之茶叶，原系十担，则装成二十箱。然有内务府及六部衙门与夫都察院等之分送，故于正贡外，而更具二十箱，及搭上些鹿筋、熊掌、冬虫草、黄木耳等，为外官应酬内官之物，于是起运时，直有五几十只箱子。解运此项贡物入京，督辕派戈什哈二、承差二，抚署亦如是。运输路线，由云南遵驿路而行，经迤东方面之沾益、平彝（富源）而入贵州境，过湖南，经湖北、河南，入直隶省而达北京，沿路上均由地方官派兵勇差役护送，当然沿途顺利。并且在一切箱子上，都插有奉旨进贡的黄旗，谁敢来惹。贡物运到北京，系落于京提塘处，立即呈递奏折。上阅折奏，批“交内务府存储”，此而才将所有正贡送交内务府；分送各衙门之物品，亦分别致送，事始完毕。一行人仍乘驿而还滇。此是定

例，年年俱有此一次，然亦耗费不大，约为几千两银耳。

考：《云南掌故》原名《纪我所知集》，作者罗养儒，笔名问庐，一名古粤龙平畸士，广西昭平县人，清末民初人士。该史料介绍了晚清时期普洱茶入贡宫中的一些信息。

罗养儒父亲因与云贵总督岑毓英有姻亲关系而被降为幕僚，故养儒少年即随父举家迁往昆明。养儒为前清附生，后毕业于法人设立的中法学校及云南省法政学堂讲习班，并在云南警察厅考取中医师，养儒早年曾任滇越铁路局及公路局局长巴杜的法文翻译，1915—1917年，任《中华民报》《中华新报》主编。1923—1927年创办《微言报》，自任主笔，1929—1930年并任成德中学、十一属联合中学等校文史教员、粤侨公学校长、法国驻滇总领事馆文案。其后还在省财政厅编辑《财政公报》，同时担任金融管理处的公报主任，自办过安全火柴厂和电机碾米厂。1939年后，长期为人治病并从事著述以终其生。

养儒著作丰富，计二十余种，约百数十万言，以《纪我所知集》（《云南掌故》）为其力作。自谓“余笔于纸上只墨痕，约有五十余万言，叙述与缮写，亦耗尽十年力气”。足见其费时之长，用力之深。《纪我所知集》以云南近现代社会作为主要内容，从各个方面做了详尽的记述。政治方面，如前清云南省制概略，省会官吏制度、各级衙门形式、公署组织、官场仪制等，对我们研究当时的政治制度无不助益。经济方面，如过去云南田粮赋税、积谷仓储、钱法与货币、六七十年间昆明人民生活及行业情况等，都有所涉及，可为我们当前的经济建设提供参证。科举方面，如清代科岁两考情况、秋闱故事、武科举、春闱会试、文士的出路与生活等，使我们了解封建社会如何通过考试选拔人才的种种举措。

《纪我所知集》的最大特点，是它还大量记述了云南省会昆明及全省社会文化的诸种情况，如风俗习惯、婚嫁丧葬、风景名胜、寺观祠庙、文物古迹、遗闻轶事、饮食游乐、蔬菜花木等，娓娓道来，如数家珍。其中谈及滇南景物者，就有五卷八十多篇，记昆明名胜，寺观祠庙所在地有三十多处，记昆华事物拾遗一百四十余则，还有轶事堪传八十余则，这些都为我们提供了难得的资料。

民国·《嵩明县志》卷16

茶，向本植，鲜属茶者，惟邵甸之甸尾村，昔有寺僧种茶数十株，后僧圆寂，其徒不能继其业，今仅存十余株，芳春时，村人采取烹食，味颇佳，倘能扩而充之，兼得焙制之法，不难媲美景谷。

考：这里谈到嵩明县甸尾村，有寺僧所种的好茶。甸尾村隶属于嵩明县滇源镇，主要种植烤烟、小麦等作物及板栗、核桃、苹果等经济林果。现已不种茶。

民国·《盐津县志》卷4

茶叶：茶，常绿灌木，盐津全县皆产。每年春夏之交，各处市集乡人运茶入市，盈筐累袋，竞列争售，约计每年售出达三万斤，具见不少茶。宜植熟土，向阳山坡隙地俱无不可，最忌为旁树所阴，一有所阴即将枯萎。在昔，津属各乡盛称产茶，民（国）元（年）以来，匪乱频仍，山原高地居民远徙，土地荒芜，茶树因而枯萎者不知凡几。今后民生安定，恢复茶业宜仿顺宁采植方法，获利必丰。第一，要防止表土流失，栽植宜作横列或斜行。坡度较大之地，开沟宜密，易泄大雨，铺盖草叶以护表土。第二，整理茶树于移植二三年后，春间摘其顶芽，冬初修剪其旁枝，使匀齐圆矮。十年分区施行台刈，从土面将老树刈去，使根部另发新枝。第三，采茶须待新叶放散四五片时，只取一芽两叶为标准，至少须留两叶（除最下之小叶外），使将来由叶腋发生新定芽，产量愈丰。

考：该史料介绍了民国时盐津县的茶叶种植情况。从这里可看到，过去盐津全县皆产茶，每年售出达三万斤，产量可观。茶叶产业是盐津的优势产业，种茶历史悠久，就产量而言，盐津茶叶生产在云南的地位不高，但盐津是昭通小叶茶生产大县，经过几年的开发，已形成相当的基础和规模。茶叶产业在全县农村经济中占有很大的比重，已初步具备产业化发展经营的条件和基础，在发展绿色产业中，又逐步形成了茶叶生产基地。

民国·李根源《永昌府文征·文录》卷28《民十》

陆溁《腾冲种茶浅说》序：腾冲山多田少，气候土壤均宜茶。旧惟蒲窝茶区及寺僧、农夫零星栽植，产数甚微。民国元年，封绅佩藩任小猛统巡检司，购猛库茶种植之窜龙村，于是龙江始有新茶。十二年，佩藩封翁子少藩陆续添种，附近各村起而效之。虽土法采制，然茶之品质与顺宁茶无异。盖猛库大种较蒲窝旧种为良也。少藩克绍箕裘，欲以全县荒山垦辟植茶，一以惠地方，一以光先绪。民国二十八年，余为中国茶业公司寿总经理及张公西林、缪公云台主办云南茶叶技术人员训练所，率全体学生至宜良茶区实习。二十九年春初，得少藩手函，并寄示劝告众种茶书，又接李印老电，欲送腾冲学生来。余电告茶训学生已毕业。旋又来函，嘱竭力设法。去夏印老抵省就云贵监察使任，未几，少藩亦由省来宜厂参观，倾谈数日，与留宜之一部同学研究种制，朝夕不倦，足见好学深思，志在复兴中国茶业之殷也。中秋之翌日，偕谒印老于西山。印老以腾冲少出口货，非有大量外销茶，不足以抵补花纱进口之漏卮，坚约予赴腾教导学生，并欲长久计划，造成中国一大茶区。余谓印老为旧农部长官，提倡固当，印老乃函电中茶公司，商准借调来腾。抵腾以来，步行各乡调查，始知腾冲雨量较多，植棉较难，茶则得天独厚，惜产量太少耳。于是少藩就龙、蒲两乡集款数万元，办猛库茶种百驮，运腾布种，复预备大规模之采制。父作之而子述之，可谓勇于任事之实行家矣。加以邱石麟县长复热心扶助，毅然拨地税款创办茶校茶园。一时风起云涌，各乡镇、各设治区学生争来投考，甄录额满，尚纷纷要求入校，数逾百人。同时，各地绅商组织植茶公司。似此踊跃，固由印老登高一呼，万山响应之力，而追溯本源，未始非由于佩藩封翁艰难缔造之力也。昔英人在印、锡植茶，经三十年之经营，始克成功。今佩藩封翁开创茶区于二十年前，少藩能承先人之业，继续推行。近更编《种茶浅说》一书，欲余审定，披阅之下，觉浅显明了，切合腾冲实际情形。如各乡镇、各设治区人手一编，如法推广。乘此腾八公路将通，运输便捷之际，迎头赶上，岁制数万担外销茶，由仰光出口，则腾冲整个农村庶几富饶矣。余本嗜茶，得读此书，欣喜无量，乃泚笔序之如此。

考：《永昌府文征》是20世纪40年代初，云南省腾冲籍辛亥革命元老，杰出的政治家、军事家、教育家和文史学家李根源先生为光大民族文化之精华，聚众多学者之力编纂而成的一部永昌地方文献资料汇编，具有深远的文献价值、档案史料价值、学术研究价值和信息源价值，是滇西政治、经济、文化和社会发展的重要信息源。

据《明一统志》“又转而西一里余，有庵施茶，北向而踞，是为甘露寺”，这是腾冲茶叶文字的先行记述。据《腾冲县志》记载，明洪武年间腾冲便开始种茶，那时腾冲茶树多种在房屋周围，寺观庙宇也有零星种植。这大概是正史关于腾冲产茶的最早的确凿记载。

该史料介绍了民国时期腾冲推广种茶的一些情况。腾冲优越的自然生态环境及土壤气候特点十分适宜茶树生长。腾冲种茶历史悠久，明朝洪武年间就开始，至今已有600多年历史。民国政府代总理李根源先生首倡在腾冲种植茶叶，以富乡民。1923年，龙江士绅封镇国、封维德父子在龙江沿岸山区推广种茶，并著有《种茶浅说》一书，当时茶叶生产已有了较大发展。腾冲茶树品种资源丰富，据普查有茶树品种资源123个，被茶学专家誉为“品种资源宝库”，以高黎贡山为中心分布有上万亩野生茶树群体，有牢家山、坝外山、高黎贡山、茶林河约2000余亩的四大古茶树群落。全县目前茶园面积约15万亩，共引进保存的茶树良种已达89个品种。

民国·周学曾·景东《茶山春夏秋冬》

《茶山春日》

本是生春第一枝，临春更好借题词。
雨花风竹有声画，云树江天无字诗，
大块文章供藻采，满山草木动神思。
描情写景挥毫就，正是香飘茶苑时。

《茶山夏日》

几阵薰风度夕阳，桃花落尽藕花芳。
画游茶苑神俱爽，夜宿茅屋梦亦凉。
讨蚤戏成千里檄，驱蝇焚起一炉香。
花前日影迟迟步，山野敲诗不用忙。

《茶山秋日》

玉宇澄清小苑幽，琴书闲写一山秋。
迎风芦苇清声送，疏雨梧桐雅趣流。
水净往来诗画舫，山青驰骋紫黄骝，
逍遥兴尽归来晚，醉初黄花酒一瓯。

《茶山冬日》

几度朔风草阁寒，雪花飞出玉栏杆，
天开皎洁琉璃界，地展箫疏图画观。
岭上梅花香绕白，江午枫叶醉流丹，
赏心乐事归何处，红树青山夕照残。

考：民国《景东县志稿》卷十八载有这四首诗，作者周学曾是民国训导。与浙江、江苏等东部茶相比，文人对西部茶可谓惜墨如金，而在民国写云南茶的古体诗就更少见了。因此，周学曾的《茶山春夏秋冬》显得十分宝贵，是对云南茶文化的升华。从内容上看，四首诗写出了诗人春夏秋冬四季到云南景东茶山游览、夜宿、吟诗的感受，诗情画意之外，兼有“讨蚤戏成千里檄，驱蝇焚起一炉香”的野趣。

民国·徐珂《清稗类钞·植物类·普洱茶》

普洱茶产于云南普洱府之普洱山，性温味厚，坝夷所种。

民国·徐珂《梦湘呓语》

珂生平不喜龙井茶，而嗜云南普洱茶。安徽泾县之石井茶。然于王湘绮之论茶，亦引为知言。其言曰：茶以轻清者为佳，而界田重浊，龙井又太轻，故君山为贵。蒙顶易轻而无味，余皆重矣。

东坡云：茶欲其白。珂尝饮君山茶矣，则茶之至白者也。君山庙有茶树十余棵，当发芽时，岳州守派员监守之，防有人盗之也，岁以进贡，效天时用之。以其叶上冲也。程子大丈言：岳州北港之茶甚佳，最受蒸，愈蒸愈佳，惜其色不及君山之白耳。蒸者以沸水冲之也。夏剑丞则不以君山茶为佳，而推湖南之安化。安化之茶砖，亦如普洱茶之能消食。若君山则味至淡，色呈白。之二者，珂悉赏饮之。

考：徐珂（1869—1929年），原名昌，字仲可，浙江杭县（今杭州市）人。1889年参加乡试，中举人。他在学习传统文化之外，非常关注新学，以至于1895年赴京参加会试时，曾参加过梁启超发起的呼吁变法的“公车上书”活动。又曾为柳亚子、高旭等人1909年首创的爱国文化团体“南社”的成员。编撰过清代掌故遗闻《清稗类钞》等。

徐珂善品茶，是普洱茶资深爱好者。该文对各地名茶有较精彩、较专业的评价，“珂生平不喜龙井茶，而嗜云南普洱茶……”，说明他对云南普洱茶及“普洱茶之能消食”评价很高。徐珂对普洱茶的评论虽然不多，但表明云南普洱茶的影响仍在持续。清代的痴茶、爱茶、醉茶之士，并非完全在传统中作茧自缚，他们也有鲜活的思想和勃发的创造。只是他们的真知灼见，大多融会到诗歌、小说、笔记小品和其他著述之中。

民国·董泽撰《纪襄廷墓志》

……公之为人，曾抱先天下之忧而忧，后天下之乐而乐之怀抱，初不以谋一人一家之幸福为已足。曾日观景谷之山脉重重，农田稀少，每岁米谷所出不敷食用。民生日困，盗匪充斥想焉。如捣而思，有以匡救之。经若干心血之研究考察，以景谷气候土质之宜于种茶也。乃向外选购种子，先于陶家园试种百株，复于塘房山续种数十万株，胼手胝足，躬亲栽植，保护培养，煞费苦心，不数年而蔚然而林可供采摘，并以所栽出者资为观摩，广事倡导，使大众群起为普遍与大量之种植。于是景谷若山荒山，已由无用化为有用，将荒山变为茶山，以昔日穷乡僻壤之地区，一变而为商贾云集之市镇，国计民生日以富裕，地方文化日以发展。公苦心倡导种茶以福国而利民之丰功伟绩，久已无人不道，有口皆碑。前云南省立第一中学校教授王毓嵩先生曾书赠公一联曰：景谷之茶衣食万姓庄蹻而后见公一人。事功所在，固将与景谷茶同垂不朽也。

考：墓志所撰墓主纪襄廷，名纪肇猷，生于清咸丰八年（1858年），卒于1937年，是清末民初在景谷引种茶叶的老茶人。

1940年，前云南教育交通两司司长，东陆大学校长董泽，为景谷县（景东县）前清进士奉上谕赏给六品衔的茶人纪襄廷撰写墓志，刻立于景谷乡纪家村。现墓尚存，位于纪家村头，距小景谷街1.5千米。墓地面积一亩左右，原属纪家花园，现改种农地。纪襄廷大墓和他的后人的墓地在一片苍松和茶树中间，有一条水泥路可通往。墓地旁，还巍然耸立着升斗锦标石柱，这是当年南京民国政府专为其长孙纪文光任职于云南省漾濞、六顺两县县长而建造的纪念物。

黄桂枢先生考证，墓碑始建于1940年，全部土石结构，八字造型，高8.8尺，宽6.6尺，长9.9尺，墓门的正中及两侧镶嵌有五块大理石。吉祥物雕塑有龙、狮子和麒麟。左右两侧的墓志铭文，系原民国高级将领、长沙起义有功之臣、后任全国政协常委等要职的李觉委托时任云南教育交通两司司长、云南大学前身即东陆大学校长董泽亲笔撰写："前清岁进士兼六品衔纪公襄廷墓志"，共2040字，已入载《思茅地区文物志》，墓志中有纪公引种茶叶的记述。

墓志详细记载了纪襄廷的家世、为人、德行等等，由于铭文较长，我摘录了有关种茶历史的部分内容，以印证之前读过的文字。除墓志铭外，大墓两侧下方左右各镶嵌一块大理石，作为"前清岁进士兼六品衔纪公襄廷荣衰录"。在墓门上不但有主碑还有副碑，不但刻有长达数千字的墓志铭，还有镌刻这么多挽联的荣衰录。不仅墓门对联与茶有关，而且荣衰录上有许多副对联都和茶有关，这在普洱茶区乃至全国其他茶区都是罕见的。

民国·《思茅钧义祥茶庄包装说明单》

云南普洱茶的好处在前清时已就出了大名，中外各国无有不称赞他的，所以解进北京的贡茶，那些皇室贵族都视为名贵的饮料，因为这种茶，不惟可以清心解渴，还可医治伤风积食等症，决非他处的茶或以香料制配的茶可比了。乃近来普茶的销路比之以前减少，究竟是什么缘故呢？鄙人下细研究大约有四种原因。

①因旧法制造不知道讲求清洁。

②装潢不知道改良。

③因有无耻商人以他山之茶冒充，以致真伪难辨。

④因普洱地处极边，无有大商业家投资去经营。

有此四种原因，所以普茶便受了影响，销路就因之滞塞了。本庄主人在普洱地方向来经营茶业，因见这种状况，故发奋抱定宗旨，亟图改良。特往各埠延请茶业专门技师到产茶最著名之易武、倚邦两处设立工厂，专办头水细嫩春茶，用最新焙制方法制造，并且竭力讲求清洁，所做的上等清茶，其味清香可口，适合卫生，比从前旧法制的迥然不同，即较之现在一般加进药料新制的也是高出百倍了。本庄主人志不专在营利，务求普茶得畅销各国，使世界上人士都得极好的饮料，所以成本虽极重大，定价均力求克己，惠顾诸君，请认明棠棣商标，庶不致误。云南普洱钧义祥茶庄武钧培武裕培披露。

考：民国初年，思茅的这份钧义祥茶庄包装说明单，原件由黄桂枢先生保留，刘天羽老先生捐献，收藏于思茅地区文物管理所（标点符号为黄桂枢先生所加）。具有文物价值，它是清末民初思茅生产经营普洱茶的众多茶庄留下来的可贵物证，对研究普洱茶文化有一定的作用。

民国初年，思茅钧义祥茶庄很有名，所生产的普洱茶，除销内地外，还在石屏、蒙自、昆明、上海、香港有代售处，在缅甸仰光、昔卜、阿瓦（曼德勒）、暹罗（泰国）曼谷、景迈（清迈）、新加坡等地有分售处。

茶庄主人是武钧培、武裕培兄弟二人，茶庄旧址在今思茅株市街中段，以“棠棣商标”标名，说明单上印有“钧义祥茶庄总发行”“定价不二”“童叟无欺”“制茶厂：普洱府属易武倚邦”“代售处：云南、石屏、蒙自县、上海、香港”“本号总发行所：普洱府属思茅县”“分售处：缅甸、仰光、昔卜、阿瓦、暹罗、曼谷、景迈、新加坡”“监制人武钧培武裕培兄弟”。说明书四个版面（45×15公分），中文英文各两个版面，左上方两边印有“钧义祥茶庄”和“制茶工厂”房屋图，说明单主页英文文字横排32行，中文文字主页竖写楷书16行，共422字，为道林纸印刷，底面用浅绿色，字体及配图用橙红色套印而成，可以想见茶叶包装外盒是一个有四面两底盖的方形盛器。

据黄桂枢《清代及民国时期的思茅茶庄茶号》记载，清道光三十年（1850年），思茅厅外来客籍户已达5571户，是土著户1016户的4.5倍，多数为商人。清光绪二十三年（1897年）后，思茅设立海关，茶叶加工出口销售繁荣。1914年，普洱道署由宁洱迁驻思茅，思茅成了普洱道的政治、经济、文化中心，商业发达，仅思茅城区就有制茶商号22家，年制茶1万担左右，商业市场在城外南门正街，教场坝即是海关报关验货之地。东门外沿城埂至南门的顺城街，都开设人马客店，连接顺城街的新兴街，又多是与茶叶贸易有关的手工业如木匠、铁匠、皮匠等，经营马帮所需的鞍架、皮革、铜铁制品等。民国《续云南通志长编》载：“雷永丰、元庆、复聚、新春、宝森、永兴、三泰、庆春等茶号，均营川销”。民国年间，思茅揉制茶叶出售的茶庄茶号有：雷永丰、裕兴祥、鼎春利、恒和元、庆盛元、大吉祥、谦益祥、瑞丰号、钧义祥、复和园、同和祥、恒太祥、大有庆、利华茶庄等22个，每年由产地茶山运集思茅加工的毛茶在万担以上（旧衡制100老斤为一担），当时思茅有名的揉茶师傅有刘渭成、朱根林、燕益庆、余长福、周小舟等人。在产地加工茶叶，在思茅设经销门市的有倚邦恒盛公商号和乾利贞商号，勐海洪盛祥商号、同信公商号等，在易武倚邦制茶的钧义祥茶庄总发行所在今思茅株市街。

民国·陈邦贤《自勉斋随笔》

四川一带饮茶之风盛行，以沱茶为最多，沱茶又以下关的沱茶为上品，茶味颇浓，颜色呈金黄色，而且耐泡。

考：《自勉斋随笔》是一本随笔丛书，作者根据读书所得及平昔风闻随笔漫录而成，材料信实，言多切近。陈邦贤，字冶愚、也愚，晚年自号红杏老人，江苏镇江市人，1889年生于江苏盐城县沙沟镇。1976年病逝。毕生致力于中国医学史、疾病史、医学家传记、二十六史医学史料之研究，做出了不可磨灭的贡献。随笔中提到了云南的沱茶。这句话表明，沱茶民国年间在四川大受欢迎，下关沱茶品质优异，对汤色和耐泡性做了言简意赅的描写。

民国·姚荷生《水摆夷风土记》

从前十二版纳出产的茶叶先运到思茅普洱，制成紧茶，所以称为普洱茶。西藏人由西康阿登子经大理来普洱购买。民国七年云和祥在佛海开始制造紧茶，经缅甸印度直接运到西藏边界葛伦铺卖给藏人，赚到很大的利益。商人闻风而来，许多茶庄先后成立。现在佛海约有大小茶号十余家。最大的是洪盛祥，在印度和西藏都设有分号，把茶叶直接运到西藏销售。较小的商号联合起来，推选两个人负责把茶叶运到缅甸的景栋，再经仰光到印度，卖给印度商人，由他们转销西藏。

考：姚荷生（1915—1998年），医学教育家、作家，江苏省丹徒县人。1934年考入清华大学，1937年随校迁至昆明。1938年毕业于清华大学生物系，并留该校农业研究所工作。1938年12月参加云南省建设厅组织的边疆实业考察团赴西双版纳，1939年2月28日抵车里（云南景洪），1940年深秋始返昆明。姚荷生在版纳期间，"往返各地，投宿夷家，衣其琴，甘其食，听传说于乡老，问民俗于土酋，耳目所及，笔之于书，日积月累，居然成伙"。

《水摆夷风土记》分两部分。第一部是《征程记》，叙述了作者从昆明到车里（景洪）的旅途艰危。第二部分是《十二版纳见闻录》，作者以巨大的热情，客观地描绘出20世纪30年代西双版纳傣族的生存状况、民俗风情、自然环境、社会组织、语言文字以及民间文学等。借由此书，我们得以多角度地感受云南茶在民国时代的风貌及普洱茶经缅甸印度直接运到中印边界后销往中国西藏的状况。

民国·李拂一《佛海茶业概况》

（一）绪　论

普洱茶叶，驰名天下。其实现今之普洱并不产茶。或谓十二版纳各产茶区域，在过去曾隶属普洱，以是得名。而普洱府志载，距今百数十年前，十二版纳出产茶叶，概集中普洱制造，同时普洱又为普思沿边一带茶叶之集散地。后制造逐渐南移，接近茶山。由普洱而思茅，而倚邦、易武。今则大部集中佛海制造矣。"普洱茶"一名之由来，当以开始集中普洱制造，以普洱为集散地得来为近似。

十二版纳，原包括思茅、六顺、镇越、车里、佛海、南峤、宁江、江城之一部，及割归法属之猛乌、乌得两土司地。至近今所谓之十二版纳，则以前普思沿边行政区域为范围，即车里、南峤、佛海、宁江、六顺、镇越等县区及思茅之南部，江城之西部。其猛乌、乌得两土司地，早已不包括在今之十二版纳之领域内矣。

澜沧江自北而南微东，斜分十二版纳为江内、江外两个区域。东为江内，西为江外。六顺、镇越两县及江城之西、思茅之南属江内。车里（一部分在江内，今景洪）、佛海、南峤等县及宁江设治区属江外。一般人大部以江内产，即镇越、思茅县属之易武、倚邦、革登、莽芝、蛮砖、架布、漫腊（这些茶区今皆属西双版纳）及车里属之攸乐山（位于江内）一带所产者为“山茶”，江外产为坝茶，按“坝”为摆夷语，其义为原野，其实车佛南各县之茶叶，并不产生于原野，而繁殖于海拔四千尺以上之山地，或四千尺上下高原附近之丘陵。车里盆地海拔较低，约一千八百尺。而茶树之散布，则高在四千尺以上之勐宋（今勐海的一个乡），五六千尺之南糯山及攸乐山。“坝茶”一名，似为不伦。

佛海产茶数量，在近今十二版纳各县区，为数最多，堪首屈一指。同时东有车里供给，西有南峤供给，北有宁江供给。自制造厂商纷纷移佛海设厂，加以输出便利关系，于是佛海一地，俨然成为十二版纳之茶业中心。素以出产普洱茶叶著名的六大茶山，以越南关税壁垒之森严，及运输上种种之不便，反瞪乎后矣。

兹以佛海为本文叙述范围，旁及车里、南峤及宁江设治区域。多年来搜罗之记录皆远寄他方，旅途匆匆，尽一日之力，就记忆所及者为之。挂一漏万，知所不免也。

（二）产区及产量

佛海、车里、南峤及宁江等县区，凡海拔四千尺左右之山地，或原野附近之小丘陵，皆滋生茶树。尤以佛海一县之产区最广。佛海共分四区，区各一土司，曰勐海土司、勐混土司、勐板土司及打洛土司。

勐海土司所属各村落，即郢勐海（佛海县治所在）、曼兴、曼海、曼贺、曼谢、曼买、曼丹、南里、曼扫、曼真、曼夏、曼夅、曼喷弄、曼拉闷、曼赛、曼斐、曼董、曼旮、曼丁景、曼鲁、曼蛮嶝、曼降、曼峦、曼录、曼法、曼崃、曼磊、曼蚌、亚康、曼舀、曼满、曼崀、曼泐、曼袄、曼榜、曼两、弄罕、曼先、曼中、葩宫贺南、大小呼啦、贺岵六村、葩珍五村、葩盆黑龙塘、上下水河寨等六十余村。海拔由三千九百五十尺至六千尺不等，村村寨寨，无处不茶，只不过产量有多少而已。

勐混土司区与勐海区，地理环境约略不同，产茶范围，亦颇广阔。勐板、打洛两区海拔较低，面积不大，产茶范围，限于少数高地带。兼之距离市场（勐海）太远，不便集中。勐板因人户稀少，野生茶树，大都任其飘零满山，无人采摘也。

车里产茶区，分布江内外。江内以攸乐山为中心，江外以南糯山及勐宋（两地现今都属勐海）为中心，车里之三大产茶区也。曼累、勐笼、落水洞及其他各地次之。

南峤（现属勐海，现勐海包括当时佛海、南峤、宁江等县，原属车里的勐宋、南糯山等地现均归勐海）产茶区，遍布于景真、勐翁、景鲁、景迈兑、西定、勐满、旧笋各自治区域。

宁江则以曼糯、勐阿、勐亢、景播等处为最，惟出数不多耳。

各县区产茶量大概估计，则佛海约一万担，车里八千担，南峤五千担，宁江五六百担。若有销路资本，再尽力于茶园之整理，如剪枝、除草、壅根、施肥及荒废茶园之开发利用，则产量可增至十万担之数也。

产茶时期，起自国历三月尾至九月或十月止，每年有六七个月之采摘期。在三月尾和四月初采摘者，曰“春茶”，曰“白尖”，以概系白毛嫩芽之故。过此所生产者曰“黑条”，色泽黑润，质重而色味浓厚，为制造“圆茶”“砖茶”之主要成分。黑条之后曰“二水茶”，又曰“二盖”，叶大质粗，叶色黑黄相间。二水之后

曰“粗茶”，概系黄色老叶，不复有黑条间杂其内，品质最为粗下，专供制藏销紧茶包心之用。九月初再生一次之白毛嫩芽曰“谷花茶”，盖其时正当谷禾扬花之季，当地人民称稻曰谷子，因此遂名其时所产之白毛嫩芽为“谷花茶”或“谷花尖”，品质次于春尖，叶色则反较春尖为光华漂亮，不易变黑，通常用作圆茶之盖面。

谷花茶之后，尚有一次之粗茶，盖为数不多。其时已届农人秋收之期，跟着即有樟脑之出产，一般茶农于秋收之后，群趋于樟脑之制造，不复再有人上山采茶矣。

（三）品　质

就易武，倚邦方面茶商说来，则佛海一带所产之茶为“坝茶”，品质远不如易武、倚邦一带之优良，然易武乾利贞等茶庄，固尝一再到江外采购南糯山一带所产者羼入制造。而佛海一带，每年亦有三五千担之散茶运往思茅，经思茅茶商再制造为“圆茶”（又称七字圆）、“紧茶”分销昆明及古宗商人。制者不易辨，恐饮用者亦不能辨别谁是“山茶”，谁为“坝茶”也。

就个人所知：江内外茶叶，除极少数外，似为同一品种。且各产茶区之地理环境，亦大致相同。不过易武方面，茶农对茶园知施肥、壅根、除草、剪枝等工作，而佛海一带则无之耳。

民国二十三四年期间，著者尝以佛海附近所产茶叶，制为“红茶”寄请汉口兴商砖茶公司黄诰芸君代为化验，通函研究。据复函认为品质优良，气味醇厚。而西藏同胞且认为和酥油加盐饮用，足以御严寒、壮精神、由幼而老，不可一日或缺。虽由于嗜好习惯之各不相同，而佛海一带茶叶品质之不坏，可得一旁证。

（四）制法及包装

佛海茶叶制法，计分初制、再制两次手续。土民及茶农将茶叶采下，入釜炒使凋萎，取出竹席上反复搓揉成茶，晒干或晾干即得，是为初制茶。或零星担入市场售卖，或分别品质装入竹篮。入篮须得湿以少许水分，以防齑脆。竹篮四周，范以大竹箨（俗称饭笋叶）。一人立篮外，逐次加茶，以拳或棒捣压使其尽之紧密，是为“筑茶”，然后分口堆存，任其发酵，任其蒸发自行干燥。所以遵绿茶方法制造之普洱茶叶，其结果反变为不规则发酵之暗褐色红茶矣。此项初制之茶叶，通称为“散茶”。

制造商收集“散茶”，分别品质，再加工制为“圆茶”“砖茶”或“紧茶”。另行包装一过，然后输送出口，是为再制造。兹分述于下。

1. 圆茶

圆茶大抵以上好茶叶为之。以黑条作底曰“底茶”；以春尖包于黑条之外曰“梭边”；以少数花尖盖于底及面，盖于底部下陷之处者曰“窝尖”，盖于正面者曰“抓尖”。按一定之部位，同时装入小铜甑中，就蒸汽受蒸使之柔，倾入特制之三角形布袋约略揉之，将口袋紧结于底部中心，然后以特制之压茶石鼓，压成四周薄而中央厚，径约七八寸之圆形茶饼，是即为圆茶。不熟练之技师，往往将底茶揉在表面，而将春尖及谷花尖反揉入茶饼中心，失去卖样。普洱茶叶揉茶技师之最高技术，即在于此。如底面一律，则此项揉茶技师，则失其专家之尊严矣。每七圆以糯笋叶包作一团曰“筒”，七子圆之名即源于此。每篮装十二筒，南洋呼为一打装；两篮为一担，约共重旧衡一百二十斤。此项圆茶每年销售暹罗者约二百担，销售于缅甸者约八百担至一千五百担。

2. 砖茶

砖茶原料以黑条为主，底及面间有盖以“春尖”或“谷花尖”者，按一定秩序，入铜甑蒸之使柔，然后倾入砖形模型，压之使紧，是为“砖茶”每四块包作一团，包时块中心尚需贴一小张金箔，先用红黄两色纸包裹，外面加包糯笋叶一层，再装入竹篮即成。竹篮内周须衬以饭笋叶，每篮十六色，每担计两篮约共重一千一百余斤。专销西藏，少数销至不丹、尼泊尔一带。年约可销二百担至三百担。此外尚有一种小块四方茶砖，仅洪记一家制造，装法包装，大体与砖茶相同，只不需贴金，年约销四五十担。

3. 紧茶

紧茶以粗茶包在中心曰“底茶”；二水茶包于底茶之外曰“二盖”；黑条者再包于二盖之外曰“高品”。如制圆茶一般，将各色品质，按一定之层次同时装入一小铜甑中蒸之，俟其柔软，倾入紧茶布袋，由袋口逐渐收紧，同时就座凳边沿照同一之方向轮转而紧揉之，使成一心脏形茶团，是为“紧茶”。“底茶”叶大质粗，须剁为碎片；“高品”须先一日湿以相当之水分曰“潮茶”，经过一夜，于是再行发酵，成团之后，因水分尚多，又发酵一次，是为第三次之发酵，数日之后，表里皆发生一种黄霉。藏人自言黄霉之茶最佳。天下之事，往往不可一概而论的：印度茶业总会，曾多方仿制，皆不成功，未获藏人之欢迎，这或者即是“紧茶”之所以为“紧茶”之唯一秘诀也。紧茶每七个以糯笋叶包作一包曰一“筒”。十八筒装一篮，两篮为一“满担”，又叫一驮，净重约旧衡一百一十斤，专销西藏，少数销于尼泊尔、不丹、锡金一带，年可销一万六千担。

其经由思茅或思茅茶商制卖给藏人古宗者，每篮只装十五筒，两篮为一担曰“平担”。竹篮内周亦需衬以饭笋叶，篮口并需以藤片绊牢，与“圆茶”“砖茶”之装法相同，只篮形或长或方，或大或小，稍有不同耳。竹篮竹叶、藤片扎篾（即竹丝）等包装费用，每担约半开滇币五六角。其取道缅甸即转运西藏之“紧茶”，于运抵仰光后，需再加麻包，并打明标记牌号，方能交船运，即每色约费工料卢比五安那至六安那。亦有在中途如景栋或瑞仰即需加缝麻包者，在景栋加麻包之费用较大，然损失则鲜。至运达加嶙崩（Kalimporg）之后，尚需再用兽皮（牛羊皮之类）加包，方可运入西藏。包装费用，高出生产费数倍，真是“豆腐盘成肉价钱”矣！

（五）运输及运费

由佛海出口之“紧茶”，除少数销售于不丹、锡金及尼泊尔一带外，大多数皆运入西藏方面销售。并非完全外销，不过国内无路可走（由思茅经下关、大理、阿墩子入藏，须三四个月之马程，方抵拉萨，由佛海经缅即至拉萨不过三四十日），不得不支出大量之买路金（每年约三十余万卢比之巨），而假道于外耳。在八九年前，缅属孟艮土司境内，尚未通行汽车时，佛海每年出口茶叶，概须取道澜沧江之孟连土司出缅。西北运至缅属北掸部中心之锡箔（Hsipaw）上火车，由锡箔西南运经瓦城，再直南经大市（Thazi）而达仰光。由仰光再换船三日或四日至东即加尔各答上岸。由加尔各答再上火车，北运至西哩古里。由西哩古里用牛车或汽车运抵加嶙崩。至此又须改用骡马驮运入藏。由佛海至锡箔一段马程，最少需十八日方可到达。锡箔至仰光须三天至五天。到达加嶙崩最速需一月之期。此过去佛海藏销茶叶之唯一出路。嗣后缅东公路修至公信（又作贵兴），佛海茶叶出口，遂有一部分舍西北锡箔路线而道西南孟艮路线者。由佛海西南行经孟艮，再西行经打崞而至公信，马程仅十四日。由公信交汽车运达瑞仰或海和，然后换火车再西行至大市。由大市直向至仰光，至少可减少四五日之行程。由佛海至孟艮（景栋）一段马站，为期仅六日，最迟亦不过一周。由孟艮两日之汽车可至瑞仰。再一日直快火车即可到达仰光。较诸西北锡箔路线，减少一半以上之行程，所以迄今不再有取道锡箔之一途者矣。

由佛海至孟艮（即景栋）之骡马运费，每驮即一担约卢比三盾半至三盾四分三；景栋至瑞仰汽车约费六盾半；瑞仰至仰光火车费约三盾四分一至三盾半；仰光至加尔各答船费约三盾半至三盾又八分之七不等。总计每担（即两篮）茶叶，由佛海至加尔各答转运费最高额约需卢比十七盾又八分之五之数，如需运至加嶙崩，则每担尚需加火车汽车费三盾至四盾余也。此外如景栋、瑞仰、仰光等处之办事费，皆未计算在内也。

（六）茶叶价格

佛海一带茶叶产量，在云南境内，为数最多，而价值最廉。民国十六年前，制“紧茶”用之三塔货散茶（即黑条三成，二水及粗茶七成），曾一度跌至每担（旧衡一百斤）半开滇币四元。近两三

年来，因运销活跃，较过去颇呈高涨之势。然最高纪录，亦尚未超过十四元也。

（七）出口数量及税捐负担

每年由佛海出口茶叶原包括“圆茶”“砖茶”“紧茶”及“散茶”等数种。销地遍暹罗、缅甸、印度、尼泊尔、不丹、锡金及中国西藏等各地。内中以“紧茶”为大宗，以西藏之销量为最大。所言茶者必称“紧茶”，而言销路者必盛道西藏也。在十年之前，每年尚不过出口数百担或千余担，制造亦不过一二家，近则销数年达一万六千担以上而制造商至十数家矣。若能改良制造，注意壅培，则销数及产量，当大有扩展之希望。

茶叶税捐，向仅厘金一项，每年旧滇币约一元二角，嗣后滇币跌价，改为四元五角。裁厘后设茶消费税，改旧票为半开银圆。前年减为三元，去年起加为三元三角。此外尚有地方杂捐数种，约共四角至五角。

缅甸方面，因滇茶条约关系，凡经由陆路至缅甸之货，皆不纳税。缅甸为印度帝国之一省，由缅至印，等于内地运输，所以佛海茶叶在印缅境内运输或买卖，皆无须缴纳税捐。加以生产异常低廉，遂得运越邻国，倾销入藏。印度西藏一带边界，皆盛产茶叶，仅一山之隔，然卒不能向藏进行印茶之贸易，虽品质及制法相差，或与藏人口味有所扞格，而生产费过高，为一般藏人购买力所不及，或乃一主要原因。印度茶业总会对佛海茶之能远销入藏，颇生嫉视，尝怂恿印度政府构筑关税壁垒，以为对策，以格于滇缅条约，暂时尚不果行。上年印度茶业总会，以大宗款项，将印度红茶仿制为“紧”“砖”茶，于大吉岭、加嶙崩一带，广劝藏人试饮。虽无若何成效，然以其处心积虑之情形视之，佛海藏销茶叶，将来总不免受到相当之影响，兼之印缅已于上年四月一日起实行分治，此后滇缅条约，当失其连带性作用。闻印缅关税，定三年期实行，今满期不远，前途殊不能乐观也。

（八）结 论

佛海一带所产茶叶，品质优良，气味浓厚，而制法最称窳败，不规则之多次发酵，仅就色泽一项而论，由绿而红以至暗褐，印度之仿制无成，或以此耶。

近年来南洋一带人士之饮料，大多数已渐易咖啡而为红茶，消费数量，虽未有精确之统计，然以其人口之众，及饮用范围之普遍而推测之，当不在少数。遍南洋售品，大部为印度、锡兰所产，唯是价值高昂。在印缅方面，每磅平均售价在半盾以上，似非一般普通大众之购买力所能及。佛海茶叶底价低廉，若制为红茶，连包装运费在内，估计每磅当不超过四分之一盾之价格，亦即印、锡红茶售价之半。即仅就南洋一带而论，当又获得新畅销。若再能运销欧美，则前途之发展，尤为不可限量。此应以一部分改制红茶，广开销路，在印度尚未对佛海茶高筑关税壁垒以前，作未雨绸缪之准备，此其一。

南洋侨胞以闽、粤两省籍人为数最多。粤人中除广肇方面人士习用旧制普茶之外，其潮梅一带及闽籍侨胞，皆酷嗜绿茶，日唯以茶为事者，颇不乏人。向销闽茶，自台湾崛起，闽茶销路大不如前。七七战起，抵制仇货之运动，凡我华人足迹所至，如火如荼，有声有色，南洋侨胞，进行尤为激烈；暹罗方面，有时发现暗杀贩卖仇货同胞之事件，以是台茶销路遂绝于华侨之社会。同时战区日渐广泛，闽皖浙等省茶叶，运出维艰，本年春，已有一二暹侨到佛海成立华侨茶庄，仿制绿茶，专销暹罗，成绩尚佳，颇得暹罗侨社之欢迎，惜其资金过微，无法扩充。此应以部分精制绿茶，趁此时期恢复华茶原有地位，与红茶双管齐下，开辟新的销路，此其二。

前已言之，佛海茶农，对于茶园，尚无施肥、除草等整理工作，虽或由于土民之无知，而茶价过低，使其无改进之兴趣及可能。迄今尚有不少荒废茶山，无人采摘，可为佐证。此应于创制红绿茶之时，予以提高底价之机会，务使其有改进之兴趣及能力。原

采茶园，可望增加产量，荒废茶山，可以大量开发。同时似应由政府或人民团体，设一茶业机关，以资领导，并按科学方法开辟新式茶园，重新种植，以示模范。同时就地创设茶业实习学校，以造就当地新法制茶专才，此其三。

佛海茶商，勿论现有资金之多寡，总不免有捉襟见肘之现象，藏销茶叶，以运费高于成本数倍，不得不赖于印度商人借贷周转者甚多，无论直接或间接售予藏人，皆不免受到印商中间之操纵。生产者及制造厂商所得之利润皆极微，而消费之支出则浩大，中间被夺于印商者年不下十数万卢比之巨，此应由政府金融机关在印缅办理押汇，以避免印商之操纵，生产制造消费各方面皆得其便利。此外并须兼办茶农小贷款，俾佛海茶业前途，有充分之希望矣。

考：李拂一是勐海茶厂主要创办人之一。原名李承阳，祖籍广西，其父1898年来到云南，1901年，李拂一出生于云南普洱县（宁洱县），2010年9月于台北过世，享年109周岁。

李拂一不仅是中国史学界宣传西双版纳和开拓傣学研究的先行者，而且还是勤奋宣传和发展西双版纳茶业、并能荣享茶寿的第一位普洱茶人。从1930年起，李拂一相继编著出版《南荒内外》《车里》《泐史》（傣族史）《车里宣慰世系考订稿》《暹程纪行》《十二版纳志》《十二版纳纪年》《镇越新县志》《佛海茶叶概况》《佛海茶业与边贸》等专著（上述编者均为1949年前的史事数据），都是珍贵的史料珠玑。

由于长年生活在茶区，又亲自经营茶叶，李拂一对整个西双版纳的茶业非常熟悉，因此，他在写《车里》一书时，专节对版纳的茶业做了介绍，并在他担任主笔的南京《新亚细亚》杂志撰写了《西藏与车里之茶叶贸易》一文。

1938年，李拂一写就《佛海茶业概况》，这篇近7000字的长文中，对佛海［包括从佛海出境的车里（景洪县），以及南峤（今勐海县之一部分）］的茶业做了详细的介绍。分为绪论、产区及产量、品质、制发及包装、运输及运费、出口数量及税捐负担等8个部分。文章详细介绍了佛海茶业在民国时期的情况，是非常宝贵的文献资料。从语言风格上，可以看出民国语言的特点：简洁，精准，有金石之声。文中对普洱茶的制作有详尽记述，这对今天制茶很有帮助。

方国瑜·《滇西边区考察记》第1篇

《班洪风土记·茶酒》：班洪寨旁有茶树，他寨亦间种之，惟无多。土人品茗，味甚浓，余至土人家，以煮罐浓茶进，苦不能下口，劝饮，又不便却，而不能进一杯也。

考：方国瑜先生是中国当代著名的历史学家、民族学家，云南大学教授。半个多世纪以来主要从事民族学和地方史志的研究工作，著述丰厚，有“南中泰斗，滇史巨擘”之称。《滇西边区考察记》是方国瑜先生20世纪40年代刊行的旧作，经林超民教授稍做修订收入“当代中国人类学民族学文库”。

班洪乡是云南省临沧市沧源佤族自治县的六个边境乡镇之一，位于沧源县西部，距离县城勐董50千米。东接勐角和勐来乡，北连耿马县孟定镇和富荣乡，西连班老乡和芒卡镇，南与缅甸接壤。班洪乡是佤山十八部落之一，是震惊中外的抗英事件发生地。班洪佤族很早就种茶，据笔者对佤山调查，野生茶佤语叫“缅”，栽培茶佤语叫“腊”，“腊”是从“缅”来的，“缅”是和阿佤祖先在洪水泛滥的远古时期一起来到西盟山的。传说那时大地被淹没，只剩下竹子、茅草、“缅”（野生茶树）、芭蕉和小红米，还有人、水牛、大象、小灵雀。阿佤人的祖先靠吃芭蕉、竹子、茶叶、小红米活了下来，是“缅”救活了阿佤祖先的命，所以茶叶是阿佤人心中最圣洁的灵物，阿佤人用茶祭“司岗里”祖先，用茶祭太阳神、月亮神，生娃娃道喜、老人去世、劳动干活、腰酸头痛、生疮生病都要用茶、吃茶。佤族同属古代濮人后裔，西盟佤族是最早认识野生茶树和利用野生茶树的民族之一，在中缅边界一带，佤族、布朗族都有“腊人”，即“茶人”之称。

方国瑜·《普洱茶》

久已驰名国内并畅销国际市场的云南普洱茶，产于西双版纳的易武（在今勐腊县）和佛海（今勐海）地区。这些地区栽培茶树

始于何时尚待研究，但据调查，佛海南糯山种茶在倚邦（在今勐腊县）、易武诸山之后。现在南糯山有三人合抱的大茶树，已枯死一棵，锯其干，从年轮知道已生长了七百多年。这只是现存最老的茶树之一，不一定是最早种的，开始种植的年代当比七百多年前更古。倚帮、易武诸茶山的历史之久就可想而知了。

我国人民日常生活中，煮茶作饮料的年代很早。最初是一种小树的苦叶，称为苦茶。汉魏以后才有采茶品茗，至唐代此风大盛，种茶、产茶者益多。《本草图经》说茶的生产"闽、浙、蜀、荆江、湖、淮南山中皆有之"。陆羽嗜茶，著《茶经》三卷，讲采制饮用之法。其后各家著述尤多（所知有专书约二十多种），茶也成为日常必需饮料了。

西双版纳产茶的记载始见于唐代。樊绰《云南志》卷七说："茶出银生城界诸山，散收无采造法。蒙舍蛮以椒姜桂和烹而饮之。"李石《续博物志》卷七也说："茶出银生诸山，采无时，杂椒姜烹而饮之"。按，樊绰作书于咸通四年（863年），根据的是贞元十年（794年）以前的记录；至于李石之书，作于宋代，用字过省，不尽符合原意了。

所谓银生城，即南诏所设"开南银生节度"区域，在今景东、景谷以南之地。产茶的"银生城界诸山"，在开南节度管辖界内，亦即在当时受着南诏统治的今西双版纳产茶地区。又所谓"蒙舍蛮"，是洱海区域的居民。可见早在一千二百年以前，西双版纳的茶叶已行销洱海地区了。当时西川也盛产茶叶，韦齐休《云南行记》说："名山县出茶，有山曰蒙山，连延数十里"。这是所谓雅利蒙山茶，可能行销到云南，但从语言来研究，云南各族人民饮用之茶主要来自西双版纳。今西双版纳傣语称茶为la，彝语撒尼方言、武定方言也称茶为la，纳西语称为le，拉祜语称为la，皆同傣语。可知这些民族最早饮用的茶，是傣族供应的。西南各族人民仰赖西双版纳茶叶的历史已很久了。

西双版纳产茶，以此当地的茶叶贸易发达。元代李京《云南志略·诸夷风俗》“金齿百夷”（即傣族）条说：“交易五日一集，以毡布茶盐互相贸易”。而傣族集市上，以有易无，茶为主要商品之一。而茶叶之集中出口则在普洱。万历《云南通志》卷十六说：“车里之普洱，此处产茶。有车里一头目居之。”据万历志所记路程，由景东一日至镇沅，又二日进车里界，二日至普洱，又四日至车里宣慰司之九龙，即今允景洪。可知普洱即今之普洱县城。在那里设官经理茶贸，可见当时茶叶出口的数量已相当多。茶叶市场在普洱，由此运出，所以称为普洱茶。谢肇淛《滇略》卷三说：“士庶所用，皆普茶也，蒸而成团”。所谓“普茶”即普洱茶，那时已有加工揉制的“紧茶”了。谢肇淛作书在万历末年，普洱茶成为一个名词，即见于此书，但普洱地并不产茶，而产于邻近地区。阮福的《普洱茶说》已讨论过这个问题。他说：“所谓普洱茶者，非普洱界内所产，盖产于府属思茅厅界也。厅治有茶六处：曰倚帮，曰架布，曰嶍崆，曰蛮砖，曰革登，曰易武”。这就是所谓六大茶山，以倚帮、易武最著名。此外佛海、景谷等处的茶叶也会集于普洱，都称为普洱茶了。

普洱为茶叶集中地，与茶区的社会经济关系很大。雍正《云南通志》卷八“普洱府风俗”条说：“衣食仰给茶山”，又乾隆《清一统志·普洱府》说：“蛮民杂居，以茶为市。”当时傣族、哈尼族、攸乐人与汉族在普洱交易茶叶极盛，出口的数量也很大。檀萃《滇海虞衡志》卷十一说：“普茶名重于天下，此滇之所以为产而资利赖者也。入山作茶者数十万人。茶客收买，运于各处，每盈路，可谓大钱粮矣”。清初以来普洱茶大量行销全国，与蒙顶、武夷、六安、龙井并美。

普洱茶大量出口，奸商贪官趋之若鹜，垄断茶山贸易，残酷剥削茶农。倪蜕《滇云历年传》雍正六年（1728年）下说：“莽芝（地名）产茶，商贩践更收发，往往舍于茶户。”坐地收购茶叶，轮班输入内地；清廷也在普洱设府管制茶叶出口，抽收税银。在商官双重剥削之下，以至“普洱产茶，旧颇为民害”（吴应枚《滇南杂记》）。至清末剥削更甚，在思茅厅设“官茶局”，在各茶山要地分设“子局”，控制茶贸，抽收茶税。随后又开设“洋关”，对普洱茶增收“茶地厘金”，即每一两银价值的货物加收二分茶税。一加再加，茶农负担越来越重，致使茶叶生产遭到严重破坏，清季以后渐不堪问了。

普洱茶供应藏族地区，有很大意义，值得一提。康藏地区自古畜牧，以牛乳制酥油为主要食品之一。《新唐书·吐蕃传》所说藏族饮用的“羹酪”，就是酥油茶。用茶水熬酥油作为食品，是因“茶叶有助消化、解油腻、去热止痰等作用”（李时珍《本草纲目》卷三十二），所以茶为日常饮食所必需。《明史·朵甘乌斯藏行部指挥使司列传》说：“其地皆食肉，倚中国茶为命”，所以历代由内地对藏族地区供应茶叶，而藏族向内地输送马匹，即所谓“摘山之产，易厩之良”。滇茶行销藏族地区的年代当很早，到明代已很发达，明季云南各族人民抗清斗争坚持十七年之久，以至对藏族地区供应茶叶稀少，清兵入滇以后藏胞即来交涉茶马贸易。刘健《庭闻录》说：顺治十八年（1661年）三月，“北胜（永胜）边外达赖喇嘛干部台吉，以云南平定，遣使邓几墨勒根赍方物求于北胜州互市茶马”。就在这年十月，在“北胜州开茶市以马易茶”（康熙《云南通志》卷三）。“因普洱茶还不够藏族商人的需要，又招商人到川湖产茶区采购，运至北胜州互市”（刘健《庭闻录》）。后来丽江府改设流官，且交通较便，茶市改设丽江。藏族商人每年自夏历九月至次年春天，赶马队到丽江领茶引，赴普洱贩茶。从丽江经景东至思茅，马帮结队，络绎于途，每年贸易额有达五百万斤之多。另外汉族、白族和纳西族商人，也常贩茶供应藏族地区。

“茶马互市”，不仅把西藏和云南和内地在经济上紧密联系起来，而且在促进政治联系上也有很大作用。明万历年间，王廷相作《严茶议》说：“茶之为物，西戎吐蕃古今皆仰给之，以其腥肉之物，非茶不消，青稞之热，非茶不解。故不能不赖于此。是则山林茶木之叶，而关国家政体之大，经国君子，固不可不以为重而议处之也”。这是不可分割的经济联系在政治上的反映。

英帝国主义从印度侵略我国西藏，妄想割断藏族人民与祖国内地的经济联系，以茶作为侵略手段之一。约在公元1774年，英国印度总督海士廷格（W.Hastings）派遣间谍进入西藏活动，就曾运锡兰茶到西藏，企图取代普洱茶，但藏族人民不买他们的茶叶。公元1904年，英帝国主义派兵侵入拉萨，同时运入印度茶，强迫藏族人民饮用，也遭到拒绝。“英帝国主义者认为印度茶不合藏族人民口味，于是盗窃普洱茶种在大吉岭种植”（陶思曾《藏随輶记》）。并在西里古里（Siliguri）秘密仿制佛海紧茶，无耻地伪造佛海茶商标，运至科伦坡混售。但“外表相似本质不同”（范和钧《考察印度茶叶札记》），藏族人民还是没有受其欺骗。英帝国主义阴谋夺取茶叶贸易，割断藏族人民与祖国经济联系的企图始终未能得逞。

所以普洱茶的作用，已不仅是一种名茶和单纯的商品了。

考：20世纪30年代，当代著名历史学家方国瑜在报刊上发表短文《普洱茶》，第一次简明扼要介绍了普洱茶的历史，对普洱茶的产地和命名，从历史、语言和经济三个方面做了界定，内容涉及茶的区域性读音，普洱茶命名来源、产地、文献记载以及与当时社会、经济的联系，其中，特别提到普洱茶对维护藏族聚居区的特殊意义。《普洱茶》虽不足三千字，但这篇文章在那个年代对于普洱茶的历史研究具有非常重要的价值，成为后代学者研究普洱茶史的一座丰碑。

《云南各族古代史略》编写组编·《云南各族古代史略》

布朗族和德昂族统称朴子族，善种木棉和茶树，今德宏，西双版纳山区还有一千多年的古老茶树，大概就是德昂族和布朗族的先民种植的。

考：《云南各族古代史略》（以下简称《史略》），这本书可算是新中国成立三十年来比较全面、系统地论述云南古代历史的第一部著作。《史略》从我国历史发展的总体着眼，以云南自远古至鸦片战争前地方历史上出现的重大事件为主线，分篇论述，共二十八篇，约二十万字。

“濮人”是云南澜沧江流域最古老的土著民族先民和世界最古老的茶农，史书称“扑子蛮”。濮人祖居云南并有悠久的种茶历史。今云南最古老的种茶民族布朗族、佤族、德昂族便是濮人后裔。

结合民族历史研究，在今天的田野调查中，研究者们找到了大量民族茶文化的资料，进一步丰富了普洱茶的文化内涵，并充分证明了云南少数民族先民中的古濮人是普洱茶最早的创造者。

三　云南茶马贸易茶政、茶法、茶税史料辑考

明·王廷相《严茶议》

茶之为物，西域吐蕃古今皆仰信之，以其腥肉之物，非茶不消；青稞之热，非茶不解，故不能不赖于此也。是则山林茶木之叶，而关国家政体之大，经国君子固不可不以为重而议处之也。（奏于明万历年间）

考：明代，茶马互市有了空前的发展和繁荣。明代对内地边疆地区的贸易往来，无论在政策、制度和方式上都发生了很大的变化。茶马贸易既体现了明中央政权对藏族聚居区的经济交往，是一种经济关系，又体现了藏族聚居区的政治关系。可见当时茶马贸易的意义已超出了经济范围而成了“国之政要”。

《明史》卷80《食货志·茶法》

番人嗜乳酪，不得茶，则困以病。故唐、宋以来，行以茶易马法，用制羌、戎，而明制尤密。有官茶，有商茶，皆贮边易马。官茶间征课钞，商茶输课略如盐制。初，太祖令商人于产茶地买茶，纳钱请引。引茶百斤，输钱二百，不及引曰畸零，别置由帖给之。无由、引及茶引相离者，人得告捕。置茶局批验所，称较茶引不相当，即为私茶。凡犯私茶者，与私盐同罪。私茶出境，与关隘不讥（稽）者，并论死。后又定茶引一道，输钱千，照茶百斤；茶由一道，输钱六百，照茶六十斤。既，又令纳钞，每引由一道，纳钞一贯。洪武初，定令：凡卖茶之地，令宣课司三十取一。……弘

治十六年取回御史，以督理马政都御史杨一清兼理之。一清复议开中，言："召商买茶，官贸其三之一，每岁茶五六十万斤，可得马万匹。"帝从所请。正德九年，一清又建议，商人不愿领价者，以半与商，令自卖。遂著为例永行焉。一清又言金牌信符之制当复，且请复设巡茶御史兼理马政。乃复遣御史，而金牌以久废，卒不能复。后武宗宠番僧，许西域人例外带私茶。自是茶法遂坏。……明初严禁私贩，久而奸弊日生。洎乎未造，商人正引之外，多给赏由票，使得私行。番人上驷尽入奸商，茶司所市者乃其中下也。番得茶，叛服自由，而将吏又以私马窜番马，冒支上茶。茶法、马政、边防于是俱坏矣。……自苏、常、镇、徽、广德及浙江、河南、广西、贵州皆征钞，云南则征银。

考：明代，内地边疆地区的茶马互市贸易往来，无论在政策、制度和方式上都发生了很大的变化。上述史料对明代茶法马政及税收皆有明确记载，其中"凡犯私茶者，与私盐同罪。私茶出境，与关隘不讥者，并论死"，由此可看出对边销茶管理非常之严。

《明史》卷80《食货志》

中茶易马，惟汉中、保宁，而湖南产茶，其直贱，商人率越境私贩，中汉中、保宁者，仅一二十引。茶户欲办本课，辄私贩出边，番族利私茶之贱，因不肯纳马。二十三年，御史李楠请禁湖茶，言："湖茶行，茶法、马政两弊，宜令巡茶御史召商给引，愿报汉、兴、保、夔者，准中。越境下湖南者，禁止。且湖南多假茶，食之刺口破腹，番人亦受其害"。既而御史徐侨言："汉、川茶少而直高，湖南茶多而直下。湖茶之行，无妨汉中。汉茶味甘而薄，湖茶味苦，於酥酪为宜，亦利番也。但宜立法严核，以遏假茶"。户部折衷其议，以汉茶为主，湖茶佐之。各商中引，先给汉、川毕，乃给湖南。如汉引不足，则补以湖引。报可。

考：由此可见，湖茶之所以在茶马互市中数量在不断减少，主要是由其质量原因所致。质量和信誉是商品的生命，古今皆然。

明万历·李元阳《云南通志》

车里司专管贡茶及各勐土司，实行茶引制。

考：说明官方在明代对滇茶实施茶政已列入茶法进行管控，同时也是贡茶在明代的确切记录。

明代统治者出于军事政治需要，对茶马贸易更是极为重视，从当时历史条件出发，对茶马制度进行了整顿和变通，积极推行茶马互市贸易，在明朝政府以茶施政的以茶易马贸易推动下，车里地区茶业得到了更大的发展。

明末清初·顾炎武《肇域志》册4

丽江军民府，……境内夷麽些、古宗，或负险立寨，相仇杀以为常。《志草》。与蜀松、维如羝相角。松州赏番茶有杂木叶者，番人怒而掷之，安知滇徼外之茶，彼无仰给乎？闻丽江每有调遣，辄以防虏为辞，输饷代兵以为常。

考：说明藏族民众对滇茶的喜爱，对有杂木叶者的滇徼外之茶并不看重。

《大清圣祖皇帝实录》卷4

达赖喇嘛及干都台吉请于北胜州互市，以马易茶。

《大清圣祖皇帝实录》卷140

康熙二十一年九月己未，议政王大臣等议覆绥远将军云南贵州总督蔡毓荣疏言：中甸在金沙江之外……自吴逆谋叛，将地方割与蒙番，为交好之计，通商互市。今互市虽经禁止，而蒙番所设喇嘛营官尚未撤回……

考：因吴三桂反叛，滇藏茶马互市被禁，滇茶销藏通道受阻。西藏平定后，滇藏交流逐渐恢复。

清·刘健《庭闻录·收滇入缅》

令商人于云南驿盐道领票，往普洱及川、湖产茶地方采买，赴北胜互市，官为盘验，听与番人交易。

考：唐宋时期，北部草原的游牧民族普遍习惯喝茶，借以解腻和帮助消化，明代尤甚。

长期以来，藏族聚居区所需的大量茶叶主要靠四川地区供应。明代以来，普洱茶因其主要产地普洱府（治今云南宁洱）有普洱山，普洱山所产之茶性温味香，“名曰普洱茶”，亦称“普茶”（《御定佩文斋广群芳谱》卷18《茶谱》，《四库全书》本）。为压缩茶叶包装方便运输，茶商将初采的散茶上笼略蒸，压制为茶块或茶饼，乃开创普洱茶多压制为茶块、茶饼的先河。滇西南出产的大叶种普洱茶因价廉耐泡，解油腻助消化，成藏族聚居区饮茶的首选，不断销藏且逐渐创出名气，使普洱茶需求日增。然明末因遭受战乱破坏，四川运销藏族聚居区的茶叶大幅度减少，普洱茶几乎绝迹，故藏族聚居区对茶的需求已成一大困难。有学者认为，清初吴三桂出任云南总管，总揽云南军民诸事。他看准这一商机，主要还是图谋借此联络达赖喇嘛，为将来谋反做准备，于是策划向西藏成批输出茶叶。顺治十八年（1661年）于北胜州（治今云南永胜）设互市交易茶马，吴三桂主滇看到这一巨大商机，于是借机建言，先故意称“本省普洱地方，产茶不多”，得“令商人于云南驿盐道领票，往普洱及川、湖产茶地方采买，赴北胜互市”。于是，清廷批准在云南的北胜州与中甸等地，举办云南与西藏两地的茶马互市。[①]康熙四年（1665年），正式在云南“北胜州（后改永北府）开茶马市，商人买茶易马者，每两收税银三分，该抚详造交易细数、番商姓名，每年题报。”[②]

据刘健《庭闻录·收滇入缅》记载，吴三桂与达赖喇嘛暗商后上奏，云南所需之马，每年须奏请朝廷遣官往西宁购买，难免长途跋涉之劳。今达赖喇嘛既愿通市，“臣愚以为允开之便”。不久又奏，云南普洱之地虽产茶不多，毕竟较别省采买为便，建议“令商人于云南驿盐道领票，往普洱及川、湖产茶地方采买，赴北胜互市，官为盘验，听与番人交易”。所言赴川、湖产茶地方

---

① 《清史稿》卷124《食货五·茶法》，中华书局标点本1977年版，第3655页。

② 《钦定大清会典则例》卷49《户部·杂赋上》。

采买是虚，鼓吹采买普洱之茶是实。奉旨准。滇东南所产之普洱茶，遂得以由此大量生产并销往藏族聚居区，名气倍增。但康熙二十年（1681年），吴三桂叛乱失败。康熙帝随即下诏，追查吴三桂暗通达赖喇嘛之事。北胜州、中甸等地的茶马互市一度停办。在查清达赖喇嘛与吴三桂反叛无涉后，北胜州、中甸等地的互市逐渐恢复；举办茶马互市的地点，还增加了鹤庆、丽江、金沙江（在今丽江以东）等多处。康熙二十二年（1683年），康熙帝诏准西宁的蒙古族商人，可赶马至鹤庆等地交易茶叶。

《世宗宪皇帝朱批谕旨》卷214

雍正六年二月二十二日云南提督臣郝玉麟谨奏

茶山地方甚属辽阔，每年所产普茶不下百万余斤。

考：清初，质量的提高使普洱茶声名鹊起，雍正年间，普洱茶需求及产量也迅速增长。故云南提督郝玉麟上报，普洱府属产普茶不下百万余斤。

清光绪·贺宗章《幻影谈》下卷《杂记第七》

普洱茶，亦滇产之大宗也，元江、思茅、他郎皆有茶山。茶味浓厚，过于建茶，能去油腻、消食。

清光绪·贺宗章《幻影谈》下卷《杂记第七》

各省相继入滇者愈众，旋因开矿，宝庆、衡州人所在皆是，禹王宫、寿福寺遍于全滇；近代蜀人以小贸、经商、夫役用力，穷乡僻壤，靡不充斥。

考：清代内地流民大量进入边疆，随滇南茶业的发展，车里、茶山等地亦为流民较集中的地区。受其影响，滇西南普洱茶产地的社会关系渐趋复杂。

内地移民大量进入云南地区，可溯自明代。明朝认为蛮夷强悍难治，在云南常驻重兵。明朝的军事制度以卫所为基础，其特点一是军士来自军户，军户世代当兵。二是纳入卫所管理的军士，须在指定地区屯田或戍守，有事作战无事务农，由此形成以驻军为形式的大规模移民垦荒浪潮。明朝还将一些内地百姓迁至云南屯垦。明廷在云南各地所置卫所，分布在今腾冲、保山以东，景

东、红河以北的地区，滇南、滇西等蛮夷集中地区则由土司管辖。卫所军士、迁来百姓主要分布在农业地区，其作用不可小视。

滇西南等边疆地区因外来人口甚少，且长期被土司控制，长期封闭落后，在明代难以形成普洱茶萌生及发展的社会条件。清代情形发生明显的改变，自发迁居云南的外地流民，大都拖儿带女、贫穷拮据，既无插足富庶之地的条件，亦无创业经营的资本，落籍人口聚集的腹地不甚可能。远赴边疆和僻地从事垦荒及烧炭，或至矿厂充当砂丁，便成为大部分流民无奈的选择，清代云南流行俗语："穷赴夷方急走厂"。另外一些人则以经商或货郎为职业，游走于穷乡僻壤。

以江西、湖南人为主的外来流民，在迁居车里、茶山等地后，凭借在家乡掌握的制茶知识，很快投身于普洱茶生产及销售的浪潮，尤以从事收购、加工及贩卖者居多。雍正六年（1728年），鄂尔泰的奏疏称，思茅、猛旺、整董、小孟养、小孟仑、六大茶山以及橄榄坝、九龙江各处，原有"微瘴"，"现在汉民商客往来贸易"，并不以"微瘴"为害（清《云贵总督鄂尔泰为钦奉圣谕，备陈愚知奏事》，雍正六年六月十二日）。每年逢采茶季节，普洱府所属的六大茶山方圆600余里，"入山作茶者数十万人。茶客收买，运于各处，每盈路，可谓大钱粮矣"（吴大勋：《滇南闻见录·汉人》）。由此可见茶山繁荣之状。活跃于滇西南从事普洱茶经营者，有不少便是外来流民。

一些内地流民因此落籍滇西南地区。雍正六年（1728年）六月，鄂尔泰的奏疏称：澜沧江内各版纳百姓富庶，"已不下数万户口"（清《云贵总督鄂尔泰为钦奉圣谕、备陈愚知奏事》，雍正六年六月十二日）。其中一部分便是外来流民，他们与当地民族融洽相处。但也有少数流民偷奸耍滑，欺骗乃至欺负当地少数民族，后者或聚众反抗。吴大勋说江西、湖南两省之人，有"只身至滇，经营欺骗，夷人愚蠢，受其笼络"的情形（吴大勋：《滇南闻见录·汉人》）。

为维持茶山安定，雍正五年（1727年）十一月，鄂尔泰奏疏称："思茅接壤茶山，系车里咽喉之地，请将普洱原设通判移驻思茅，职任捕盗、经管思茅、六茶山地方事务。从前贩茶奸商重债剥民、各山垄断，以致夷民情急操戈。查六茶山产茶每年约六七千驮，即于适中之地设立总店买卖交易，不许容人上山，永可杜绝衅端”（《云贵总督鄂尔泰请添设普洱府流官营制疏》，雍正五年十一月十三日）。

可见贩茶奸商重债剥民、据山垄断，夷民情急操戈反抗的情形，在雍正初年已经出现。不久出现了窝泥人麻布朋聚众反抗的事件，之后又有茶山土目刀正彦反叛，焚烧各寨，堵塞路口，杀死官兵数十人，战端由此而开，并很快遍及六大茶山。由麻布朋事件诱发的六大茶山动乱，成为清朝在车里、茶山等地改流的导火线。雍正十年（1732年），茶山又发生土千户刀兴国率众反抗的事件。起因是刀兴国不堪普洱府知府佟世荫的欺压，怨言中有“民力已绝，茶又归官”等语，反映出产茶地区官民的矛盾已甚尖锐（清《滇云历年传》，第622页）。起事虽被提督蔡成贵率兵镇压，但清廷对可能导致动乱的夷汉纠纷事件，开始从各方面加强了防控，尤其对单身流民进入云南边疆，始终保持高度警惕。如乾隆二十年（1755年），云南巡抚郭一裕奏：“滇省居民，夷多汉少，所谓汉人者，多系江西、湖南、川陕等省流寓之人，相传数代，便成土著。而挟赀往来贸易者，名为客民。其余蛮倮种类甚繁，数十年以来，沐浴圣化，极为恭顺，或耕或牧，熙熙皋皋，颇有太古风气。因其性愚而直，汉人中之狡黠者，每每从而欺之，伊等俯首帖服，不敢与较。虽前任巡抚、督臣俱经力为整饬，而此风尚未尽革。此急当整饬者”（清《云南巡抚郭一裕为备陈地方情形奏事》，乾隆二十年十月初三日，载《宫中档乾隆朝奏折》）。

乾隆四十三年（1778年），云贵总督裴宗锡的奏疏称：“倚邦、茶山一带产有土茶，例准商民采贩”，向归思茅同知管理。建议朝廷颁文思茅同知，令其于商人领票往返之时，稽查往来货物，并登记行商的人数与出境月日，回日缴票时按名核对，若逾期不回，即令该处土司严究。“永昌、顺宁二府，与缅酋接壤，惟封关禁市，为控制匪夷之要务，而捕逐江楚游民，又为肃清关隘之要务。”因永昌（治今云南保山）等处稽查既严，“（奸商）向普洱一路夹带走私，或只身游民私自出边”，因此成为官府防范的重点。裴宗锡奏请于各处隘口严查巡逻，“倘有奸匪出入，并只身江楚游民，立行拿解，由镇道报省查办”，务使“奸民私贩毫无隙漏可乘”（清《云贵总督裴宗锡为汇查潞江等处盘获外省游民、并酌定普洱一路照办章程奏事》，乾隆四十三年六月十六日，载《宫中档乾隆朝奏折》）。

由于清廷加强管理，滇西南地区的社会渐趋安定，夷民得以安居乐业。

清·陈宗海等·光绪《普洱府志》卷17《食货志四》

大清会典事例：雍正十三年，题准云南商贩，茶系每七圆为一筒，重四十九两，征收税银三钱二分。于十三年为始，颁给茶引三千饬，发各商行销售办课作为定额、造册题销。［又］乾隆十三年议准云南茶引，颁发到省，转发丽江府，由该府按月给商赴普洱贩卖，运往鹤庆州之中甸各番夷地方行销，其稽查盘验，由邛塘关金沙江渡口照引查点，按例抽税。其填给部引赴中甸通判衙门呈缴，分季汇报，未填残引，由丽江府年终缴司。

考：该史料说明了普洱茶“七子饼”的包装及重量，且说明了从雍正十三年即1735年起，云南商人贩茶，官方收税，向茶叶经营者颁发“茶引”（即执照）。

清·嵇璜等《清朝通典·食货八·杂税附》

杂税附茶课：凡商贩入山制茶，不论精粗，每担给一引。每引额征纸价银三厘三毫，其征收茶课，例于经过各关时，按照则例验引征收。汇入关税项中解部，间亦有汇项内奏归地丁款报者。云南行三千引，额征银九百六十两。每引纸假三厘，税银三钱三分。人地丁册内造报。康熙四年，永乐府开茶马市。每两征税三分。雍正十三年，颁茶引三千。

考：这同样是清雍正十三年（1735年）官方收税，向茶叶经营者颁发“茶引”（即执照）及按茶引收取税银数据的有关记载。

清·倪蜕《滇云历年传》卷12

莽芝（地名）产茶，商贩贱更收发，往往舍于茶户，坐地收购茶叶，轮班输入内地……（普洱、思茅等地）与内地之通都大邑，亦何异哉！

考：此可看出，雍正年间，已有大量茶商到六大茶山坐地收茶运销到内地。“莽芝”即位于今版纳六大茶山的蛮芝茶山。有学者认为，清朝积极经营与开发云南边疆，为普洱茶的崛起与持续发展创造了有利的社会环境。

雍正年间施行改土归流以后，清廷在车里等地渐次设治并悉心治理。鉴于车里、茶山等十二版纳之地地面广阔（雍正五年十一月十三日《云贵总督鄂尔泰请添设普洱府流官营制疏》，载《朱批谕旨》鄂尔泰折五），原俱隶属车里宣慰司管辖；土司刀金宝不能兼顾各处，“以致属夷肆横”。鄂尔泰乃奏准朝廷，将思茅、普藤、整董、猛乌和六大茶山，以及橄榄坝六版纳划归流官管辖，其余江外六版纳仍属车里宣慰司。随后升普洱为府，移元江协副将驻之。思茅界接茶山，为车里地区的咽喉要地，清廷乃将普洱原设的通判移驻思茅，设巡检、千总各一员，负责捕盗及管理思茅、六大茶山的事务（雍正六年六月十二日《云贵总督鄂尔泰为钦奉圣谕、备陈愚知奏事》，载《朱批谕旨》鄂尔泰折七，雍正《西南夷改流记·上》）。

橄榄坝为该地区的门户，“最关紧要”，乃立为州治，设知州一员。又于九龙江设千总，镇沅府、威远各设守备。设治之后，元江协的防地已减十之五六，朝廷乃撤销元江协，车里等地的重要地位骤显突出。境外诸国闻之震动，老挝、景迈赴清廷贡象。雍正八年（1730年），云南巡抚张允随奏准修筑普洱府城、攸乐城与思茅城。以后，云南巡抚尹继善奏准将普洱府城改建为石城，修葺和加固思茅土城，并于诸城四面添筑炮台；对镇沅等地的城垣也进行维修或改建。普洱设府及移通判于思茅，使官府对其地的控制明显加强，故倪蜕《滇云历年传》有此感叹：“（普洱、思茅等地）与内地之通都大邑，亦何异哉！”

清·倪蜕《滇云历年传》卷12

雍正七年己酉。总督鄂尔泰奏设总茶店于思茅，以通判司其事。六大山产茶，向系商民在彼地坐放收发，各贩于普洱，上纳税课转运由来已久。至是，以商民盘剥生事，议设总茶店以笼其利权。于是通判朱绣上议，将新旧商民悉行驱逐，逗留复入者俱枷责押回，其茶令茶户尽数运至总店，领给价值。私相买卖者罪之，稽查严密，民甚难堪。又商贩先价后茶，通融得济。官民交易，缓急不通。且茶山之于思茅，自数十里至千余里不止。近者且有交收守候之苦，人役使费繁多，轻戥重秤，又所难免。然则百斤之价，得半而止矣。若夫远户，经月往来，小货零星无几。加以如前弊孔，能不空手而归。小民生生之计，只有此茶，不以为资，又以为累。何况文官责之以贡茶、武官挟之以生息，则截其根，赭其山，是亦事之出于莫可如何者也。

考：清乾隆二年（1737年），随从巡抚甘国壁入滇的江苏松江人倪蜕撰《滇云历年传》十二卷，以其中记载的史料为基础，讲述了茶农在政府行政干预下所受到的剥削和压榨。思茅总茶店于清雍正八年（1730年）设立。该史料表明，云茶贸易的兴盛及政府对茶叶生产贸易的管理。当时普洱茶大量出口，奸商、贪官趋之若鹜，垄断茶山贸易，残酷剥削茶农。加上为上交贡茶，在思茅厅设“官茶局”，在各茶山要地分设“子局”，控制茶贸，抽收茶税。至清末剥削更甚，又开设“洋关”，对普洱茶增收“茶地厘金”，即每一两银价值的货物加收二分茶税（《续云南通志稿》卷五十四）。茶税一加再加，茶农负担越来越重。上述记载，短短几百个字，茶农的艰辛和无奈跃然纸上。茶农遭受到来自政府及官僚的欺压，政府设总茶店在思茅，命令茶户将茶运送到总店才给茶款，偏远的茶山距思茅千余里，食宿交通自理，对茶农来说，往来十分困苦。官方还缺斤少两的计算以给自己增加利益，欺压茶农。之前茶商可以先付款后收购茶叶，达到通融得济，而官民交易，无任何通融条件，官府只管收茶叶，不重视茶叶的再生产和茶农的困难。这样的交易和管理方式压制了茶农和茶商的积极性。

清朝制订多项措施，对滇西南普洱茶的生产与销售，从各方面给予积极支持。因思茅地区界连诸处茶山，鄂尔泰于雍正五年（1727年）奏准，将普洱原设的通判移驻思茅，以加强对思茅与六茶山地方事务的管理。其时，六大茶山所产茶叶，每年约有六七千驮。雍正七年（1729年），鄂尔泰又奏准在思茅设总茶店，由通判亲自主持，管理当地的茶叶交易，并颁布“不许容人上山、以杜绝衅端”的规定。客商买茶，每驮须纳茶税银三钱，由通判负责管理，试行一年后，由地方官府将征税定额报部（雍正五年十一月十三日《云贵总督鄂尔泰请添设普洱府流官营制疏》，《滇云历年传》，第602页）。思茅总茶店设立后，通判朱绣擅自以“商民盘剥生事”为由，将新旧商民尽行驱逐，令茶户将所制之茶尽数运至总店，领取价值银两，“私相买卖者罪之”。朱绣施行的新政造成极大混乱（《滇云历年传》，第602页）。不久，又恢复商民在普洱茶产地坐放收发、向普洱官府纳税后转运各地的传统做法。

清·尹继善《云贵总督筹酌普思元新善后事宜疏》

官员贩卖私茶，兵役入山扰累之弊，宜严定处分也。思茅茶山，地方瘠薄，不产米谷，夷人穷苦，惟借茶叶养生，无如文武各员，每岁二三月间，即差兵役入山采取，任意作践，短价强买，四处贩卖，滥派人夫，沿途运送，是小民养命之源，竟成官员兵役射利之薮，夷民甚为受累。前经升任督臣鄂尔泰题明禁止，兵役不许入山。臣等又将官贩私茶严行查禁，但不严定处分，弊累不能永除。请嗣后责成思茅文武，互相稽查，如有官员贩茶图利，以及兵役入山滋扰者，许彼此据实禀报，如有徇隐，一经查出，除本员及兵役严参治罪外，并将徇隐之同城文武及失察之总兵知府，照苗疆文武互相稽察例，分别议处，庶官员兵役，不敢夺夷人之利，而穷黎得以安生矣。

考：随着茶业的兴盛，车里、茶山等地的官员与兵将，眼红夷民经营茶叶屡获巨利，每岁春茶采收间，与民争利，甚至差兵役入山采取，任意作践，短价强买，四处贩卖私茶，垄断茶山贸易，掠夺夷民，而且越演越烈，严重影响社会的安定。雍正十一年（1733年），新任云贵总督尹继善上疏其言思茅、茶山等处土地瘠薄，每年二三月间，有文武官员差遣士卒入山采茶，低价强买，四处贩卖，遂使百姓养命之根由，竟成官员、士卒获利的渊薮。雍正初鄂尔泰任云贵总督，曾明令兵卒不许入山。但不久盘剥茶民的劣行卷土重来。尹继善因此建议由朝廷发文，令思茅地区的文武官员互相稽查，如有官员贩茶图利以及兵役入山滋扰，官府须据实禀报。如有隐瞒，一经查出，除涉事官员及士卒从严治罪，同城文武官员和失察的总兵与知府也分别处分。尹继善与云南巡抚张允随、云南提督蔡成贵联合上奏此事，可见情况严重的程度。经过这一次认真治理，查禁取得明显效果。雍正十一年（1733年），至滇任职的吴应

枚称："普洱产茶，旧颇为民害，今已尽行革除矣"（清代吴应枚《滇南杂记》，《小方壶斋舆地丛钞》本），大致反映了查禁以后的情形。

清·吴大勋撰《滇南闻见录》卷下《团茶》

夷人管业，采摘烘焙，制成团饼，贩卖客商，官为收课。

考：乾隆三十七年（1772年）入滇为官的吴大勋说，普洱府所属思茅地区的茶山极广，雍正十三年（1735年），朝廷设普洱厅，管辖车里、六顺、倚邦、易武、勐腊、勐遮、勐阿、勐龙、橄榄坝九土司及攸乐、土月共八勐之地，至此六大茶山均纳入普洱厅管辖的范围，普洱厅逐渐成为普洱茶购销的重要集散地。朝廷还就普洱茶的包装与税银做出以七个圆饼置为一筒以收税的规定。

清代是普洱茶发展的鼎盛时期，从清代开始，关于普洱茶的交通、管理、制作、品饮、发展、地理等事宜有了较为详细的文字记载，云南茶叶无论是产量、制造技术还是贸易等都得到了前所未有的提高。从清代大量有关史料，我们可以感受到清代云南茶业的兴旺，尽管当时清政府干涉云南茶业，在一定程度上影响、制约了茶业发展，但清代云南茶业经济仍然呈向上发展的趋势。普洱茶成为皇室贵族的新宠，收藏品饮普洱茶是其身份地位的象征。清朝时期茶叶经营给朝廷带来了丰厚的利润，朝廷放宽了茶叶控制政策，"茶马互市"的贸易逐步开放到民间。

有清一朝，堪称普洱茶产地风云变幻的时代。随着治理的深入与开发的加快，普洱茶产地的社会状况不断改变。对不同时期普洱茶产地凸现的社会矛盾，清廷与地方官府积极应对，在历史画卷留下了浓墨重彩。

清·张应兆《易武茶案断案碑》

断案碑记小引。窃维已甚之行，圣人不为，凡事属已甚，未有不起争端也。如易武春茶之税，每担收壹两柒捌钱，已甚曷极。故道光四年，兆约同萧升堂、胡邦直等上控，求减柒钱贰分，似于地方大有裨益。乃道光十七年兆之二子张瑞、张煌幸同入库，兆到山浇，易官论茶民帮助此须，似合情理。奈王从五、陈继绍不惟怂恿易官不谕，且代禀思茅、罗主差提刑责，掌责收监伊等之伙党暴虐，额外科派概置不论，兆又约同吕文彩等控经。

南道胡大人蒙批仰

普洱府黄主讯断全案烦冗

将祥

道移思扎饬易官遵奉

缘由勒石以志不朽云

谨将署普洱府正堂黄主祥上移下文卷定章录刊于左

查此案前经敝

署府审看得石屏州民人张应兆、吕文彩等先后上控易武土弁伍廷荣、曾字识、王从五、陈继绍等，年来诡计百出，伙党暴虐，额外科派各情一案，缘张应兆、吕文彩等，均系借石屏州，于乾隆五十四年前宣宪招到文彩等父叔辈，栽培茶园，代易武赔纳。

贡典，给有招牌已今多年，无谓前茶价稍增，科派龙轻可以营生，近因茶价低贱，科派微重，张应兆等即以前情赴宪辕卖控，奉扎下府，遵即移案，证逐一查讯条款内辅土弁，字识等折收。

贡茶，系奉思茅厅谕该首目，以二水充抵头水茶，本年剖银叁百两，系买补头水茶，嗣后二水行禁革，易武私设刑具，讯系管押罪人，但不得妄拿无辜，其抽收地租仍照旧例。易武一案，上纳土署银贰钱，以作土官办公养膳，一钱存寨内办公。如该土弁赴江、赴思夫马照旧应办，仍邦供顿银叁十两，自曼秀至曼乃各寨，仍照旧上纳土署银三钱，赴江、赴思夫马供顿使费，以及吃茶肆担，各寨採茶银拾两，祭龙猪四口，水火夫一名，永行禁革。易武土弁，因公出入夫，不得过二十名，马不得过十匹，该土弁无事不得出寨，及黑夜行走，遇有公件许用火把夫二名，马一匹，如遇江上派钦，仍照通山分剖，由思由江回署，各首目拴线，只许用鸡酒。镯听其民，便不得苛索酒课（每年每个瓶子）上纳三分，不许任意派收，又加派茶价银伍两减免，不得派收，该土弁有事需银借贷，听其民便，不许逼借，至通山应办江干银三百三拾三两三钱三分零，差脚尾巴银三拾三两三钱三分零，照旧办理，责成各寨客会收发通山站所听其民自裁。又李洲、李增兄弟三十七两，讯系李洲畏烟瘴央王从五等催人抵李洲赴江工银，黄金熔银贰拾两，钱肆千文，讯系因张占甲板扯张义成银四拾两，讯系因使大等子，又贾小四诈车上驷银拾两，讯系因张应兆父子住宿车上驷家，车上驷畏罪给贾小四之项均已罚入庙内，修庙修路，并将土差贾小四责惩，俱已遵断，具结存案，请免置议缘奉。

批饬理合，请讯断缘由，具文详请！

宪台府赐查核批示销案，实为公便等情奉。

批查此案，既经该署府提集原被人讯断明确，两造俱已久服。如祥准其销案，叩即查照，并移思茅厅知照，此缴等因奉此，当经移知前厅饬遵办理在案，兹奉批前因合再录移知为此。合关贵厅查照迅即扎饬该土弁遵办，毋得玩违。该民人等，亦毋得借词藐玩，均于查究切切须至关者。

道光十七年十二月十二日移思至十二月十七日，扎饬易武内云该土弁得再行违断监派并将遵断缘由先行据实禀覆核夺，奈王从五、陈继绍硬不代禀，恐日久乃蹈前辙因立碑为记。

道光十八年岁在戊戌孟冬月望十日张应兆同合寨立。

考：《易武茶案断案碑》是清道光十八年（1838年）易武茶人张应兆等，于易武石屏会馆关帝庙内因茶打官司后立的断案碑。石碑残高1.47公尺，碑额宽1.02公尺，碑身宽4.85公尺，碑额浮雕双凤朝阳图，图下刻“永远尊奉”四字。碑身上部楷书阴刻“断案碑小引”，中下部刻断案详情，全碑共1147字。现为勐腊县级文物保护单位，碑文《勐腊县志》有载。

清道光十八年(1838年)，云南勐腊易武茶商张应兆和全寨人在原石屏会馆关帝庙右侧竖立“茶案碑”，碑文1147字，记载张应兆、胡邦有上诉易武土官，要求减轻茶税，土官不予采纳，还对张的两个儿子监禁虐待。张又约吕文彩上控易武土官，引起普洱府重视，黄主讯断了全案，谕易武土官“听其民便，不得苛索”。并提高了茶价，减少了茶税。为了不使易武土官滥派茶税，或日久复辙，张应兆便在易武立了一块“断案碑”。该碑真实记录了当时普洱府思茅厅易武茶史的一个侧面，具有文物价值。

清·《德宗实录》

思茅开设洋关，厘务减色，请将所产普茶，照本省土药抽收地厘金，以顾滇饷。

考：雍正七年（1729年），清廷在云南景洪攸乐山增设“攸乐同知”，驻右营，统兵五百，负责征收茶税等事务。另在勐海、勐遮、易武等地设立“钱粮茶务军功司”，专门负责管理当地赋税和茶政方面的问题。该史料反映了清光绪二十三年（1897年）思茅开设洋关后，地方税收受损，六月，云贵总督崧蕃上奏，增加茶税以补用度。

《清史稿》卷124《食货志五·茶法》

茶法：我国产茶之地，惟江苏、安徽、江西、浙江、福建、四川、两湖、云贵为最。明时茶法有三：曰官茶，储边易马；曰商茶，给引征课；曰贡茶，则上用也。清因之。于陕甘易番马，他省则召商发引纳课。间有商人赴部领销者，亦有小贩领于本籍州县者，又有州县承引，无商可给，发种茶园户经纪者。户部宝泉局铸制，引由备书例款，直省预期请领，年办年销。茶百斤为一引，不及百斤，谓之畸零，另给护贴。行过残引，皆缴部。开伪造茶引，或作假茶与贩，及私与外国人买卖者，皆按律科罪。司茶之官，初沿明制。陕西设巡视茶马御史五：西宁司驻西宁，姚州司驻岷州，河州司驻河？壮浪司驻平番，甘州司驻兰州。四川有腹引、边引、土引之分。腹引行内地，边引行边地，土引行土司。而边引又分三道：其行销打箭炉者，日南路边引；行销松藩厅者，日西南边引；行销邛州者曰印州边引。皆纳课税，共课银万四千三百四十两，税银四万九千一百七十两。各有奇。云南征税银九百六十两，贵州课税银六十余两。凡请引于部，例收纸价。每道以厘三毫为率。雍正十三年，复停甘肃中马。始订云南茶法，以七元为一筒，三十二筒为一引。照例收税。

考：从唐宋至明清，茶马互市只限于官府，私人的茶马交易当时是严格

禁止的。如明朝廷曾多次下令禁止私茶，并制定了“茶引”制度，后来由“茶引”进一步发展到“引岸”制度。所谓“引岸”就是要固定地区，额定课税标准，由明朝官方发给特许凭证——“茶引”。没有茶引，不能经营茶业；有“茶引”者限制在一定地区销售。雅安城南关有所谓“蛮市”，即明代茶马互市旧址。

明嘉靖中期，定四川“茶引”为五万道，其中二万六千道为“腹引”，二万四千道为“边引”。所谓“腹引”，即行销内地茶的凭证；所谓“边引”，即只能在边地少数民族地区销售的茶证。行销打箭炉一带的称“南路边引”，也就是后来的所谓“西康边茶”。以灌县为制造中心，行销理、茂一带的茶称“西路边引”。当时还规定每引配茶一担（一百斤左右），纳课税一两二钱，后来根据民族地区的交通运输情况，改订引茶五包纳课税一两二钱。从清代《雅州府志》看，清雍正八年（1730年）“南路边引”雅安二万七千八百六十引，名出一千八百二十引，荥经二万三千三百一十四引，天全三万一千一百二十引，邛崃二万零三百引。合计茶引十万零四千多张，销售地均在打箭炉。

该史料与前面嵇璜等《清朝通典·食货八·杂税附》相对应，可以作为明清时期全国各地及云南茶法中“茶引”及征税银的明确记载。其中特别对云南茶法规定，以七元为一筒，三十二筒为一引，照例收税及征税银九百六十两看云南销藏茶叶数量也是不可小看的。可见，自明代以来，仅官府规定的茶马交易又有相当的发展。

《清史稿》卷292《高其倬传》

雍正高其倬《中甸善后事宜》奏：“中甸向行滇茶，请照打箭炉例，设引收课，由丽江府收报”。

考：雍正二年十一月（1732年），云贵总督高其倬在上疏奏报安抚中甸等事《中甸善后事宜》奏，其中有“旧行滇茶，视打箭炉例，设引收课”等，让中甸等地的茶马互市照常进行。滇茶销藏重新开启，云南与藏族聚居区之间的茶马贸易，有力地推动了滇东南大叶种茶的种植与生产，云南逐渐成为全国知名的茶叶产地，与江苏、安徽、江西、浙江、福建、四川等传统的茶叶产地并列。

清·道光《云南通志》卷70《食货志六之四·普洱府·茶》

因普洱茶滋味醇厚，且有止喉炎利消肿的功效，清廷规定每年进贡。贡茶所需的银两。由布政司库铜息项下开支，每年思茅厅领银1000两，负责贡茶的采办转发，包括将优选茶叶制为茶团或茶膏，以及筹办包装所用的锡瓶、缎匣、木箱等物。

清·道光《云南志钞》卷1《地理志》

普洱府。雍正七年，裁元江通判，以所治之普洱六大茶山及橄榄坝、江内六版纳地置普洱府，又设同知驻所属之攸乐，通判驻所之思茅。……思茅厅，乾隆元年裁通判，移攸乐同知驻其地，名思茅厅。山则白马、孔明，皆距城数百里，高千百仞，而六茶山在东南三百里倚邦土弁境，产茶、备土物之贡。

考：清雍正七年（1729年）车里宣慰司所辖北境一部（即普洱山一带）置宁洱县，取“太平安宁”而命名，又有“安宁的普洱”之意。雍正十三年（1735年），增设宁洱县为普洱府附廓。普洱府辖地范围在今思茅地区及西双版纳州一带。民国初年，裁普洱府，留宁洱县，另设普洱道，道署由宁洱县迁思茅县，普洱道辖境扩及今临沧地区及玉溪市与之相交界一带。1926年，普洱道署迁回宁洱县。1949年后普洱道撤销，原辖境分别划入西双版纳州、思茅地区、临沧地区及玉溪市。1950年末，宁洱县改名普洱县。以上史料记载说明，普洱府是当时茶叶贸易的集散地，思茅厅属六大茶山及普洱所产茶叶，大部分集中到普洱、思茅，经过加工精制之后，上贡皇朝和运销各地。

清·《普洱府志》卷19《食货志六》

国家财用所繁也，普洱物产丰饶，盐茶榷税之利甲于滇南。

考：从雍正乾隆年间至晚清，由于滇南具备较为安定、宽松的社会环境，普洱茶的生产得以持续发展，在云南成为举足轻重的产业。故《滇海虞衡志》称：“普茶，名重于天下，此滇之所以为产而资利赖者也”。在全省各

地，普洱茶成为随处可见的饮用茶（《滇海虞衡志》，第269页）。雍正七年（1729年），普洱茶被朝廷列为贡茶，至光绪三十年（1904年）贡茶中止，普洱茶每年上贡长达176年。朝廷每年支银1000两采购普洱茶。每年运京的贡茶多达五六十箱，运茶队伍由云南府（治今昆明）启程，顺湖广驿路而行，经沾益、平彝（今富源）入贵州之境，过湖南、湖北、河南达北京，沿途由地方官府派兵勇及差役护送（民国罗养儒撰：《云南掌故》卷18《解茶贡》，第661页，云南民族出版社1996年版）。光绪二年（1876年），朝廷为表彰倚邦衙门采办普洱茶有功，赐给"福庇西南"匾额一面（徐斌：《马背上的贡品：普洱茶入宫记》，《紫禁城》2006年3期）。至于在云南本地销售以及运销外地的普洱茶，也达到很大的规模。清代普洱茶的生产与销售，可说是长盛不衰。晚清时期在国际茶叶市场，中国茶叶遭遇印度等国茶叶的排挤，但普洱茶仍大量输出省外，输出的数量约占其总产量的1/2（民国罗养儒撰：《云南掌故》卷9《滇中出产物品之丰富》，第316页）。说明延至晚清，普洱茶一直保持了旺盛发展的势头。

清·光绪·《光绪二十三年思茅口华洋贸易情形论略》

西藏商人每年二、三月及十月、十一月来思（茅）采办，茶价每担七八两，去时完厘一两二钱，过丽江府又完税五钱，虽由思到藏边界距五十余站，道阻且长，而茶价每担可售十五六两，该商实获利益。

（普洱茶）粗者造成团，售与古宗，本年（光绪二十九年）销口甚利，所来（思茅）之马夫大班者较往年众多，年终时聚积一班，计马二千余匹，从未见此。

考：上面海关史料可见，清末滇茶销藏依然进行，贸易量并未减少。

清·光绪中国第二历史档案馆、中国海关总署办公厅编《中国旧海关史料》第28册

产茶之区可推猛海、倚邦、易武三处，计其出数年约四万担之多。

托津等奉敕纂《钦定大清会典事例》卷192《户部·杂赋·茶课》

云南茶引颁发到省，转发丽江府，由该府按月给商，赴普洱府贩买，运往鹤庆州之中甸各番夷地方行销。其稽查盘验，由邱塘关并金沙江渡口照引查点，按则抽税，其填给部引，赴中甸通判衙门呈缴，分季汇报，未填残引，由丽江府年终缴司。

考：乾隆十三年（1748年），清政府对云南茶叶贸易进行了重新规定，明确了滇茶的产销地域由“普洱府贩买”，“运往鹤庆州之中甸各番夷地方行销”。至此，可以认为，云南茶引三千皆销往西藏，每年达30万斤。这一政策一直沿用至清末。

《钦定大清会典事例》卷242《户部·杂赋·茶课》

具体办法是将普洱茶紧压为七个圆饼置为一筒，重49两，征收税银一分；每32筒发一茶引，每引收税银三钱二分。从雍正十三年（1735年）开始，朝廷颁给云南3000份茶引，下发各茶商以行销办课。

中国第一历史档案馆编《康熙朝汉文朱批奏折汇编》第7册

进普洱茶四十圆，孔雀翅四十副，女儿茶八篓，巨藤子二袋。

考：康熙五十五年（1716年），云南开化镇总兵阎光炜曾“进普洱茶四十圆，孔雀翅四十副，女儿茶八篓，巨藤子二袋”，说明康熙年间，普洱茶已在贡茶之列。

四　云南地方志有关云南茶叶及生产贸易史料辑录

云南省地方志
云南通志

乾隆元年（1736年）三十册

尹继善、靖道谟纂修

卷之三　山川

普洱府　攸乐县

六茶山　曰攸乐，即今同知治所，其东北二百二十里曰莽芝，二百六十里曰革登，三百四十里曰蛮砖，三百六十五里曰倚邦，五百二十里曰漫撒，山势连属，复岭层峦，皆多茶树。

卷之二十六　古迹

普洱府　攸乐县

六茶山遗器　俱在城南境，旧传武侯遍历六山，留铜锣于攸乐，置铁锅于莽芝，埋铁砖于蛮，遗木梆于倚邦，埋马镫于革登，置撒袋于慢撒，因以名其山。又莽芝有茶王树，较五山茶树独大，相传为武侯遗种，今夷民犹祀之。

卷之二十七　物产

太华茶　出太华山，色味俱似松萝，而性较寒。

茶　产攸乐、革登、倚邦、莽枝、蛮专、慢撒六茶山，而倚邦、蛮专者味较胜。

感通茶　出太和感通寺。

云南通志稿

道光十五年（1835年）一百一十二册

阮元、伊里布、王崧、李诚纂修

卷之十一　地理志三之一　山川一

云南府

北乐山《一统志》：在宜良县北三十里。《云南府志》：在宜良县北二十里，旧名播雄山，今称宝洪山。《宜良县志》：上有古刹，产茶。

卷之十七　地理志三之七　山川七

楚雄府

佛顶山《楚雄县志》：在县西二百里瓦姑哨下，山形如佛顶，产雀舌茶，今为土人铲尽。

卷之二十三　地理志三之十三　山川十三

普洱府

攸乐茶山　旧《云南通志》：六茶山之一，产茶。

六茶山谨案：并在九龙江以北，猡梭江以南，山势连属数百里，上多茶树，革登有茶王树。《一统志》有普洱山，在府境，山产茶，性温味香，异于他产，名普洱茶，府亦以是名焉。引《滇程记》，自景东府行一百里至者乐甸，又行一日至镇沅府，又二日达车里宣慰司，又二日至普洱山，想即此。

卷之二十四　地理志三之十四　山川十四

永昌府

茶山　《一统志》：其上产茶最佳。

灵鹫山旧　《云南通志》：山间产茶，香逾诸品。

孟通山　《一统志》：在湾甸州境，产茶。

卷之六十二　食货志四　课程

《皇朝通志》：顺治十八年，准达赖喇嘛及根都台吉于北胜州互市，以马易茶。

《大清会典事例》：康熙四年，复准云南北胜州开茶马市，商人买茶易马者，每两收税银三分，该抚详造交易细数、番商姓名，每年题报。

《古今图书集成》：康熙二十二年，定各省茶课，广西、云南茶课，二省不产茶（编者按：广西、云南二省不产茶之说不确），凡有贩茶，抽税无定额，汇入杂税内。

卷之六十九　食货志六之三　物产三

云南府

《徐霞客游记》：里仁村石城隙土宜茶，味迥出他处。

大理府

茶　旧《云南通志》：出太和感通寺。

《大理府志》：感通三塔皆有，但性劣不及普茶。《徐霞客游记》：感通寺茶树，皆高三、四尺，绝与桂相似，茶味颇佳，焰而复曝，不免黝黑。

澄江府

毛骶茶章潢《图书编》：旧阳宗县出。

顺宁府

茶　《顺宁府志》：味淡而微香。

丽江府

雪茶　《丽江府志》：生雪山中石上，心空味苦，性寒下行。

余庆远《维西闻见录》：阿墩子、奔子阑皆有，盛夏雪融，如草叶，白色，生地无根，土人采售，谓之雪茶。汁色绿，味苦性寒，能解烦渴，然多饮则腹泻，盖积雪寒气所成者。

卷之七十　食货志六之四　物产四

普洱府

茶　檀萃《滇海虞衡志》：普茶名重于天下，出普洱所属六茶山，一曰攸乐，二曰革登，三曰倚邦，四曰莽枝，五曰蛮专，六曰慢撒，周八百里。入山作茶者数十万人，茶客收买，运于各处。普茶不知显于何时，宋自南渡后，于桂林之静江军以茶易西番之马，是谓滇南无茶也。顷检李石《续博物志》云茶出银生诸山，采无时，杂椒姜烹而饮之。普洱古属银生府，则西蕃之用普茶，已自唐时，宋人不知，犹于桂林以茶易马，宣滇马之不出也。李石志记滇中事颇多，足补史缺，云茶山有茶王树，较五茶山独大，本武侯遗种，至今夷民祀之。倚邦、蛮专，茶味较胜。

思茅厅采访：茶有六山，倚邦、架布、嶍崆、蛮砖、革登、易武，气味随土性而异，生于赤土或土中杂石者最佳，消食散寒解毒。二月间开采，蕊极细而白，谓之毛尖。采而蒸之，揉为茶饼，其叶少放而犹嫩者，名芽茶。采于三、四月者，名小满茶。采于六、七月者，名谷花茶。大而圆者，名紧团茶。小而圆者，名女儿茶。其入商贩之手，而外细内粗者，名改造茶。将揉时，预择其内之劲黄而不卷者，名金月天。其固结而不解者，名扢搭茶，味极厚难得。种茶之家，芟锄备至，旁生草木，则味劣难售，或与他物同器，即染其气，而不堪饮。

阮福《普洱茶记》：普洱茶名遍天下，味最酽，京师尤重之。福来滇，稽之《云南通志》，亦未得其详，但云产攸乐、革登、倚邦、莽枝、蛮专、慢撒六茶山，而倚邦、蛮专者味最胜。福考：普洱府古为西南夷极边地，历代未经内附，檀萃《滇海虞衡志》云：尝疑普洱茶不知显自何时，宋范成大言，南渡后，于桂林之静江军以茶易西蕃之马，是谓滇南无茶也。李石《续博物志》称，茶出银生诸山，采无时，杂椒姜烹而饮之。普洱古属银生府，则西蕃之用普茶，已自唐时，宋人不知，犹于桂林以茶易马，宜滇马之不出也。李石亦南宋人。本朝顺治十六年……编隶元江通判，以所属普洱等处六大茶山纳地，设普洱府，并设分防思茅同知，驻思茅。思茅离府治一百二十里，所谓普洱茶者，非普洱府界内所产，盖产于府属之思茅厅界也。厅治有茶山六处，曰倚邦，曰架布，曰嶍崆、曰蛮砖、曰革登、曰易武，与《通志》所载之名互异。福又检贡茶案册，知每年进贡之茶，例于布政司库铜息项下动支银一千两，由思茅厅领去转发采办，并置办收茶锡瓶、缎匣、木箱。其茶在思茅本地收取，鲜茶时，须以三、四斤鲜茶，方能折成一斤干茶。每年备贡者，五斤重团茶，三斤重团茶，一斤重团茶，四两重团茶，一两五钱重团茶，又瓶盛芽茶、蕊茶，匣盛茶膏，共八色。思茅同知领银承办。思茅志稿云：其治革登山有茶王树，较众茶树高大，土人当采茶时，先具酒醴礼祭于此。又云：茶产六山，气味随土性而异，生于赤土或土中杂石者最佳，消食散寒解毒。于二月间采蕊极细而白，谓之毛尖，以作贡，贡后方许民间贩卖。采而蒸之，揉为团饼，其叶之少放而犹嫩者，名芽茶。采于三、四月者，名小满茶。采于六、七月者，名谷花茶。大而圆者，名紧团茶。小而圆者，名女儿茶。女儿茶为妇女所采，于雨前得之，即四两重团茶也。其入商贩之手，而外细内粗者，名改造茶。将揉时，预择其内之劲黄而不卷者，名金月天。其固结而不解者，名疙搭茶，味极厚难得。种茶之家，芟锄备至，旁生草木，则味劣难售，或与他物同器，即染其气，而不堪饮矣。

永昌府

茶　《一统志》：出湾甸州孟通山。

章潢《图书编》：湾甸境内孟通山，产细茶，名湾甸茶，谷雨前采者尤佳。

《腾越州志》：团茶色黑，远不及普洱，出滇滩关外小茶山境。

东川府

雪茶　巧家厅采访：产向化里。

云南通志

民国二十三年（1934年）重印明隆庆间本　八册

邹应龙、李元阳纂修

卷二　地理

云南府

山川

石岩井　在圆通寺内石岩下，

以之烹茶，其味香美，非他泉可及。

物产

花之属　山茶

大理府

物产

饮馔之属　茶

花之属　山茶

临安府

山川

渊泉　近大井，水味清美，烹茶甚佳，俗呼小井。

物产

饮馔之属　茶

花之属　山茶

永昌军民府

山川

灵鹫山　在府城北八里，高如宝盖，延袤七里余，山巅旧有报恩寺，俗呼大寺，山有茶园、果林。

法明井在府法明寺，有二，一在栖云楼，一在归休庵，水皆香美，煮茶无翳。

物产

饮馔之属　茶

花之属　山茶

卷三　地理

楚雄府

物产

花之属　山茶

曲靖军民府

物产

花之属　山茶

澄江府

物产

食货之属　茶

花之属　山茶

茶，章潢《图书编》

蒙化府

物产

花之属　山茶

鹤庆军民府

物产

花之属　山茶

姚安军民府

物产

花之属　山茶

广西府

物产

货之属　茶

卷四　地理

武定军民府

物产

花之属　茶花

景东府

物产

货之属　茶

花之属　山茶

顺宁州

物产

饮馔之属　茶

茶，《顺宁府志》：味淡而微香。

《棉茶》：茶叶一项，惟花甲区产，有所出无多，不能供给全县，多由广南属购口。

北胜州

物产

花之属　山茶

陇川宣抚司

风俗

结亲用谷茶、鸡卵为聘礼，客至亦以谷茶供奉之。

湾甸州

物产

茶　境内有孟通山，所产细茶，名湾甸茶，谷雨前采者为佳。

卷十六　羁縻

贡象道路

下路由景东历赭乐甸行一日至镇沅府，又行二日始达车里宣慰司之界，行二日至车里之普耳，此处产茶，一山耸秀，名光山，有车里一头目居之，蜀汉孔明营垒在焉……

滇系

光绪十三年（1887年）　四十册

师范纂修

卷之四一　赋产

异产

大理府感通茶出太和感通寺。

普洱府茶产攸乐、革登、倚邦、莽枝、蛮专、慢撒六茶山，而倚邦、蛮专者味较胜。

普茶名重于天下，此滇之所以为产而资利赖者也。出普洱所属六茶山，一曰攸乐，二曰革登，三曰倚邦，四曰莽枝，五曰蛮专，六曰慢撒，周八百里。入山作茶者数十万人，茶客收买，运于各处，每盈路，可谓大钱粮矣。尝疑普茶不知显自何时，宋自南渡后，于桂林之静江军以茶易西蕃之马，是谓滇南无茶也……顷检李石《续博物志》云：茶出银生诸山，采无时，杂椒姜烹而饮之。普洱古属银生府，则西蕃之用普茶，已自唐时，宋人不知，犹于桂林以茶易马，宜滇马之不出也。李石于当时无所见闻，而其为志，记及曾慥端伯诸人，端伯当宋绍兴间，尤为吾远祖檀倬墓志，则尚存也。其志记滇中事颇多，足补史缺，云茶山有茶王树，较五茶山独大，本武侯遗种，至今夷民祀之。倚邦，蛮专茶味较胜。又顺宁有太平茶，细滑似碧螺春，能经三瀹犹有味也。大理有感通寺茶，省城有太华寺茶，然出不多，不能如普洱之盛。

卷之五一　山川

普洱府宁洱县

城外石马井水，无异惠泉。感通寺茶，不下天池、伏龙，特此中人不善焙制耳。徽州松萝茶旧亦无闻，偶虎丘有一僧住松萝庵，如虎丘法焙制，遂见嗜于天下，恨此泉不逢陆鸿渐，此茶不逢虎丘僧也……

黔滇志略

乾隆十三年（1748年）　十二册

谢圣纶纂修

卷二　山川

丽江府属

雪山，一名玉龙山，其山九峰，在丽江府城西北，蒙氏僭封为北岳。山巅积雪，经夏不消。山产茶，谓之雪茶，清苦能解烦渴。丽江志

卷十　物产

丽江有小雪山，登小雪山即望见大雪山矣……

圣纶按：……雪山亦产雪茶，味苦凉，然无清香之气……

棉茶：维邑处寒带，棉茶之利，近未普及，迩来奔子栏区已普种棉花，年收数千斤，各区亦有试种者，对于棉业将来可望发达也。茶叶，历经政府提倡，民间亦未实行试种，查我邑夷人嗜茶如早晚饭，年销春茶千余驮，溢出金钱不菲，再不切实推行，其害不知伊地胡底也。

昆明县志

光绪二十七年（1901年）　四册

戴纲孙纂修

卷二　物产

旧《通志》：太华茶，色味俱似松萝，而性较寒。

昆明县志

民国三十二年（1943年）　十六册

倪惟钦、陈荣昌、顾视高纂修

卷五　物产志二

茶。常绿灌木，高五、六尺，叶长椭圆形，秋日开白花，五瓣，实略如三角形，属山茶科。按：唐时始以充饮料，大别为红

茶、绿茶二种。旧俗聘礼多用茶，故受聘亦曰受茶。李时珍曰：茶苦而寒，最能降火，兼解酒食之毒，使人神思清爽，不昏不昧，若虚寒及血弱之人，饮之最久，则脾胃恶寒，元气暗损，百病即生。医经云：茶有百损，独有一目，斯言信然。县属归化山及龚山种植之。

呈贡县志

光绪十一年（1885年） 八册

卷五 物产

花果之属 山茶

安宁州志

雍正九年（1731年） 四册

杨若椿、段昕纂修

卷十 盐法

附物产

花果

茶

安宁州志

乾隆四年（1739年）重刻雍正九年本 四册

卷十 盐法物产附

茶果 茶

卷十九 艺文志上

雷跃龙《石淙杨文襄公传》公讳一清，字应宁，号邃庵，其先氏为滇之安宁人……十九成进士……迁都察院右副都御史，督理秦中马政。西蕃故饶马，必仰给中国茶饮以去其膻酪疾。先是高帝著为令，以蜀茶易蕃马，资军中用，久而寖弛，茶多阑出为奸人利，而蕃马不时至，公乃请重行太仆范马官而严私通禁，尽笼茶利于官，以致诸蕃马，马大集，牧政用修，给军者日益称足……

卷十九　艺文志下

杨慎《温泉》诗黟岫灵砂沚，徽州黄山有温泉，是朱砂窟所发，春时色微红，可瀹茗，谢客诗云：石磴泻红泉，盖是类也。华清礜石汤，骊山华清池，乃礜石所积，李贺诗：华清石中礜石汤，徘徊白凤随君王。佳名虽许并，仙液讵堪方，火井原通脉，曹溪且让香，东坡诗：水香知是曹溪口，溪本在岭南，此地旁亦有曹溪。流温涵水碧，水碧盖仙药珍品金膏之隅也，谢康乐彭蠡湖中诗，水碧辍流温，朱紫阳庐山温泉诗引用之，即以流温为温泉云。安宁此地名碧玉泉，亦取水碧之说乎？气郁谢硫黄，清暑南熏际，回暄北陆旁，体应偕露洁，心不假犀凉，春酝熏兰罩，云腴泛茗枪，酝酒煮茶，皆增尝味。弄珠余浣女，鲙玉剩渔郎，瑶草蟠千岁，岸有无名树，四季不雕。琼枝缀九房，端州任凤德修池，得石芝，光莹如玉。温柔真此地，难老是何乡。张平子南都赋：温泉荡邪而难老。

昭通志稿

民国十三年（1925年）　十二册

符廷铨、杨覆乾纂修

卷之九　物产

植物

花之属

山茶

昭通县志稿

民国二十五年（1936年）　九册

李文林、卢金锡、杨覆乾纂修

卷五　物产

木属

山茶

茶叶：茶，常绿灌木，盐津全县皆产。每年春夏之交，各处市集乡人运茶入市，盈筐累袋，竞列争售，约计每年售出达三万斤，具见不少茶。宜植熟土，向阳山坡隙地俱无不可，最忌为旁树所阴，一有所阴即将枯萎。在昔，津属各乡盛称产茶，民（国）元（年）以来，匪乱频仍，山原高地居民远徙，土地荒芜，茶树因而枯萎者不知凡几。今后民生安定，恢复茶业宜仿顺宁采植方法，获利必丰。第一，要防止表土流失，栽植宜作横列或斜行。坡度较大之地，开沟宜密，易泄大雨，铺盖草叶以护表土。第二，整理茶树于移植二三年后，春间摘其顶芽，冬初修剪其旁枝，使匀齐圆矮。十年分区施行台刈，从土面将老树刈去，使根部另发新枝。第三，采茶须待新叶放散四五片时，只取一芽两叶为标准，至少须留两叶（除最下之小叶外），使将来由叶腋发生新定芽，产量愈丰。

路南县志

民国六年（1917年）　四册

马标、杨中润纂修

卷一　地理　物产

植物

竹木类

宝洪茶　产北区宝洪山附近一带，其山，宜良、路南各有分界。茶树至高者三尺许，夏中采枝移莳，一二年间即可采叶。清明节采者为上品，至谷雨后采者稍次。性微寒，而味清香，可除湿热，兼能宽中润肠，藏之愈久愈佳。回民最嗜。路属所产，年约万余斤，上品价每斤约五角余。

沾益州志

乾隆三十五年（1770年）　四册

王秉韬纂修

卷三　物产

花之属

茶花

沾益州志

光绪十一年（1885年）　六册

陈燕、韩宝琛、李景贤纂修

卷之一　山川

邓家龙潭，在西门城脚，泉甘美，可烹茶，往汲者颇重之。

孙家井，在南门外数武，泉涌不息，清冽味甘，烹茶家多取汲于此。

罗平州志

康熙五十六年（1717年）　二册

黄德巽、胡承灏纂修

卷之一　山川

磨盘山　州北里许，俯视太液湖，上建玉皇阁，下沸清流，味甘美，堪拟茶泉，特乏赏鉴耳。

陆良县志稿

民国四年（1915年）　八册

刘润畴、俞赓唐纂修

卷之一　物产

常产

茶

宜良县志

民国十年（1921年）　十二册

王槐荣、许实纂修

卷二　地理志　山川

北乐山　在城北二十里，旧名播雄山，今称宝洪山，雄踞治北，赤江环绕，上有古刹，产茶。

《宜良之琐屑志》：宜良县，古匡邑也，余随侍于斯，几近四载，其四鄙之内，足迹殆遍焉。以论宜良地土，实较嵩明、晋宁、呈贡宽广而肥沃。如在老岱坡头眺望，真百里平畴，大赤江流绕于其间，尤觉陆地宽舒，水利遍及也。顾其境内，又约可分为三大部分：一接近县城之大坝，长逾五十里，宽约二十里；一汤池坝，纵横俱在十余里；一北羊街坝，则较小焉。以县之粮额考之，当不下三十万亩良田也。平均丰歉，每亩以产米二京石五斗计，年可产米七十五万京石，则可供三十六万人全年之食用，亦云出产米粮之丰盛也。宜良粮石，清代额征仅为二千八百余石，条粮并计，全县人民年仅纳六千余两于官厅，即有附加，亦不过二千余两。但是，州县官征粮赋，都是加三、加四而征收。是则人民亦须交纳一万二三千两银于官厅也。宜良人口，在光绪中叶，全县已超过一十五万，以所纳之粮赋，平均于所有之人数上，每人实合纳八九分银耳。宜良境内，大都是平畴广陌，当无山谷丘林（陵），即有之，亦未见其有若何之幽深、若何之佳妙也。虽然，城之附近亦有一岩泉寺焉，聊可称为名胜处尔。寺在一高山之近巅处，殿宇亭阁都傍岩而结。岩有泉，泉沿岩下注，入于涧中，随绕殿台亭阁而流入一圆池内，池满则流溢于山下。泉水清而且甜，以之作饮，清胃而沁膈，故游人多喜就岩下烹茶。寺前有亭，翼然于圆池上，若凭栏远眺，可极目于数十里外。是处既具有此泉流，有此岩阿，而更有林曲，有涧池，复松柏菁葱，槐榆掩映，修篁夹路，繁花满山，春色秋光俱足以快心悦目，自是邑之风景地也。去宜良县城约十五六里，有宝洪寺，寺在江头村后之一山上，山以寺名，曰宝洪寺山。山间种满茶树，高几丈者，百年以上物也。然以高及于人者为多，足见茶树之不易长成；且不可迁动，移根必死，古人取茶茗为聘定物，即以其不可迁移也。

茶子，旧《云南通志》：丛生单叶，子可作油。

茶，向本植鲜属茶者，惟邵甸之甸尾村，昔有寺僧种茶数十株，后僧圆寂，其徒不能继其业，今仅存十余株。芳春时，村人采取烹食，味颇佳，倘能扩而充之，兼得焙制之法，不难媲美景谷。

马龙州志

雍正元年（1723年） 二册

许日藻、杜诠纂修

卷之三 地理 山川

温泉 州南四十里，出乱头村岩石间，水清味甘，可以沃茶。

新兴州（旧州名，民国时改为玉溪县）志

乾隆十四年（1749年） 六册

徐正恩纂修

卷五 物产

花之属 二月华者茶。十二月华者山茶。

续修玉溪县志

民国二十年（1931年）存 九册

李鸿祥、崔澄纂修

卷五 物产

花之属

茶花

海红即浅红山茶，自十二月开至二月，与梅同时，故一名茶梅。

元江志稿

民国十一年（1922年）　十二册

黄元直、刘达武纂修

卷七　食货志一　物产

生芽《台阳随笔》：普茶以倚邦、易武二山为最，近来元人购种遍植猪羊街诸处，其色香味不减普产，最佳者为生芽，即银尖，亦曰白尖，乃谷雨时所采之蘖，惜业此者尚用土法制造，人迪新机，我封故步，殊难望发达耳。

娑罗茶，《台阳随笔》：产大哨之茶叶山，以树似娑罗，故名。性寒，能除热毒，生采曝干，炒食之，味香而美。

元江志稿

民国十一年　十二册

卷之二　地舆志三　山川

大哨山　采访：在县东北百里，产莎罗茶。

新平县志

民国二十二年（1933年）　八册

吴永立、王志高、马大元纂修

卷十四　物产

茶类　产西区斗门，味不亚于景茶，惜所出无多。

续修河西（旧县名，原县辖境属今玉溪地区）县志

民国十四年（1925年）　四册

董枢纂修

卷一　土产

花属　山茶

景东县志稿

民国十二年（1923年）　八册

周汝钊、侯应中纂修

卷之十八　艺文志六

采茶曲（编者按：此处共收录自正月至十二月的采茶曲计十二首，由于其中有很多内容比较庸俗，故删）

石屏县志

民国二十七年（1938年）　十四册

袁家谷纂修

卷十六　物产

植物　山茶科

茶

建水州志

民国二十二年（1933年）　十册

祝宏、赵节纂修

卷之二　物产

货物

莫黑茶

续修建水县志稿

民国九年（1920年）　十八册

丁国梁、梁家荣纂修

卷之一　山川

沪江北五里曰流泉，在北山寺左，味甚甘，春秋墓祭者，必汲以煮茗。寺旧称北冈华刹。

楚雄县志

宣统二年（1910年） 十二册

崇谦、沈宗舜纂修

卷四 物产

木类 黄练茶

花类 茶花，有红、白二种。

大姚县志

道光二十五年（1845年） 八册

黎恂、刘荣黼纂修

卷六 物产

花之属 茶花 红 大红 玛瑙 硬枝 白粉红 软枝

姚州（旧州名，民国时改为姚安县）志

康熙五十二年（1713年） 一册

管棆纂修

卷二 物产

花之属 山茶

姚州志

光绪乙酉（十一年，1885年） 十二册

陆宗郑、甘雨纂修

卷三 物产

杂物之属

雀舌茶 出州西四十里凤山，土人亦间有采之者，味虽回甘，性却大寒。

花之属

山茶

卷十一　古迹

三合树　采访：在州东一百四十里石者村后。其树一本而三干，本大十围，皮色如一，干各三围，一茶、一漆、一则土人所谓豆瓣香者，村人每岁杀牲祭之。

古泉州旧志：在城西四里古泉寺之左，其水甘冽，烹茗极佳。

姚安县志

民国三十七年（1948年）　八册

霍世廉、由云龙纂修

卷四十四　物产志

植物

木属

谨按：甘志杂物属载：雀舌茶出州西四十里凤山，土人亦间有采之者，味虽回甘，性却大寒。近弥兴有携普茶种植数十株，现亦长成，将来或有发展希望。又普淜有近山茶一种，味淡而甜，性寒，昔祥云人采购混入普茶中售之；近土人采取煮膏，晒干，成灰白面，冲水服之，味可口，五斤可制膏一斤，价值普茶二倍。

罗次（旧县名，原县辖境属今楚雄彝族自治州）县志

康熙五十六年（1717年）　四册

王秉煌、梅盐臣、杨伦纂修

卷二　物产

花属　茶

罗次县志

光绪十三年（1887年）　四册

胡毓麒、杨钟璧纂修

卷二　物产

花属　茶

镇南州（旧州名，原州辖境属今楚雄彝族自治州）志略

光绪十七年（1891年）　十册

李毓兰、甘盂贤纂修

卷四　物产

木品　茶

花品　茶花

盐丰（旧县名，原县辖境属今楚雄彝族自治州）县志

民国十一年（1922年）　十一册

卷四　物产志

杂物之属

雀舌茶

白盐井（在原盐丰县境内）志

乾隆二十三年（1758年）　四册

郭存庄、赵淳纂修

卷一　山川

大王庙甘泉　有上下二泉，味皆甘，上泉今架枧流关内，注之石缸，汲饮称便；其下一泉，涌出石罅，味更清冽，煮茶为向来司署取汲之。提举郭存庄凿甃深广，建亭其上，以障尘浊，匾曰羊郡甘泉。

卷三　物产

花类　山茶

续修白盐井志

光绪三十三年（1907年）　十一册

李训鋐、罗其泽纂修

卷四　寺观

圣泉寺　井旧志：名大王寺，在宝关门外，山麓有二井，水味

甘冽，上井美于烹茶，下井利作豆腐。相传井脉来自宪居大王庙，故以名寺……

续修浪穹（旧县名，原县辖境属今楚雄彝族自治州）县志

康熙二十九年（1690年）　三册

赵珙纂修

卷一　物产

花类　山茶

浪穹县志略

光绪二十九年（1903年）　六册

周沆纂修

卷二　产地

雀嘴茶　采访：产荞后里，形如雀嘴，芽作淡碧色，味苦微酸，性寒，能清郁消滞。

花类　山茶

剑川州志

康熙五十二年（1713年）　三册

王世贵、张伦纂修

卷十六　物产

食货

宝山茶

花属　山茶

大理县志稿

民国六年（1917年）　十六册

张培爵、周宗麟纂修

卷五　物产特别产附

按：感通三塔之茶，皆已绝种，惟上末尚存数株。

花草之属

山茶　陈仁锡《潜确类书》：山茶有数种，而滇茶第一，大如碗，红如血，中心满如鹤顶，来自滇南，名曰滇叶。案：今有绣球红、松子壳、宝珠、玛瑙、菊瓣、十样锦、胭脂片、桂叶、银红数种。

卷二十五　艺文二

江阴徐宏祖霞客《滇游日记》节录崇祯己卯（十二年，1639年）三月十一日，早炊，乃行，由沙坪而南一里余，西山之支，又横突而东，是为龙首关，盖点苍山北界之第一峰也……二里登岭头，乃循岭南西行三里，乃稍下，度一峡，转而南，松桧翳依，净宇高下，是为荡山，而感通寺在其中焉…十三日，与何君同赴斋别房，因遍探诸院，时山鹃花盛开，各院无不灿然中庭，院外乔松修竹，间以茶树，树皆高三、四丈，绝与桂相似，时方采摘，无不架梯升树者，茶味颇佳，焙而复曝，不免黝黑。已入正殿山门，亦宏敞，殿前有石亭中立，我太祖高皇帝赐僧无极归云南诗十八章，前后有御跋，此僧自云南入朝，以白马、茶树献，高皇帝临轩见之，而马嘶花开，遂蒙厚眷……

卷三十一　艺文六

乌程吴应枚《滇南杂咏》宛转红墙绿树萦，感通佳处试茶铛，望中洱海开奁影，照出山腰玉带横，感通寺在大理府城西，产茶，晓望苍山白云如带，横束山腰，土人呼为玉带云。

卷三十二　寺观

感通寺在城南圣应峰中，有三十六院。汉时摩腾竺法兰由天竺入中国时建。又名荡山寺。

邓川州（旧州名，原州辖境属今大理白族自治州）志

咸丰三年（1853年）　八册

钮方图、扬柄锃、侯允钦纂修

卷四　物产

花　山茶

赵州（旧州名，原州辖境属今大理白族自治州）志

万历十五年（1587年）　四册

庄城、王利宾纂修

卷一　物产

饮馔之属　茶

花之属　山茶

赵州志

乾隆元年（1736年）　四册

程近仁、赵淳纂修

卷三　古迹

读史台在晴云庵，明郡绅董思周筑，主事邹良彦题，有古茶、柏树。

卷三　物产

食货属　汤颠茶

花属　山茶　有宝珠、绣球红、松子壳、菊瓣、紫袍、玉带、分心卷瓣、桂叶、银红。

赵州志

道光十五年（1835年）　三册

卷三　物产

食货属　汤颠茶

以上文献，录于《中国地方志茶叶历史资料选辑》（农业出版社1990年12月版）

五　清末思茅海关茶叶贸易档案注疏

在普洱茶经贸的起伏发展历程中，《海关贸易报告中云南三关贸易资料》之清末思茅海关茶叶贸易方面资料，为普洱茶外销提供了宝贵的历史文献依据。

光绪二十三年思茅口华洋贸易情形论略

窃查本口遵照光绪二十一年五月二十八日中法新约第三款辟思茅为通商口岸，于光绪二十二年十一月二十九日开设新关。考思茅一邑在滇省东南之间，属普洱府，系北纬二十二度四十七分，为格林尼址东京一百度四十六分。坝中田畴宽广，水渠繁多，凡树艺之物皆得丰穰之庆，四围山峰环列，高于坝者一二千尺，以坝子较诸海面，高有四千六百尺之多，四时天气无严寒酷暑，以表较之，最热仅升至八十五分，最寒降至四十五分，虽地隔一二日即为瘴乡，人民时患热疟，而近城一带水土甚属平和，城内外居民颇称繁衍，综计人数约有万五之多，其至省城、蒙自两处计程十有八站，至大理则有二十站焉。云南道路崎岖，每站程途大都以六十里计算，外国地离思最近莫如猛乌，现为法国地界，在思东南之交，相距六站，按滇越边界直从猛乌南下，略转西而达湄江，界之极南相间十八日程，滇缅界务尚无定居，勘定后近思者约须十有二日至九龙江以下之界十四天方可到临，兹英国政府从阿瓦修筑铁路一条，直抵昆仑渡，须二三年工程方能告竣。铁路与思相隔二十五站路，经猛丁、缅宁、威远，始通思茅，斯路一成恐无益于贸易，反有碍于商情。缘商人喜从铁路之便，不愿跋涉道途故也。本关在未开办以前，偶有过客，栖迟未久，睹肩摩杀击之状，即疑思口商务必成大观。今历一载，体察各项贸易不能畅旺流通，亦以本地土货出者寥寥。查出口土货中由外来者十分之九，惟普茶一项产数众多，概系运往内地行销，推其不出外洋之故，实为普查口味与外国稍有不宜，然本年贸易情形虽无甚可观，来岁必小有起色，至于畅行无滞诚恐未能果。滇省铁路各处兴修金煤等矿，寻源开办，则思必为商贾云集，利益宏盛之区，第何时如是，非人所能逆睹也。

1. 本关税课共征关平银六千八百七十两，内有进口正税三千六百十五两，出口税九百四十两，土药出口税一百二十六两，子口半税二千一百八十九两。

2. 外洋贸易进口洋货共值关平银十五万四千五百余两，从缅甸来货值银十三万一千四百余两，占进口洋货一百分之八十五分，由越南来者价二万三千一百余两，一百分中仅十五分。商人凡到本关投递报单，均言由缅而来，惟猛烈、易武两分关系从越南来。洋布类进口价值关平银四千六百余两，原白色布共七百十六匹，红洋布一百八十二匹，扣布六十一匹。洋布杂货类内有缅甸土布五千五百余匹，其布价廉而经久，帐被里服民咸用之，每匹长约二丈，价自三钱以至四钱，土人谓为梭罗布。绒毛布类进口甚少，估值不过五百两，每件绒布洋布皆有漾贡洋行招牌，据商人言之，自漾贡到思道途有二，一从漾贡乘坐海船一日抵莫罗冕，由冕换坐小轮一日可到扒安，由扒安卸船，起早十五日至景昧，又十五日至猛艮，自猛艮达思须程十有六日，合计则四十八天。一从漾贡上乘火车一日之程直通阿瓦，由瓦遵陆而行至猛艮须二十五天，至思十六天，共有四十二天。若依期而行则四十八天与四十二天皆可安到，但商人沿途贸易及起下货物俱有稽延，须两月之迟方得到思。洋货杂货类第一以棉花为大宗，本年进口一万一千余担，估价关平银十二万九千余两，其外有子棉花五百余担，估值一千三百余两，此花所产越南之猛悻、缅甸之猛艮一带，为数甚多，其余缅甸边界相近猛连之处亦有出者。商人购自出花之地每担价值仅六两以至八两，运思发售十两至十二两，运往内地则十六两至十八两之多，有子棉花每担不过二两五钱，因花子甚多，必四百斤始能压成棉花百斤。洋纱一项进口全无，访闻商人恐洋纱通行至碍棉花生理，本地土民多以纺织为事，籍养家人。进口鹿角估价关平银一千二百余两，鹿茸一万四百余两，象牙二千四百余两，虎象骨八百余两，虎豹皮一百余两。鹿茸出产摩泥最多，其地离阿瓦东南八站。自来火、煤油本关无进口者，思茅用此二物系从蒙自运来自来，火煤油及各项杂货在漾贡之价与香港无差，途中各费较亦轻减，商人不从漾贡运思销售，情殊难解。自香港到蒙运费每吨（一吨计二十二件，每件重七十五斤）约五十元，其外经过东京须完子口税银，由蒙到思之费每吨六十五元，计港至思之数一百一十五元必不可少。漾贡一路不纳子口税银，该货运到思城每吨仅八十五元至九十元，较香港已轻二十五元至三十元矣。滇省迤南缅甸一带马脚比诸省城蒙自各处贱已过半，因沿途俱无店栈，马户开野而宿，兼之各项米粮杂食价甚便宜，盘运之费亦由是大减。蒙自到省脚银每站二钱之谱，漾贡至思仅一钱而已。迤南商人概系自备马匹以运来望货物，运费之利该商皆自得之。每年商人大抵于十月十一月由内地贩运土货汇集思茅，复运出缅甸各处，该土货售完即购外洋杂货在缅甸就近地方周流贸易两三月久，更往漾贡购办各洋货运到本关进口，再往各内地销售，其回思之日定于四五月间，计其来往约有六七个月。各商于上年出口时本关尚未开办，及本年夏初到思看信社海关征收进口子口等税较厘甚轻，有言早知海关之利必多办洋货而来俟，来年夏间其言方可证也。

出口土货价值共关平银三万一千余两，到缅甸者共值二万四千余两，占出口一百分之七十七分，到越南有七千余两，一百分中仅二十三分。出口货物不止此数，因商人多运食盐出口销售，不到本关报明，是以莫能知之。且本地商人有运土货出口均报往大了口一带内地销售，大了口距思之西隔八站，离缅甸边地道路切近，该土货虽报往大了口，亦必有出缅销售作买棉花进口者。所运出之食盐系磨黑、石膏两井所煎，磨黑井在普洱府东一程，石膏井距思茅东北一程。食盐之价在思一两七八一担，运至猛艮四两五至五两一担，看出口货中斤两，惟铁类最多，条铁出口有八百五十余担，铁锅四百七十余担，铁器三百四十余担，钢二百二十余担，黄铜器七担。铁器即钉子、剪子、锄子、马掌等物，俱在思打造；铁条与钢一运缅甸则为制造机器之用，铁类大宗概从临安府之习峨县运来，闻离猛烈不远亦有产铁之处，只缘办理不善，所以未能多出，有商人由四川运来绸缎九担，黄白丝十九担，毡帽一千二百余顶，缎帽五百余顶，毡子二千一百余床，细篾帽六百余顶，草帽九千一百余顶，草帽圆形宽大约二尺许，缅甸暹罗民咸戴之，晴天可以蔽日，用绿油布套之，亦能御鱼，每顶价自二钱以至五钱，到缅可以倍之，锻造女领褂估值四百余两，思市之价六钱一件，到缅可获一两有余。

普洱茶报闻仅有六担，想出口者必不止此，因越南近滇居民惯用普茶，沿界小道甚多，商人未到分关报明，难于稽查。茶叶出产之区在易武、倚邦一带，离思东南七八日程，运往内地销售最极其繁，每年约有二万担过境。访闻由别道驮运不经思地者亦复不少，散茶运至思茅业茶号家，募集妇女检点精粗，女工赖此为计，不仅千人捡净之后，用男工蒸揉成饼，更用苟叶竹线捆扎为筒，载以竹篮，始运往各内地销售，茶入思市，散茶每担上纳落地税银七钱，圆茶上纳三钱五分，出内地时每担再完厘金一两二钱，运往滇省各处均不纳别项厘金，亦有地方茶到之时须完税银。西藏商人每年二三月及十月十一月来思采办，茶价每担七八两，去时完厘一两二钱，过丽江府又完税五钱，虽由思到藏边界距五十余站，道阻且长，而茶价每担可售十五六两，该商实获利益。别项土货出口数已无几，概不论及。

复出口洋货无。

3. 沿海贸易原出口之货无，复出口之货无，复进口之货无。

4. 内地税则。洋货入内地共值关平银十三万九千余两，进口一百分有九十分到内地，在思销售仅百分之十而已。本关年内所发子口税单一千五百七十八张，子口则以棉花、鹿茸为大宗，有一万五百余担，鹿茸四百九十余架。货到内地以云南、临安二府为最，云南府估价有四万余两，临安府三万三千余两，曲靖府一万七千余两，景东厅一万四千余两，澄江府一万三千余两，普洱、大理二府四千余两，贵州之普安六百余两，四川省叙州府六千余两，重庆府五百余两，成都府三百余两，湖南、湖北、江西三省各有一处到本关领子口税单。

土货出内地无。

5. 土药。洋药无。土药本年出口有六百三十斤，过猛烈、易武两分关，想出口必有多于此者，因越南人民吸食土药几于通国皆是，相近云南边地，其烟必购自云南，沿边僻道甚多，无术查禁，惟缅甸人民大约不用云土，因本地所产之土亦不少也。

光绪二十四年思茅口华洋贸易情形论略

窃查本口自光绪二十二年冬月开办两载，阅历贸易端倪已得略见。本年稍有进境，然标新局面总未一观，只以思茅口岸本非洋货汇聚之场，仅为边界小通之市，将来洋货不能畅行，与上年论中甚为符合。其本地商人由边运入之货，棉花而外则运茶叶。车里人民视茶最为切要，此茶运至思城，发销西藏及十八省地方。此等商人与缅甸大市声息不通，毫无干涉往来，可为奇怪。实因南近车里，地属瘴乡，汉人中每有运脚马户食力工人出入其地，无半生还。所有进口洋货从缅来者数甚寥寥，不过大理商人微带居奇而已。大理经商此道大半回民，看其于暹罗缅甸之地年往年来，稍无滞疑，或身躯壮健，瘴毒不侵，或饮食精谨，不受瘴气，是皆未得而知。闻该商言及海关，一关能领子口税票运货入内地销售，税轻利厚，后必多办洋货而来，迄今查较其数，两年亦无差等。推原其故，为思道较他途偏绕，是以办洋货者难望踊跃。滇南口岸洋货可通者惟蒙自，水路甚近，运货捷速，腾越虽离八募不远，八募即有火车轮船可达缅京，又通漾贡，便于华商装运，以故腾越贸易年胜一年，等诸蒙自甚易耳。兹缅甸修筑铁路直抵昆仑若，如是则洋货入滇又添

一口。思茅市井顿成淡然，有人欲建铁路至于康东，其地离思不远，造成之日可为洋货进口站头，于思贸易无甚大益，以就近地方土瘠民贫故也。今人喜谈铁路，竟忘修筑马路亦为要事，假从思筑一马路直抵康东，则车马往来畅行无滞，思之商情必渐有可观，地方或亦安靖。不然由缅甸官员从康东修筑马路接至思茅，尤为觉便捷，即商之中国政府，谅亦无不允从。思与缅音信梗阻，虽连边接壤，不啻咫尺天涯。思茅可为上自元江普洱，下至车里各属生意会归之境，以思居中测之，方隅计三百里，内仅有街场十二处，有四处较大，每处约居万人，其余则二三千人。高山深谷，星罗棋布，地稍平坦即开辟成坝，大者约六十里长，三十里宽，人民聚族而居。高平之坝汉人居之，低陷之坝摆夷居之，其窝泥、猓猓居于空山无林之处，此类极为穷困，皆种植杂粮以为生计。农工之利以种茶为首务，产茶之区可推猛海、倚邦、易武三处，计其出数年约四万担之多，此茶叶粗味苦，与印度茶等因制无良法，盘运维艰，且远隔海岸，是以不能出洋。近属多有盐井，盐矿他工，要皆从事盐务，养给家人。此项食盐出缅甸者最为繁盛。他郎有一金厂，年约计出千金，其密岭深山，人迹罕到。寻办各矿，闻其无人，五金之有无未能测度。既无五金别类之出产，更难期必地方景况，贫苦异常，洋货销场何能兴盛。山川物产已具论说，再及于民情风俗，似觉完备。车里地隶土司，一切法律与设流之处迥不相牟，常见逼应差徭，意外勒索，所以夷地人民喜归流官节制。宵小匪类满地如林，多系汉人之属，皆散处思城及四面村寨，盗牛窃马，视为寻常。但见华屋完衣，人必指为良善，岂知首恶之人若辈居多。凡大班驮马，随行马夫均带各种军器，如列队然，似此则劫夺之事可以少免。其小贩经营、田积庄稼不为劫夺者，才能几希如此。虽处太平之时欲推广贸易，人民富足尚嘎嘎乎，其难况各属土司偶有战事，过其地者每见村落焚毁，尽成丘墟。道旁青冢丛列，皆为马夫瘴故，即此二端可谓惨目矣。论滇省银与铜钱之流行及货价之涨跌，在思侦探难以尽情，本地商人意以为各处市面之银，尽足通往来贸易，至于铜钱则皆形短绌。云南出产土药极繁，民用易货，与用银相等。食盐在迤南边界功用亦同。省城有钱局一所，闻本年鼓铸铜钱约三万八千贯，计值银三万两，思茅之货，茶、花、食盐最为大宗，以目前之银价与十年、十五年前较，无大见其低昂，各项工艺价亦如之。在思茅每银一两可兑钱一千五百文之谱，访诸前时亦不甚相远耳。

1. 本关税课。共征收关平银八千七百八十七两，较上年多收银一千九百十七两，内有进口税四千六百四十一两，出口税一千三百九十二两，土药税五十两，子口半税二千七百四两，其中进口并子口俱有加增，惟土药减少。

2. 外洋贸易。进口洋货共值关平银二十二万六千余两，上年则有十五万四千余两。从缅甸来货十九万二千三百余两，占进口洋货以百分之八十五分，由越南来者价三万三千七百余两，一百分中仅十五分。越南之地近于思茅正东，东南较诸车里人民之穷、土地之荒尤有甚者。道路则崎岖难行，民俗则苟安怠惰，贸易一道视为漠然，商情因不畅旺，亦无洋货从此而来。进口之货可分为两类，第一类系近边地方所产，第二类从西国南洋而来。第二类货来者无多。洋布类进口原白色洋布共四百五十九匹，扣布一百二十七匹，洋布杂货类价值关平银二百六十二两，此货皆从英国而来，内惟有红洋布十六匹从瑞士国来。洋纱进口仅有二百斤，本地纺织人户恶用洋纱，即洋纱价廉，恐民仍喜用土纱耳。绒毛布类进口卒鲜，仅有呢六匹，洋毡八十三合，绒毛杂货类值银十六两，他货有洋伞五百三十二把，地毡值银四十三两，菩提子、小刀、烟丝、玻璃、镯、胰子等为数甚微，不能分论。南洋来者惟燕窝七十八斤，尚可论及。在思亦可买自来火、铜扣、镜子、洋碱、白铁盒之类，惟须购自香港，从蒙自旱道而来，以香港较诸漾贡，零星洋货漾贡已逊谢不逞。第一类货进口甚多，以棉花为第一大宗，已占进口货值十分之九，本年有一万六千担，上年则有一万一千余担。查云南内地不产棉花，概出自迤南近边一带，入路孔多，到思者为数无几。棱罗布系缅甸坝夷织造，进口有五千五百余匹，值银一千九百两，次以山货为最，嫩鹿茸四百六十八架，值银九千四百两，老鹿茸、鹿角三十九担，值银一千两，象牙十一担，值银三千两，象骨十九担，值银二百四十两，虎骨十七担，值银一千两，虎豹穿山甲皮值银三百两，其他则有槟榔、草果、翠毛、缅锣靛、药材等货甚零星，进口亦有限耳。

出口土货价值共关平银三万五千五百余两，到缅甸者值银二万八千二百余两，已占出口十分之八，到越南者有七千三百余两，十分之中仅有二分。出口货价值能抵进口六分之一，所以尚敷买货者运出食盐极为浩繁。此盐不来报关，无从稽查其数，据人言之年约一万二千余驮，闻由别道出口者数亦颇众。食盐驮至边界，每驮可兑换棉花一驮。商人带铁出口者闻亦有之。本关出口货物无可推为大宗，迤南地面所产皆未合与出口，铁路造成回头装载之货未识为何渠辈，传言斯路出缅之物牲畜等类亦甚为宜。出口货中斤两铁类最繁，条铁出口有六百九十余担，铁锅七百五十余担，铁器三百三十担，钢一百十余担，大锡六担，铜器估值银约一千二百两。大理商人运销缅甸暹罗之货大都服饰等物，篾帽、草帽值银三千八百余两，帽套值银三千九百余两，小帽值银四百三十余两，鞋子值银三百余两，粗细衣服值银六百五十两，皮衣服值银七百七十余两，川丝、川缎值银五千六百余两，杂货类烟丝银一千五百两，黄蜡三十九担，毡子值银一千七百余两，其余之窑货、纸料、糖果、赤糖、烟丝、莱朋丝、粉丝、核桃、药材等为数甚少，故不具论。茶叶有三十八担，运出越南经已报关，想出口之茶必有多余此者，但路途分歧难禁，该商之偷漏也。

复出口贸易无。

3. 沿海贸易无。

4. 内地税则。洋货入内地共值关平银十八万五千余两，洋货进口百分之中八十二分到内地，在思销售仅百分之十八分而已。本关年内所发子口税单计有一千七百八十七张，子口则以棉花、嫩鹿茸、象牙为大宗，棉花有一万三千七百余担，嫩鹿茸四百余架，象牙九百余斤。子口单内有数张报运甚远，往湖南、江西、直隶等处，其余之货多半报运本省各属。本关发出子口税单经过厘卡并无留难情事，谓内地税厘烦重有碍思茅商务者非也。

土货出内地无。

5. 土 药。洋药无。土药本年出口有二百五十斤，过猛烈、易武两分关出越南土药必有多多，惟偷漏甚众，无术禁之。近思各属亦有产土之区，但未能如滇之他府，实繁有徒，思地无论汉夷吸食广众，如以土药驱人于贫也。

光绪二十五年思茅口华洋贸易情形论略

窃查本口贸易情形，本年进出口各货共值关平银二十一万三千八百余两，上年二十六万以前七百余两。参观两年境况，以后贸易虽甚愿其畅旺，亦不能青眼以加。如是之说非所乐道，因未开关时人咸以思茅贸易为西南魁首心藏，心写无时或忘，细查三载情形，此念全消，疑惑之心由是生矣。然思在昔时之际未尝非兴盛之场，见之遗迹可作明证。闻说先六十载，凡诸物产荟萃于思，商人自缅甸、暹罗、南掌、服乘而来，皆以洋货、鹿茸、燕窝、棉花盘集市面，互换丝杂、铁器、草帽、食盐及金两等物，交易而退，无不各得其所，约算出口丝杂年有一千五百担，计值银三万两，其运出金数亦甚浩繁，无论晴雨时节，茂盛之局未尝少减，大抵滇人以瘴为畏途，缅甸各商不戒于此，故能四时如一。当火轮船只未开漾贡海面，香港未成东方大市以前，蒙腾两路无人梦想能及商贾云集之地，思亦可推。四川及滇之殷府所用洋货皆自此售出，抚今追昔，中国贸易情形皆有变迁。自滇回乱长江开港，市渐萌厥，后英踞阿瓦，四者相辅而来，思日困焉。回乱则全滇商情已如痿病，香港磐石之地不意竟成市廛，则广东之西江、越南之红江均为入滇水道，长江一辟口岸，则丝杂、草帽改运他途，缅甸地方安逸，则牵引商贾路出腾越新街，由是商务之微，遂有望尘莫及之势。回人意欲法古建立战

功，不胜则改业为商，运货以就民便。今思之地其无益乎，盖因孤立无援，四面通达甚隘，蒙腾他途洋货不一而足，可敷滇用，蒙自道通香港，腾越道通漾贡，思如老骥伏枥，不能起动。据目前观之，望贸易起色嘎嘎，其虽小有棉花，伊古以来皆取道于斯，即数十载后，亦必不改，食盐、茶叶与棉花同行此道，市井兴隆之态时亦有之，使能开一铁路，市可稍成大观，但铁路之开恐未必然，惟于地图中造铁路甚易耳。本关进出口数目未论及盐茶两项。普洱茶产于思之南服十二版纳地面，因隶普洱府治，即以命名，年约出三万担之谱，运思则过半焉，其在原山即造成筒者固多，而运出散茶募工捡造者亦复不少，皆发往各省销售，随处省分俱能购之，他处地方视此茶为药品，如浙江富室每于饭后烹饮，言可消除积食，此茶亦运出缅甸、南掌，其数难于稽查。磨黑、石膏两井产出食盐，离普非遥，此盐为思以南之隆勃喇邦，以西之潞江，中间大地所必需，此地内交易场中用银少有，用钱则无，惟以盐兑货最为时中。每冬令初交则见成群骡马络绎运出本关，欲知去数实出无法过此以往俟。缅甸各路大通，盐之一物必不能居以为奇。织染土布之业最为切要，织造局中所用经纬纱线概属自纺，概此数千家操女红者，无不能为染，行内多用靛青，木蓝之类未之有也。经商人户多系近五十年自石屏而来，此商与本地旧家同一尊重，人民极为清苦，目不识丁者不可胜计，且懒惰成癖，性情平和，无稽之言每多轻信，日久尚未知海关之设作何究竟，少有聪颖者出于其间，创言有西女入官，凡在戚西人予以佳位，此类言语皆敬信无疑，实因居近倮夷，好奇异事，胸中早有成见之故。如此习气，他省未必沾染，人不恒见之物，无论何项皆以为实，土人头目佩带以作护身之符，即言人身有宝，白刃不能伤，枪箭不能入，不信其实者欲以枪物试之，其人仍不许也。

1. 本关税课。本年共征关平银七千九百七十九两，较上年少征银八百九两，其中进口税少征七百十四两，子口税少征二百六十两，惟出口税多一百四十三两，土药出口税多二十三两。

2. 外洋贸易。进口洋货共值关平银十七万一千余两，较上年进口少五万四千余两，从缅甸来货十四万三千余两，占进口洋货一百分之八十三分，越南来者二万八千三百余两，一百分中仅十七分。本年进口之货仍推棉花为大宗，进口有一万二千四百余担，值银十三万八千九百余两，比上年少三千七百余担，棉花既少，一年情形即未见佳。闻人言上年棉花出产最为繁盛，而本关进口为数实少，因何如是，不能论出，推原其故，或为勘办界务，在边人广小本商贩恐生他事，当暮春月杪花价又跌，蒙自洋纱进口者众，号商知会众友将花囤积大了口及他处地方，待价高昂方为运动，不料此念竟为天气所阻，雨水较往岁早发，且日久未晴，途中泥滑潭深于行不利，所以上年之花半积他处，未运入思，如是则下年进口棉花可望异常增长，孰意又闻本年之花因霖雨过中，出产十分减色，商人闻此多业茶少运花，下年情节仍无把握耳。洋布类共值银八千五百余两，山货进口有嫩鹿茸五百九十四对，值银一万一千八百余两，老鹿茸鹿角二十八担，象牙值银四千四百三十余两，虎象骨四十担，虎豹皮七十张，犀角数斤，人言此物甚贵，以能识药毒于食物之中。洋杂货类惟豆蔻、翠毛、靛、洋伞等尚可论及。

出口土货价值四万二千四百余两，较上年多六千九百余两，缅甸售有八十一分，越南售十九分。方诸上两年数目无甚区别，看此光景，出口贸易甚绌，晓然易见。查商人运出之货年年如出一辙，茶叶本味又未洽西人之口，如牛肉干、毡子、瓷器、土布、铁器、窑货、黄丝、皮衣稍觉其多，铜器、毡帽、缎子、赤糖、茶、黄蜡、微见其少，前草帽出口胜于此时，式最美者莫如河南，此货现由长江入海运至漾贡，凡经过思茅所离不远即行售出，草帽售与坝夷，以为平常戴用。商人言轮船运费帽套首列，因此物易于招火，所以仍从旧路而来，出口草帽仅有一万一千七百八十五顶，帽套则有二万六千一百五个之多。其他出口货物为数甚少，故不论及。

3. 内地税则。洋货入内地共值关平银十五万一千余两，洋货进口百分之中有八十八分到内地，其货多半运往制造最繁之域，

如云南、澄江两府地方，运入川省有虎骨十六担，老鹿茸六担，嫩鹿茸三百三十架，亦有嫩鹿茸七架运去湖南，江西之抚州府地售出二十三架。

4. 土药。本年出口有三百六十四斤，去越南近思一带无人种植，猓黑山镇边厅及湄江西岸年约有二百担运来，以供思用，上年种烟之际，天气干燥异常，厥后阴雨连绵，思土药略少，为数虽少，供一万五千人吸用亦以为多，民间异俗，不但有吸食土药之癖，更有嚼食泥土之怪，每以白色土壤入诸其口，食之晏如，想其由来实因近夷而处，夷家传言有娠之妇食之可令儿白，华民染此恶习，视为固有，其食土儿白盖取以白土洗涤白布之意，而食黄土者间亦有之。

光绪二十六年思茅口华洋贸易情形论略

窃查本口贸易于去年论中曾见及不能畅旺之处，深惜竟能中肯，观进出口各货价，本年仅共值关平银十八万五千五百余两，去年则有二十一万三千八百余两。所少之故以棉花一宗进口无几，综两年而计，其数应大相悬远，不意进口少而货值昂，数目之间仍未大减，不必于他途究委穷源，已得见其梗概。自北氛不静，事变频闻，牵制各口贸易为之不振，于思茅市面尚无大碍。以本省滋事起衅会垣衅端之由，非为西人而启，实自法人开之。至传教西人闻风而去，未及旬日，几于尽出滇疆，于是全省情形大为震动，贸易停滞已非一日，后经住省商家首先创办货物，两三月中极形踊跃，暂停时日以盈补绌，仍属无亏。去岁天气不但无利于棉花，抑或且有坏夫茶产，业茶之商受累者不乏其人。本年禾造甚丰，可称上念，故虽事机杂出，亦不得目为凶年。仲夏之交，他即普洱各处米粮告匮，民食维艰，思茅闾阖之粟存储甚富，惜未兴遏粜之议，卒为邻境所困，不数日米价顿涨，自每斤二十五文竟涨至四十五文之多，忽焉又生灾异，骇人听闻，普洱偏出害稼之虫，肆食田畴之稻，惊惶景象莫可形容。幸思地官僚饥寒在抱，开仓平粜以济穷黎，民困始得稍苏，而普城早稻亦渐登场。普与思天时地利两有攸同，纳稼之期普先一月，迨思新谷登仓籍有庆，米价陡然跌落。亦如平时省城大吏发出长张告示晓谕居民，自九月初一日为始，食盐一担加抽价钱一千文以作团练经费，所练团丁用保边界。按每年抽数约得六十万两，足数团费，由兹核滇所出盐斤，了如指掌，合漏数而观，年约出百余万担。据思所加计之，百分中岁多四十分，滇中盐价各处甚廉，如此食盐之人亦不介意。深惜以购不利之械，附之未训之民，与委而弃之又何异焉。惟于极苦省分能寻此巨款，尤为可欣可贺。缘食盐加价致碍钱市，其情殊难索解。盖九月以前，银一两可兑钱一千五百文，至十月底仅兑一千三百文，推原其故，实元江他郎一带钱根窘迫，渔利商家将市井制钱暗昧运出，遂至不可收拾。然日用必须开门七事依然不急，平易无告，穷民苦楚异常。十二版纳为坝夷所居之地，近多悖逆争斗，致碍迤南地面人心难安。猛艮小商在昔之际来思贸易者实繁，有徒今则往来边界咸有戒心，以其不受宣慰勒索，恐遇途中贼匪，届冬令初交即有匪徒游弋其地故也。九龙江宣慰性情顽固，靡所不为，五月间普滕土司仅十余岁小孩遭其遣人杀害，又在整董地方大肆滋扰，更闻待时而动，将有事于猛遮。先于光绪二十二年猛遮叛乱，与宣慰交锋甚为得利，故有此想。看其苛虐萌乱，方诸猛艮自数年属英之后日进无疆，倡修大路二条，一则西抵潞江，一则北抵打洛，抢劫之习革除已尽，盗窃牲畜之辈利市全无，闻传欲新建铁路由阿瓦城东向跨潞江以达猛艮，事若能必，则思旧日大观当可复见，云南商埠中亦应推为首荐矣。

1. 本关税课。本年共收关平银六千七百六十七两，自开办至今未有如是之短者，较之开关时尚少一百三两，其中进口子口皆形短绌，惟土药上年收七十三两，本年则收三百四十三两。

2. 外洋贸易。进口洋货共值关平银十五万余两，较上年进口少二万一千余两，缅甸货十二万九千余两，占进口洋货一百分之八十六，越南货二万余两，仅一百分之十四分，棉花进口八千七百余担，最为奇少，惟去年先已论及本年之花大半运入内地，贩花入

口者不乐在思销售，此花价昂贵之所由来也。人言欲往蒙自采办洋纱以供思用，创此生意竟无其人，盖因思茅妇女专以纺纱捡茶为糊口工资，价最上之时，日莫过三五十文，假使洋纱一通，则操女红者一旦不易谋佣，查各房机式深堪配用洋纱，但织出布匹细密有余，未若土布之坚致牢实，惬于市好十一月初稍有新花自南运到，咸称本年花产颇裕，茶产亦然，来年秋成大有可庆升平。

出口土货价值共关平银三万五千三百余两，缅甸售货值银二万七千余两，占出口一百分之七十七分，其余均运到越南，以本年出口与他年相提并论，皆无大异，同食盐出口亦多，惟本关难稽其实，第论进出口价值之长短须看食盐出口多寡方能有凭。九十月间为出口兴隆之际，斯时也，各处回人束装就道分头贸易，至鱼水下地始行折回，必先议定去路，络绎开班，庶免彼此有碍，有行长江一带者，有由广西顺西江而行广州香港者，有出腾越过新街而抵缅甸者，出思茅之途数人而已，出口货物有黄铜器七担，值银三百八十五两，红铜器十三担，值银七百十八两，毡子二千一百九十七床，值银一千四百五十九两，土布三十二担，值银九百四十八两，草帽一万二千三百八十五顶，值银二千七百十五两，帽套一万二千四十五个，值银三千九百五十两，铁货类八百八十四担，值银四千四百四十八两，黄丝二十五担，值银六千五百十三两，皮衣六十九件，值银五百二十四两，普洱茶四十六担，值银四百六十两，烟丝四十担，值银一千五十二两，黄蜡二十五担，值银六百十九两，另有缎帽蔑帽草纸窑货粉丝核桃及零货等出口，亦有限耳。

3. 内地税则。本年共发子口税单一千五百五十三张，货共值关平银十四万四千四百余两，洋货进口百分之中有九十六分余运入内地，上年仅有八十八分，此数中棉花十一万一千六百余两，洋布类三千四百余两，嫩鹿茸一万三千三百余两，象牙五千九百余两，余一万两系别类进口货物，当年终之时，思茅市面无棉花堆积，马户之捷足先登者定能获利，棉花洋布类几于全数运往云南、临安、澄江三府销售，山货内大半运往四川，有嫩鹿茸三百九十九架，虎骨十六担，到贵州有嫩鹿茸二十三架，到湖南十架，甘肃二架，到江西三架。

4. 土药。土药本年出口有十三担，但系回人运出，此药产自云南内地，猛艮不能居奇，势必发往景昧方能销售，此次不过试办，若大得利后，必接踵而来，有说本年猓黑山土药收成颇佳，思茅所用土药皆自猓黑山运出也。

光绪二十七年思茅口华洋贸易情形论略

窃查本口贸易，据年初观之似有踊跃之情形，因视花茶二项以为准则，本年花茶产较上年质既佳美数亦繁多，茶产较之往年亦茂盛巨。意不良之事杂出其间，商情遂为所抑，虽然去岁之花存者寥寥，商人亦得居奇。茶叶产于思茅南服土司地面，种蓄湄江两岸，东南渐向法疆，西南渐临英界。此茶大半荟萃思茅，发销各省及西藏边界。棉花系界外购买运积思茅，在思亦量数售出以供织纺，其余转运省垣、大理，沿途分沽。本地织成之布，坊间染制颜色，仍发售内地各处。土人皆善自纺织，其布虽粗率而甚牢实，土人不遗余力制之以欲其用。棉花茶叶食盐三项皆以思为坐地，然后行销各处。自上年食盐加价有妨商卖，铜钱市短大系商家，所谓不良之事即此二端。良由产花茶之地食盐最适于用，甕售零沽皆以食盐交易。本年盐价既昂，钱市更短，商人运此二者出口交易，较往年已亏十分之三。其贩入花茶因亦较往年昂贵，在昔每银一两兑钱一千五百文，食盐加价后四五月间大为变动，竟跌至一千零八十文之多，不惟坐贾行商艰于措置，即寻常日用亦受窘迫。其落之如斯迅速，害于贸易实非浅鲜，初落时人尚漠然，至不可收拾，人始着眼究其原委。佥曰缘省局停铸制钱以至于此，谓食盐钱价遏抑本口贸易不能起色，抑或另有他故，盖霖雨为患，道路泥泞不利于行，伤残庄稼甚至人身疾痼，亦不为无关涉也。

1. 本关税课。本年共征关平银九千八两，自开关至今未有如此

之盛者，较上年多征银二千二百四十一两，各项税皆多，惟土药出口税较上年为少，较之前数年，仍可为多。

2. 外洋贸易。进口洋货共值关平银二十万九千三百八十一两，除光绪二十四年最盛外，本年亦可首列。他货虽形短绌，棉花实甚丰裕，以是成巨数价值，各色洋布进口甚少，非特少于上年，与历年参看亦均退缩不前。杂货惟鹿茸年多一年，本年则增至一万九千五百二十七两。鹿茸自缅甸贩运，盖遵陆路至售处得以自昂，其值若从水路运者不分缅越地道，值亦遂廉，人咸云越南之茸逊于缅甸，盖为此也。是皆运至会垣，既而转贩他省。本关进口货中以棉花为大宗，本年有一万二千九百八十五担，值银十六万九千九十一两，较上年多四千二百六十七担，缅甸来货十八万四千二十两，占进口百分之八十八分，越南来货二万五千三百六十一两，一百分中仅占十二分。人看贸易册中未论及之洋货，窃恐别存意见，以为本口销场此类不与，岂知册中所论仅省城大理商人从缅甸暹罗越南运来之货，尚有多类洋货原由香港运至蒙自完纳正税再完纳子口半税，领取凭单，指售思茅一带，与本口无涉，故未论及。

出口土货与上年无大区别，与历年亦大同小异，价值共关平银三万五千二百六十八两，稽每年所来马户客商几无一人更换，由云南大理二府带出之货经过本口发往缅甸暹罗马户头目皆自经商渠所购之毡子、黄丝、草帽、磁漆、黄蜡、土药等货，沿途变卖，到思则加买食盐、铁货、钢与原余之货同贩至产茶之区，互相交易，尚有余货，更添购茶叶往蛮得烈景昧各处销售。本关贸易册中茶叶出口之多，本年为第一次，悉从猛烈、易武两分关出口运往南掌，此茶名为普洱，实产思茅之南，更有由边界运出康东景昧莫罗冕蛮得烈等处者，数亦浩繁，但出口之界距思十四日程，本关不能详晰。其余之茶运至思城捡办精粗，成方或圆或团，揉成之后再发各处，分上中下等，待价而沽，为数几何，亦莫能察。由蒙自出口往越南者每年有二千担，本年去缅甸货值银二万二百四十七两，占出口以百分之五十五分，上年有二万七千一百五十五两，去越南货值银一万五千二十一两，占出口以百分之四十五分，上年有八千一百六十一两。

3. 内地税则。本年共发出子口税单一千九百三十五张，货共值银十八万一千三百六十七两，所发子口之单经过内地厘卡毫无阻滞，商人皆乐用之，进口货皆在思不适于用者，直运往内地行销，上年发出子口单一千五百五十三张，共值银十四万四千四百两。

4. 土药。土药本年有十四担，多系经过分关运出南掌，土药贸易不得以此数而遂藐之，盖边界土人其交易场中用土药者实繁，有从东西所产土药数目众多，悉供思用，此其中走私者必不鲜耳。

光绪二十八年思茅口华洋贸易情形论略

窃查本口一上年坝内花产歉收，贸易场中以花为先务，商情因缚束，马户因之跼蹐，难增利益，预料一年景象，实为不利，幸茶产甚丰，各商变通其计，舍此就彼，以得偿失，虽外洋贸易无源可开，而内地经管有利可享，马户亦然。一年之间仍称上念，上年册论制钱缺乏，措置不易，本年亦然，官府设法维持，运龙元为接济，即放饷完厘粮课均皆用之，惜乎小银圆一项来源无多，生意家用颇称便属，进口者有二端，一系亚洲所属缅甸陷落南掌越南各处所产之货，一系外洋各国从漾贡莫罗冕蛮得烈运来之货，出口直运海口之货，寂焉无闻，仅销于附近边壤而已。

1. 本关税课共征关平银六千八百二十五两。

2. 外洋贸易。进口洋货计值关平银是四万七千余两。

出口土货计值关平银三万六千余两，略胜于上年，不能胜于前数年，开办以来如出一辙，未见推广，此类土货无一运至大镇行销，不过在边界售于坝夷及小贩而已。小帽蔑帽鞋子衣服售与华人，出口数多，草帽售与坝夷，出数短少，川丝亦少四，头中缎子多，上年二百余斤，本年有九百余斤，铁条铁货出口甚少，铁出自刁峨，九月间有人设立煤铁公司在刁峨县境，照值百抽五例纳税，所运之铁经过别项厘卡皆不纳税，黄蜡较前数年出口增多，去南掌有普洱茶一百三十三担，亦多于前数年，缅甸前罗有此茶出售，暹罗北服邦角之地亦有之茶山在南方地面，往南之茶似甚浩繁，离思程途辽远，无术侦知。茶至思改运北行销内地，本年茶数繁多，售卖亦易，古宗人来思办茶最为大宗，此乃内地贸易也，本关概不与闻。食盐买卖极为兴隆，更有新开盐井运盐出坝交易花茶者不知凡几，其数甚巨，与本关无涉，不能实指其数也。

3. 内地税则。滇之西南所用棉花皆从本口进口，年头欠佳，子口贸易亦因之顿减，进口值十四万七千余两，内有十三万五千余两领子口税单，其间云南十二万三千余两，去四川一万余两，其余去贵州、湖南、江西，去四川者鹿茸居多。

4. 土药本年出口有四百五十四斤，过猛烈、易武两分关，运往南掌。猓黑山所出土药本年甚佳，从道地运出缅甸，不报本关者亦不少，年终时土药贸易极为畅旺，实则四川来源不裕，迤东地面不安，土药稀少之故。运土药马户颇得利益，本年小商如蜂而至，带货及银入产土药地方售完货后采办四五十斤，绕道而行，偷渡关津，往迤东发卖，得利甚可观。

光绪二十九年思茅口华洋贸易情形论略

窃查本口贸易情形，本年进出口各货共值关平银二十万四千七百余两，较去年为所，所以多者不仅于货数见之，亦因花价腾贵所致，而商务大局仍无起色，据年初观之市面存花既少，内地所储亦无，业花者以为当务之急咸或加价购买，意马户必源源入坝，络绎不绝，获利情形不卜可知，然虽如此，设想竟不能必，盖以自省城、蒙自及红江一带需马孔殷，迤东又有边乱，厥后西北之地忽报风鹤之警，封马驮运军械实繁，有从未来者裹足不前，已至者潜谋遁去，且年初马脚即不敷运用，脚费高昂，延至雨水发时，又当停止至西十一月间方能开行，而年初所到棉花悉运入内地，本地所需大有不足织布之家胥受其困，运布之户亦逢其厄，其间若无此不良，本年贸易亦可兴隆，年终之时征有棉花到思，织业稍见兴起，雨季有人以牛运到之花均沾利益，本口内外约可销花一万五千担，本年仅来九千余担，棉花为大宗贸易，进口价十六万中棉花占十三万两，是以进口贸易内地商情及海关税项无不着眼于花，花一佳则各项皆佳矣。去年贸易减色因花所致，今年马脚甚少，商人不能畅所欲为，幸业茶获利，得失相兼，商务仍称中念。本口大商惟从事花茶二项，茶于此数年来生意小畅，贸易册中不多论及，此茶系由易武、倚邦著名茶山出分关而运销越南，本年出口约有三百担之谱，然普茶出口亦多大都由蒙自运出，不经本口，是以册中所论只零数而已。思之茶虽亦名普洱茶，确系湄江以西运来，相距六七日至十日路程不等，易武、倚邦之茶皆在本山自行制造，与思无涉，由湄江运来之茶均思商经营，此茶种植年广，所产之数较山茶尤多，虽无嘉名而销路亦无阻碍，江外或坝或山，各种夷人皆用心培植，郑重其事，当采取之余倏干，每五日下山沽与汉人，贩至本口，商家购入选择精粗者，蒸之揉之，又从而压之，然后盛以竹篮，运出省城，更售他处，至运往蒙自出口者间亦有之，粗者造成团，售与古宗，本年销口甚利，所来之马夫大班者较往年众多，年终时聚积一班，计马二千余匹，从未见此。出茶处价值每担自五两以至六两，思市之价细茶十八两至二十四两，粗茶八两至十二两，茶属内地贸易海关不与综论，贸易情形不能不言及之。有人将茶发至通海互换洋货，此货系从蒙自领子口单而来，较缅甸来者尤多，最苦之境为钱根紧迫一事，历年论之，至今未见其涨，反见其落，民生日用咸有戒心，坏事实非浅鲜，思平纹银每两合关平九钱七分一厘八毫一丝七忽，目前只可兑钱九百文至九百五十文，四年前可兑一千五百文之多，官场运到湖北龙元仍难补救，恐小龙元甚少，不敷运用耳。财用一节甚难索解，姑无论龙元法洋卢比兑换无一定之规。

1. 本关税课共收关平银六千七百三十两，较去年少收银一百九十四两。

2. 外洋贸易。进口洋货价值关平银十六万八千九百四十二两，较

去年多银二万一千七百九十四两，进口价如此加增即前所谓棉花价昂之故，后缅甸来货十三万三千七百余两，占进口百分之七十九分，暹罗货五千六百余两，仅占百分之三，南掌越南之货二万九千五百余两，一百分中占十八分。本口与南掌贸易渐渐起色，有马户常进南掌至镇市采办棉花山货，南掌亦有来思售卖嫩鹿茸、肉桂者，迤南棉花大都自缅甸而来，去年花产大佳，成色亦美，且价值适中，至本年春运思者即此，进口九千四百九十担，中缅甸有八千三百七十五担，南掌有一千一百十五担，嫩鹿茸亦为大宗，本年值银一万四千五百六十五两，去年则一万三千二百五十七两，洋布类大为减色，缘缅甸暹罗布价高翔，商人亦为牵制，常用棉毛货类由莫罗冕蛮得烈来者不敌红江所来之多，因二处途程须两月方能到思，正本之外，更须加以重费，盘运之艰可以想见。棉货进口本年值银二千四百四十两，去年四千五百五十七两，虽至多至年从无过六千两者。

出口土货每年价值不稍差易，此数年中最少有三万一千余两，最多有四万二千余两，本年三万五千余两，到缅甸者一万三千余两，占出口一百分之三十七分，到暹罗八千七百余两，占百分之二十四分，到南掌一万三千九百余两，一百分则占三十九分。出口货年往年来，大同小异，其价亦然，固无新奇之物，亦无滋长之品，床毡盖毡本年较多，有三千四百余两，大理府与河南草吗前甚切要，今已式微，本年有一千一百余顶，前数年有二三万顶。习峨来之各样铁货少有加增，四川来之黄白丝日少，缎子尚称平稳，四川大理之黄腊近成奇货，前六年有二十六担，年增一年，至本年有一百七担。

3. 内地税则。进口货几于全数请领子口税单，运入内地，此项税单商人亦甚乐用，进口价十六万八千余两，有十六万三千余两入内地，销云南十五万两，四川一万两，此一万中山货为多，嫩鹿茸已占七千两。

4. 土药。出口有一百五十斤，此项贸易多在猓黑山一带，经纪每有汉人进山，以零杂货兑换土药，而用食盐者尤多，每年皆有马数班，系湖南人经理，采办土药亦有湖南贵州小贩入山购买者，其来往须四月行程。

光绪三十年思茅口华洋贸易情形论略

窃查本口贸易情形，本年进出口各货价值与上年较有长进，多银六万二千二百十六两，本年共估价关平银二十六万六千九百余两，自开关以迄于今，未有如此之多者。人看货价如此，以为贸易中之运动必有佳境，断不能以退缩不前目之，及查阅税项仅多于上年八百余两，初愿之奢竟不能偿，盖因大宗货物首推棉花，全年之中花价悉未少贬，光绪二十七二十八二十九三年之花其价每担只售十四两十五两十八两之谱，至本年则（上万下足）庄所售已十九两，零折之数每斤二百至二百一十文，本年贸易之疲滞，亦由上年天气之失和，此其间有数故焉。一为寒热最重之症，名曰瘟病，非痒子病，流行坝中，年少服力者伤亡甚众，作苦工人自形缺乏，又当五六月间，雨水衍期，作未雨绸缪之计，或修葺坍塌或疏通沟渠，无暇勤劳花事，至七八九三月阴雨连年，累及花产出数已形其短绌，成色未见其鲜明。据商人所言，收成仅十分之四五而已，内地之花为数浩繁，频年无少增减，本地商人观此情形，恐无以济内地之需，咸往花山搜寻采办，几至铢两无遗，犹复从速起运，第一结期内未运至思者寥寥，待价之花存蓄有限，购花之贾接踵而来，其源头价已非轻，市面之中因而高涨，风闻本年之花较有起色，缘种植之家悉心经理，推广已将过半，花价之美恶仍无差等，商人仅操花业，其间无太息悔恨之事有余，号商兼业茶叶，本年行情极形困态，是上年过于兴旺，别镇购办甚众，采摘民户知务得贪多，变本加厉摧折，茶树小受伤残，洵时六七月之久，发荣滋长未能畅茂，出茶约少六千担之谱，各山所产系销滇省及邻近地方，年初贩销越南香港者已难观止，盖越南国家新议税则，每筒茶约抽洋一元，每担三十筒，直抽三十元之多，滇商底本虽廉，皮费甚巨，不能不求善价而沽，其与越商贸易虽以为敌，（上万下足）积省城之茶尚称富有，即川省旧日购存亦绰绰有余，以故茶庄生意窃谢不逞，普洱普黑茶行销越南南掌，与本关略有交涉，惟本年经过猛烈易武两分关出口者微乎其微。土药一项出数仍未见多，以上年猓黑山境遭烽烟之变，人民凋敝，田野就荒，树艺土药未能全尽其功，生机阻滞，出口渺然，迤南地面嗜烟之人十之六七，不嗜者仅十之三四，所出几于全行销去，有时每百两价值二十六七两，厥后渐下至二十一二两，比前数年之十九两二十两仍高，一年自始至终皆属平平，传闻黔粤有故道，途艰阻，每年运土商人咸有戒心，省城存储土药约有三百余担，每百价十五六两，尚无人接受，四乡瘟病流行，农家染疫而毙者颇众，未治之田约有十分之四，庄稼收成亦欠丰穰，思茅田畴如此，其大郊原如此，其宏岁产稻粮尚不足供本地之食，须由普滕移粟十分之四，方免缺如，由普洱移运时亦有之，四民之性莫不好逸恶劳，平居不求丰美，但期家给人足，愿望已足不复谋及他务矣，年终时银价稍涨，思一两可兑钱一千一百至一千一百七十文，年头只可兑九百五十文，人言普洱磨黑钱根松散，有运钱到思者，又言茶数稀少，拣工费用可以省出，各号需钱有时，所以流通市面不至拮据也。

1. 本关税课共征关平银七千五百七十一两，比上年多收银八百四十一两。

2. 外洋贸易。进口洋货估值关平银二十二万一千七百五十三两，比上年多五万二千八百十一两，所多之数半系棉花半系各色棉货、棉毛货及杂货之属，棉货棉花货杂货系多罗呢、梭罗布、洋布、床毡、象牙等类，如嫩鹿茸则可与棉花相提并论，贸易可通之地有三，曰缅甸、曰暹罗、曰南掌，缅甸货十四万六千八百三十二两，南掌五万三千三百七十四两，暹罗二万一千五百四十七两，占估价二十二万一千七百余两之中，除棉花十七万五千一百二十九两，嫩鹿茸一万三千九百四十七两，二共十八万九千七十六两，而外仅有三万二千六百七十七两，系他类货物。燕窝又见复来，有二千二百九十四两，象牙八千四百三十三两，比上年继长增高，其他如虎皮豹皮鹿角筋亦有长进，英国洋布比上年多估价三千二十四两，洋布类毛货类来者卒鲜，欧洲日本之货难以运到，原有数类货物系请领子口税票来从蒙自者，此类货本关不能计算，所论者系滇省回民运来之货，每当秋令之余，定期起马结众而行，随带各种土货沿途安排得当，而售货者有之，兑货而经营者亦有之，及至缅甸暹罗南掌，而后俟夏季令交，乃携各色洋货药料，始行折回，山川迢远，道路孔长，约计之须六十日程，又当雨水淋漓，天气阴湿，窃恐多带货易于腐坏，更有该处商人道出腾越，东京较与此便，其货同，其价轻，此道商人必不能与之抗衡也。

出口土货共估值关平银四万五千二百三十两，自光绪二十二年开办以来，至于今日，从未有如此之多者，稽查历年之货，出口往缅甸暹罗南掌皆系缎帽地毡盖毡草帽蔑帽帽套各样铁货靴子鞋子生丝绸缎皮衣服等类，南掌贸易至今已年盛一年，本年值银一万九千三百七十二两，占出口贸易中百分之四十分，南掌地方在昔之年每与暹罗构兵，生灵涂炭，南掌之民有被移于暹罗者，人民离散，户口凋零，至近数年来，法国持危扶倾，相助为理，不畏强御势，将振兴城乡市镇之间，陆续团聚，除瓦石建房屋，旧日局面渐渐可以恢复，是将来贸易必有可观者矣。

复出口洋货无。

沿海贸易无。

3.内地税则。年共发子口单一千七百五张，货物估价二十万四千八百三十四两，占进口一百分之八十六分，上年仅十六万三千五百九十三两，本年之数棉花占十五万五千二百六十九两，嫩鹿茸一万三千九百八十九两，象牙九千六百二十两，梭罗布一千三百七十一两，燕窝二千三百二两，思茅昔年本繁华之地，自经回匪乱后渐就衰微，以今日而论，只可称通商子口，往来过道，不能视为商务兴盛之场，因本口销货极其微末，一切悉运入内地，洋布类棉毛货类及杂货内有棉花象牙均在本省出售，山货去四川者甚多，运子口货

往江苏湖南江西湖北诸省今已式微。

4. 土药。出口运往南掌有一千七百斤，开关以来惟光绪二十六年可以并驾齐驱，西边所出土药有五百担，出口仅十七担，为数已微，云南土药别省甚为珍重，本省需用者亦不菲，此项贸易可以为内地商务，若边界则歧路甚多，绕越出口亦无法禁止耳。

光绪三十一年思茅口华洋贸易情形论略

窃查本口贸易情形，思茅一口地本僻壤，弗居繁盛之场，重隔泰西，不通沿江口岸，山峰高峻，道路崎岖，商务之所以裹足不前者，实由于此然，虽有边地之名，而与英属缅甸接壤须十四五程，法界猛乌相通亦五六日路，滇省西南隅土产以茶与土药为大宗，由夷地运入，时视为土货，只完纳厘金，茶则加完府税，海关不能干涉，惟棉花一项多由界外而来，运入者悉照洋货例运到本关上纳税银，闻由西方小径绕越偷漏，亦属难免，盖枝路甚多，侦查诚非易易，其与蒙关局势迥不相同，蒙自仅红河一道为往来所必经，逻巡之计不致散漫难稽，思茅本年贸易寻常者，固不足论，可言者亦只中念而已。进出口货物共值关平银二十四万六千八百四十八两，较上年绌银二万两，较前年亦赢四万两之多，体察减色之故，非懋迁之不畅，实事故之丛生，诚意料所不及，去秋淫雨流行，花苗腐坏，棉花进口虽极称首要，而为数寥寥如之，向溯年初商局殊不客观，春季所收各税较上年同季少收银六百余两，迨至年终又值封禁马匹二月之久，凡进思驼马胥被磨黑盐局拦截阻禁，驮运官盐，斯时本口商家彷徨无措，虽得聆内地花茶可以居为奇货，然亦难乘美遇，徒劳梦想而已，厥后本关税司设法阻扰，始息封马之事，商人为权宜之计，暂用牛脚以代马运，惟牛行缓，原非满意之谋，倚邦、易武一带茶造颇佳，缘马一节被封掣肘，业此者苦无运脚，不能畅所欲为，普茶运往香港取道东京，自法员议加税银，其数陡然短绌，销售西藏之货仍推茶为首，藏商每到必厚携资本货物以作购茶之费，本年维西经乱，到者卒鲜，猓黑山所产土药收成丰裕，可称大有之年，以故价值涌退，合全年核算自十四两以至二十余两不等，价所以贱，实省城销路狭隘所致，闻开化等处亦获丰收，品质且更佳美，是岁庄稼下忙歉收，自仲夏至于秋季，大雨连绵，近思低洼田亩尽被淹没，黎稷稻粮深受亏损，民食难望有秋，幸未臻饥馑之患，银根纱布终岁泰然，不过春末夏初稍见弱象，每思平银一两兑换钱一千零四十文，关平银一两则兑一千零七十文之谱。

1. 本关税课，本年征收各税共关平银七千三百三十八两，比上年少收银二百三十三两，方之前年则多六百八两。

2. 外洋贸易。进口洋货共值关平银二十万五千一百六十八两，缅甸占十二万一千八百八十六两，越南南掌占五万八千二百三十五两，暹罗占二万五千四十七两，进口货价较上年之数少一万六千五百八十五两，其减色之故，实在棉花，此货共短一千三百八担，值银三万四百十九两，幸则别货亦有加增，稍资弥补，最奇者嫩鹿茸一项，数目则少二十二架，价竟增至二千三百五十九两，闻鹿茸有卫生之功用，为补益之良药，是以日见高昂。剪绒上年有一百八码，今年增至六百六十六码，马尾缎亦由五十二匹增至二百二十一匹，洋伞加至六百九十八把。

出口土货共值关平银四万一千六百八十两，销缅甸二万二千一百七十三两，占百分中之五十三分，越南南掌一万三千六百八十三两，占百分之三十三分，暹罗五千八百二十四两，百分之中占十四分，出口价虽较上年绌三千五百五十两，较前年约赢六千两，出口有地毡草帽蔑帽熟铁等项尚称大宗，均有绌无赢，出口所以难期腾达，更有甚于此者，回商往来缅甸年只一次，加以前文所论磨井禁马风潮，迂道而来者有之，畏缩不前者亦有之。

3. 内地税则。货物共值关平银十八万九千二十两，占进口货百分之九十分，杂货尽销云南，山货多运四川等处。

4. 土药。出口共收税银五百十七两，开关以来推是年为巨擘，去缅甸有十担，去暹罗有九担，去越南南掌有七担。

光绪三十二年思茅口华洋贸易情形论略

窃查本口贸易情形，终岁甚为寂寞，由此观之，昔时期望商务日后或可振兴如梦中幻想，其说似不足恃，进出口各货共值关平银二十二万六千八十二两，较诸山年则短二万两有奇，以上年与前年较，所短之数亦相去无多，是年货值少去年之数不过百分之八，若非货价增高，所短断不止此，春间棉花进口有限，及秋云南府与大理等回商又裹足不前，有此二端，本口终年贸易因之大为减色，棉花一项素称入口大宗，春季短绌之故，缘上年淫雨过多，以致花造不念，历年秋季税银之丰歉视乎回商之众寡，今回商退缩，盖因市面银根紧迫，本处商人无能称贷，往缅地之回商恒依傍贷款，以经管本年颇形拮据，而大理景东一带脚费又昂，回客有贪其厚利，牵引赴彼者，土商亦因运脚昂贵储货待时，与加脚增价较为得计，俟将来脚价平易，方行转运，当雨水之际更为关心，一年之中有数月之久，生意疲滞，由五月以至八月，道路不通，碍于商旅，山涧小溪忽焉而势如江河，桥梁每为冲塌，行客苦楚万状，若不厉褐而涉，则须俟其水退乃可遄行，惟是年雨水较少，总而言之，开关之始一切预料，谓思茅埠头可为漾贡阿瓦之一屯货要地，价可贱于东京蒙自开者，斯言难以为凭，凡货由缅至思共须四十余日，运费即不菲矣，再运省城又加十八日路，而沿途一带地低瘴盛，马户置身险阻，且多跋涉之劳，程途遂远，山径崎岖，货物不无损渍，如利厚货品屡经潮湿碰擦，尤易毁败，地属遐荒，间多崇山峻岭，欲其为滇省繁盛之区，诚不易易。以蒙自而论，其地毗连东京孔道，较盛本口一筹，就腾越而观，其新街相邻咫尺，便于转运，思茅则无此等天然形势，意外便捷，相去缅城道阻且长，以愚情揣夺，十年之后其情形仍无异于今，只可作边城之地区区一小镇耳。

1. 本关税课共收关平银五千九百六十两，较上年约少银一千四百两。

2. 外洋贸易。进口洋货共值关平银十九万五千二百七十两，比上年短九千八百九十八两，货中之最减色者首推棉花一项，少上年二千七百三十二担，其价终年溢涨，每担值银自十八两至二十两之谱，洋布类中原洋布增数甚多，上年有二十九匹，本年则有一千一百八十四匹。

出口土货共值关平银三万八百十二两，缅甸占一万九千一百七十一两，即百分中之六十三分，越南占一万一千一百两，百分之中即三十六分，暹罗占五百四十一两，仅有百分之一。出口大宗货物均有减色，至货值较之上年短银一万两有奇，草帽向归省客贩运，取道思茅，畅销缅地，今似舍此道而不由，自光绪二十四年其数由一万二千顶递减至三百二十五顶，油帽套一项亦接踵短绝。

3. 内地税则洋货入内地共值关平银十六万七千二两，占进口百分之八十五分，共给子口单一千四百五十八张，货之运销本省居其大半，蜀省次之。

4. 土药出口五担，赴缅甸一担，往越南四担。

光绪三十三年思茅口华洋贸易情形论略

窃查本口贸易情形稍有进境，然无特别现象以供记述。货物之往来思茅正关及猛烈、易武两分关共值关平银二十六万五千四百六十七两，较上年多增百分中之十五分，自夏入秋，雨水淋沥，涂泥碍道，障蔽一空，且林木丛生，途为之梗，往来骡马其困苦难以形容，幸春初以及孟夏大宗棉花进口异常浩繁，价亦因之骤落，周年每担不过自十三两至十四两之谱，夷考兴盛之原，实坝中产花颇庶，故得源源而来，据商家传言，是年进口花数虽多价亦便宜，而获利仍居微弱，缘所领票运入内地者均无善价，脚费又极昂贵，买主亦难增值，此其不能获利之因也。今之棉花非若在昔之际可以居奇，其与蒙自进口之印度棉纱又不能战胜，盖纱已成线，论工则较省一筹，迨年底商务疲滞，实磨黑老街孔雀屏等处悬贴告示，禁商人囤积棉花情形甚为牵制，后商人据情禀省听候批示，时届孟冬，生意尤窒，有三点会匪秘密运动，其初未经觉查，继而谣传有扑城之势，地方官邀各西人进署，便于保卫，第恐如斯举动牵动群疑，另生枝

节，反疑治安，是以不果于行，厥后请兵到关加意保护，未几处决匪党数人，地方渐安堵如恒不遇，匪首数人在逃而已。洋货从边界入口者即在本关完纳进口税项，旋纳子口税领票运入内地者实居大半，此等子口票所经本省厘金局卡，只取验票费数文，立即放行，毫无阻滞，此费商人亦乐于输将，凡洋货若无子口税票而运入内地，一经遇第一厘卡，即令照纳厘金，只可运销本省境内，票期限以百日为满，若洋货在本关界内向不纳厘，但界外各厘卡查有未领子口票之洋货，即行抽收。货物由缅甸及各边地而来者约须十五日路程，取九龙江大道直抵思茅，可免经过厘卡。闻间有绕越西路而北上威远景东大理等处者，其数想不甚巨，亦不畅销，沿途一带山峰林立，烟户寂寥，且北方又有腾越进口之花相为抵制，其质之佳非此路之花所可比伦，凡绕西路者苟无新开子口税票，则须在威远第一卡纳厘，而本关税则极为轻省，合进子口两项而加并之，尚不逮厘金之巨，如棉花系本关入口大宗，按税则每担纳银三钱五分，本关减收三成，则每担只纳二钱四分五厘，又加子口半税一钱七分五厘，共不过四钱二分，其厘局则例，每担则纳五钱九分之多，本口贸易设非得子口票之便利，进口货物自不能如今日之盛，势所必然。总之由缅入口洋货如不能设法整顿，使与蒙自运入之香港货便宜相等，扩充之日恐难希冀。蒙自腾越所处之程度极适其宜，盘费之轻便胜思奚止倍蓰（五倍之意），即将来局面亦可常居优点，作领袖于思茅，思本极边之地，藐小市廛（chán），恐难期振作耳，其洋货入口亦甚微，未闻缅甸边界商务日形兴旺，土地渐次又安而又无失窃之虞，所以康东商务蒸蒸日上，即在孟连亦可购洋货多种，此地与康东、瓦城气息相通，货物因之流畅，迤南一隅非开矿厂兴牧场万难期其富庶，自光绪二十而年开关迄今，推广商务之说已成话柄，恻以鄙意，则除道之举尤为当务之急，此道应由思茅直达康东，约计七百五十里有奇，尤须坚致牢固耐久，雨水乃不致冲塌，若华英政府通力合作有三利焉，一则可裕国课，再则滋益商贾，三则于行旅往来便捷良多矣。

1. 本关税课共征关平银七千四百二十七两，较上年增多一千四百六十六两。

2. 外洋贸易，进口洋货共值关平银二十一万二千七十五两，缅甸占十四万九千五百三两，越南占四万四千九百四两，暹罗占一万七千六百六十八两。

出口土货共值关平银五万三千三百九十二两，缅甸占百分中之七十二分，越南占二十六分，暹罗占二分，年底出口紫梗为数甚巨，值关平银一万二千四百三十四两，此货多往缅甸销场甚广。

3. 内地税则洋货领票入内地者共值关平银十七万一千五百一两，占进口百分之八十一分。

4. 土药出口越南共计三担。

光绪三十四年思茅口华洋贸易情形论略

窃查本口贸易情形，本年进口货物共估关平银十八万一千七百八十七两，较上年计绌关平银八万三千六百八十两，历年货值为有如斯减色者，然其故因水旱衍期，棉花似全遭不幸，缅甸越南等处异常歉收，盖由播种之时夏日可畏，及将成熟之际淫雨为灾，以故产数短额，仅得上年之半而独业花商贾反觉遂心，因运入内地之花较光绪三十三年运费相宜，有利可图，而本地囤积发售每担花价值由关平十三两骤涨至关平十五两，花数愈少花价愈高，此进口所以寥寥也，去岁年底至今年春间因三点会事人心颇觉不安，会匪旋平，刚安枕席，又生惊恐，陡闻革命党侵入云南河口，所出伪示抄传各属，而一旦之间，思茅南城亦贴有广告一张，内云该匪能占有此地关税厘金定行废除，显是本地奸细所为，思茅厅一得河口信息，即出示云本省政府业已设法严行剿办，以安众心，又发紧要严谕，饬滇越沿边各土司竭力侦查用心抵拒，以防混入南防一带。至禁烟一事，本口极为认真，自奉制军札谕后，思茅厅龙委派一武员管理禁烟事务，细造吸烟册薄，挨户清登，男人吸烟者查有五百二十九人，女人吸烟者查有八十三名，综而计之男成丁吸烟者

仅值百分中之二十六分，女出阁吸烟者仅值百分中之四分，均饬令每星期往禁烟局一次，授以药方，加以医治，年底不戒断罚办，并施且又严谕青商土栈存土，限年前销清，是以吸烟人中由己身自知其害，竭力竭脱者有九十分，脱离苦海，其照常偷吸系年衰代病仅百分中之十分耳，不久蓄积一空，可以不惩自戒，故禁烟局中收缴烟枪计六百余支，充公焚毁，办理周密，足征效果，况又水田山地禁绝种烟，秋季登场改植豆麦，私下种烟田地归公，吗啡嗜好幸而思地尚无，由此观之，本口鸦片烟之积习永无遗种矣。独是银根奇紧较异常，寻常上半年每银一两兑铜钱一千三百十五文，下半年涨至一千五百七十五文，揆其增涨之由，实因禁烟所至，富商大贾每揣资本以买土药，今已实行禁止，而商旅（上万下足）银因而阻滞。

1. 本关税课共征关平银五千八百四十六两，自光绪二十三年开关至今，未有如是短少者，较上年少收关平银一千五百八十两，实因进口棉花短绌，进口既少子口半税亦即无多。

2. 外洋贸易。进口洋货共估关平银十三万八千九百二十二两，其中缅甸占九万五千九百三十七两，越南占四万二千九百五两，暹罗占八十两。查棉花乃本关进口货之大宗，其进口数目比上年短少四千担，其原故已详言之矣，各色洋布皆有加增，惟绒布反觉减少，嫩鹿茸进口值关平银一万六千四百六十八两，查洋纱进口计光绪三十三年曾有一百担从缅甸运入口，至是年不复再见进口洋纱，可知此项新贸易不甚为思茅纺织家所欢迎，其故或因本处妇女多赖自行纺线以资糊口。

土货出口往外洋共值关平银四万二千八百六十五两，缅甸二万六千五百十三两，越南占一万五千二百五十一两，暹罗占一千一百一两，其中毡子一千七百六十余床，土布一百余担，铁锅九百六十余担，铁条五百五十余担，鞋靴三百三十余双，赤糖一百余担，黄烟一百三十余担，粉丝三百六十余担，核桃一百七十担，黄蜡一百二十余担。

3. 内地税则。洋货入内地共值关平银十二万八千八百四十二两，占进口百分中之九十三分，所领之票甚至有运往兰州及北京等处，但其中运入云南省常居多数。

4. 土药。出口共计五担，全往越南。

宣统元年思茅口华洋贸易情形论略

窃查本口贸易情形，盖因天时不佳，故康东猛悻等处凡产棉之区又成为第二年歉收景象，犹幸本地行商预料思茅左近必需大宗棉花，始济全年销数，故先期遣发大帮行商前往产花之康东猛悻一带照市购买新花，截至三月底止计运入口者共有五千二百担，内有四千二百担即时填取子口票，运入内地之蒙化厅、楚雄府、镇南州及云南县等市面销售，余则留作本地零销，迨至二结内入口棉花共有二千八百担，加思茅旧存二百担，全数运入内地，至使本处供给原应增多者反为减少，所以花价从秋季而后以迄年底，每担棉花由关平银十七两一担，骤涨至关平银二十两一担，据棉商云，本年棉花生意其获利之厚可称满意，惟本口织艺一途因禁烟之故，受害颇深，往年本地所织之布约有四万匹，其另从新兴州、河西县、云南府所织运入思茅者亦在五百驮左右，均售于思茅市面，除本口销售外，实有一大半运往猓黑一带，与土人兑烟，因土人素以种烟为业，衣食所资端赖烟土，烟土既禁，衣食艰难，往年添买五件者，本年仅能添买二件，而业布商人亦以无烟可兑无利可图，以致上年十分生意中做不及五分，是以本年之本地布仅销二万件左右，新兴各处等布仅销二百余驮左右，其有茶叶生意，据茶商所言，以猛海茶为大宗，自上半年土司叔侄肇祸，殃及商人，凡业茶者均失六个月之利益，而自下半年六个月内，刑律无惊，由猛海运出之茶均称得利，结算全年生意不但挽回上半年所失之数，且微悻沾其微利，至食盐行销坝内者常系用以交换茶叶与棉花，是年提举司新设一远期销售之法，往年仅销一万担，而本年已畅销一万四千担之多，禁烟之举地方官仍照常认真，必禁除鸦片之害而后已，每每不定时刻抽查商民住户，禁止私吸，去年注册之六百一十二名吸烟者，现不过有七十名沉迷不醒，其偷运鸦片烟者亦曾捕获数斤，在本地街市当众焚毁，然亦有暗地偷入地方官无从稽查。闻每两土药往年值银一钱五分者，今年值银五钱，至于种植罂粟，查本地及邻封州郡已全数禁绝，今岁银价高涨，由商号周转不灵，系缺少现银所致，从前远商购买土药揣带资本现银到处流通，今既无此项商业，故关平银一两旧兑铜钱一千五百七十五文，今竟涨至一千九百五十五文，实为开关以来不习见之增涨也。本年进出口货物共估关平银二十万五千七百六十七两，比较上年多增关平银二万三千九百八十两。

1. 本关税课共征收关平银六千三百六十九两，较上年增多关平银五百二十三两，此些少加增之数由进口税增多关平银一百七十八两，出口税增多关平银二百二十一两，子口半税增多关平银一百二十四两。

2. 外洋贸易。进口洋货共估关平银十六万三千一百五十三两，其中缅甸占关平银十二万二千六百五十八两，越南占关平银四万四百九十五两，至于此中总数以棉花为本口进口货之大宗，是年共进口八千五百担，比较光绪三十四年七千二百担，三十三年一万一千三百担，计共占关平银十一万七千六百二十两，各类山货共占关平银三万一千二百两，各色洋棉布共占关平银七千六百四十两。

土货出口往外洋共值关平银四万二千六百十四两，其中缅甸占关平银三万二百六十一两，越南占关平银一万二千二百七十两，暹罗占关平银八十三两，最要之货则有黄蜡二百余担，条铁六百二十余担，红茶三百二十余担，黄丝十担，黄烟一百余担。

3. 内地税则。洋货入内地共值关平银十四万六千九百两，占进口百分中之九十分，是年共填发子口票一千三百六十九张，内地税共征关平银一千八百五十八两。

4. 是年并无土药经过本关。

宣统二年思茅口华洋贸易情形论略

窃查本口贸易情形，今年经过本关进出口货物共估值关平银十九万七千七百七十二两，以近八年商务而论，除前年外尚无未见有衰败如斯者，即今推向其原因，虽谓猛遮等处前半年兵革频兴，而往来缅甸之货不得不过其境，然伐罪之兵反待夏季而发，亦可谓商贾之幸，盖本处节交夏令，淫雨淋漓，瘴毒蛮烟，行人受恐，路滑泥沟，骡马行艰，是以来往货物咸系停息矣，至于经本关进口各洋货以棉花为大宗，自去年缅花歉收，印度花商又从而集众争买，以故思茅进口者少数为从来所未有，惟花价则蒸蒸日上，自是担数虽短，折而就估值论之，该货之减尚不觉察，但查本口贸易自开关以来统扯而观，货物估值每届并无大相悬别，惟货数则递见衰落，如参考数年当可知真确之情形，若棉花一项在思茅设关之始，统扯五年进口每届有一万二千三百六十三担，近今五年只运八千六十担，其担数相去之巨未悉其故，盖当时经过蒙自棉纱未见兴旺，而腾越关虽开，然该处进口亦不加多，料其确情乃当今铁道自东京直达滇省，业已告竣，且腾越已开通商之际，有此利便则商家咸乐运该货由蒙腾两路经过，以出他处渐多，不愿经由本埠转输缅甸涉水登山，冒险挨难矣。

1. 本关税课。本年共征关平银五千八百二十一两，自开关迄今从未有如此短收，去年共征关平银六千三百六十八两，前年共征关平银五千八百四十五两，光绪二十七年共征关平银九千八两，乃为最旺之年。

2. 洋货贸易。洋货由外洋经运进口及由通商口岸运来者，本年此项贸易共估值关平银十六万五百七十三两，去年共估值关平银十六万三千一百五十三两，前年共估值关平银十三万八千九百二十二两，棉花共计六千六百六十一担，货数较往年为最少，论估值尚占本年进口货物三分之二。

3. 土货贸易。土货出口运往外洋及通商口岸（连复出口在内），本年此项贸易共估值关平银三万九千一百九十九两，去年估值关平银四万二千六百十四两，前年估值关平银四万二千八百六十五两，运出口之普洱茶共六百五十五担，估值关平银七千五百三十三两，系历年未有之多，此货全数运往东京。

4．内地税则。洋货领有运照运入内地本年共估值关平银十四万八千四百六十六两，计占进口货总数百分之九十二五。

土货领有三联单运出内地无。

宣统三年思茅口华洋贸易情形论略

窃查本口贸易情形，滇南思普一带恒以花茶为大宗，而坐贾行商无不争利于二物之内，诚以普茶色味远近驰名，而品质精良独推夫倚邦、易武者，迥超乎各猛之上，其地居江洪边界，直接湄江之东，输运内地茶叶并无关税，只纳厘金府税而已，棉花一项多来自英属康东、法属猛悻，本年进口担数渐觉加多，将来或有起色，然不可料者年复一年参差不齐，渐形衰落之象，盖以棉花多数为外洋物产，并非若茶叶为中国原料也，而棉花之经过思茅指本关报纳进口正税者实有十之八九，称为洋产均来自缅甸东京边地之外，间有少数窥绕本埠之西，别寻小道偷漏走私在所不免，然能瞒海关之征收，断难免厘金之缴纳，虽云绕漏为数无多，若欲并此数而实在稽征，诚恐道路崎岖，盖属王阳畏途，综稽完备，诚不易也。查本年贸易统计册内共估值关平银二十三万五千二百八两，较之上年增多三万五千四百三十六两，本埠贸易前数年渐衰，今忽顿觉复增，应卜由否而泰之兆，所惜者商业虽觉日新，公家未获其利，故于货价见高而于税课无俾，此不当之理，悉缘市面棉花每担由关平银十七两起骤涨至二十三两，在本埠僻处南郊叠嶂层峦，海滨远隔与商务荟萃之区遥遥千里，实有不克达到之势，加以道路险阻，恒久不修，自夏徂（cú）秋霏霏淫雨，山岚瘴气，连月不开，致交通困难，实因此数诚足碍本埠商务之进步也。本年商业复旺乃由棉花大宗所致，进口之数共计有七千七百八十四担，上年只有六千六百六十一担，两相比较，实加多一千一百二十三担，花数已多，花价又涨而贩花商贾莫不举欣欣然，而有喜形于色，又本口及邻封州县两季禾稼极其丰登，而比较价值于上年农民之获利尤属广，并未闻耕种之家而发亏折之艰，银钱兑换全年市价无甚低昂，每银一两可换铜钱一千九百文至二千文之谱。

1. 本关税课。本年共征关平银五千六百三十八两，上年共征五千八百二十一两，两相比较实短征一百八十三两。

2. 洋货贸易。洋货由外洋经运进口及通商口岸来者，洋货由外洋运来者共估值关平银二十万二千九百四十九两，较上年加增四万二千三百七十六两，所赠之数全在棉花一项，该货共估值十六万六千三百八十四两，去年不过共估值十一万四千三百七十四两，今将与本埠通商各国运来进口货物共估值关平银分析如下，缅甸十五万一千六百九十八两，东京五万一千二百五十一两，暹罗去年一万一千六百四十八两，今年则无，嫩鹿茸本年进口仅十担，去年则有十四担，至棉纱一项查统计册内全年进口只五斤而已。

3. 土货贸易。土货运往外洋及通商口岸（连复出口在内），土货运往外洋者本年共值关平银三万二千二百五十九两，去年共值三万九千一百九十九两，计其中运往缅甸出口土货估值一万六千七百二十五两，东京六千五百八十九两，暹罗八千九百四十五两，大宗货物常运缅甸销售者则有盖毡磁器窑货熟铁铁锅铁器烟丝等项，常运东京则有茶叶糖食熟铁铁器等项，常运暹罗只有核桃粉丝二品而已。

4. 内地税则。洋货运入内地者查本年发给洋货运入内地之子口税单共计一千四百四十六张，其货物估值关平银十八万二千七百三十四两，以百分计之，适占进口货物估值总数百分之九十，其货物强半运销本省，然亦有运销较远各省者，如四川江西湖北广东湖南广西直隶等是也。

5. 本年洋土药均无经过本埠。

考：十八、十九世纪是普洱茶的极盛时代，也是普洱逐步成为普洱茶生产、加工、销售、出口最为辉煌的时代。随着国内外茶叶市场销售量的增加，普洱茶叶市场的扩大，封建官府对茶商茶农的课税和勒索增加了，同时也引来了西方帝国主义列强把普洱茶作为侵占、掠夺利益的对象，看上了普洱这个当时中国具有相当规模的茶叶制作贸易之地。

清光绪十一年闰五月二十八日（1895年6月21日），法国强迫清政府在北京签订《中法商务专条》，其中第三条规定："议定云南之普洱开办法越通商处所"。光绪二十三年正月初三日（1897年2月4日），英国又强迫清政府在北京订立《中缅条约附款十九条》，其中第十三条规定："将在普洱设立英国领事馆驻扎"。根据这两个条款，1897年7月2日，法国在普洱建海关、划租界。1902年5月8日，英国在普洱开商埠，设领事。普洱海关、领事、租界从帝国主义炮舰胁迫下产生，从而留下了一页惨痛屈辱的历史。

普洱海关正式开关后，设过勐烈（江城）和易武（勐腊）两个分关和孟连、打洛等分卡。普洱海关原址在教场坝（现天民街），属"正关"一级，主管官员税务司由外国人负责。普洱海关的第一任税务司是美国人柯尔乐，依次为英国人胡思顿、英国人赖发洛、意大利人罗范西、法国人德努里、比利时人贾德、意大利人沙克悌、英国人富乐加，最后一任俄国人葛诺华任到1926年。从1926年起，普洱海关才改任中国人，1943年，先后又来了九任中国各地税务司（见1919年普洱海关上报的《普洱口华洋贸易情形》）。

以上资料可以看出，清光绪二十三年（1897年）普洱设立海关后，普洱茶加工、出口、销售逐年繁荣。这段时期，尽管中国国势和经济走向衰落，但普洱茶经济贸易仍在继续发挥着作用和影响，以至于在出口土货中占有一定比重，虽时局艰危，销往中国西藏及出口东南亚的贸易量还在增加。

1919年，普洱海关上报的《普洱口华洋贸易情形》：

> 民国八年，普洱因大病流行，商务有所减少，进出口总额才有746425两白银，比最高年公元1913年的1669143两白银减少50%。民国九年（1920年）经普洱海关出口普洱茶1521担，金额9886两白银，占全省出口茶总数的46.2%。民国十二年（1923年），经普洱海关出口的普洱茶14579担，价值白银11.2万两。由于国际市场需求旺盛，普洱产区茶叶丰收，出口茶免税，民国二十八年（1939年），经普洱海关出口的普洱茶达15435担，价值金额32.92万元国币，占当年云南省茶叶出口总值的96.19%。自1897年至1911年的15年时间，普洱海关

货物（主要是普洱茶）出口极大，但普洱海关进出口贸易额比较，还是进口多于出口。15年出口总值580000两白银，而进口总值则为2700000两白银，进出口总值，280000白银，进口总值为出口总值的3倍。

考：1919年，普洱海关上报的数据仍说明，民国初期，普洱茶还在继续发展，产自普洱及周边地区的茶叶，在普洱制作和交易后，源源不断地通过茶马古道运往全国及东南亚、中东、欧洲。

另据对民国《续云南通志长编》有关资料看，普洱产区1927年以前，年产茶达3.5万担，茶庄近90户，年经销茶2万担左右。1928年，纳税茶叶1.67万担。1929年，纳税茶叶1.97万担，说明普洱茶经贸出口当时的兴旺景象。当年进入普洱的商人“共用人夫三千九百八十三名，骡马一万零四百九十四”。以此推算，进入普洱城民夫最高年约7800人，骡马应当在两万匹以上。

1926年，普洱因瘟疫发生，商号茶庄逐渐外迁，加之太平洋战争爆发后普洱与国外贸易往来受阻，普洱茶出口经贸大幅下降，当年经普洱海关出口茶叶仅327担。1942年，普洱茶叶外销基本停止，普洱海关也于次年即1943年撤离。普洱海关历经45年，见证了清政府的丧权辱国，见证了普洱茶在普洱的兴盛和发展。普洱海关的设立增加了普洱茶的出口运销。在普洱茶经贸的发展历程中，普洱海关占据了重要地位，普洱海关是普洱茶外销兴衰的历史见证。

六　云南茶叶入藏贸易史料辑考

唐·李肇《唐国史补》

唐朝使者常鲁公出使吐蕃，常在篷中烹茶，吐蕃赞普见后问道：此为何物？常答：此为解渴去烦之物，名“茶”，赞普细察，笑曰：吾亦存焉，遂令从人取出大筐，常观，果为茶耳，皆为徽、闽、川之良物，然赞普不能用。后，常示之，且言其妙，至此，赞普饮之，藏胞亦然。

考：该书记载唐代开元至长庆之间一百年事，涉及当时的社会风气、朝野轶事及典章制度各个方面的重要轶事，对于全面了解唐代社会具有极其重要且十分特殊的价值。

该史料在杨嘉铭琪梅旺姆《藏族茶文化概论》（《中国藏学》1995年第4期）等不少研究成果中也多次提到。这段史料虽尚不足为凭据，但唐代是饮茶之风和茶文化兴起的重要时代，世界最早的茶著陆羽的《茶经》也便诞生于此时。茶叶用作饮料，从《茶经》看，当时在全国各地亦为常事，不过在藏族聚居区尚未普及。上面史料说明，唐王朝饮茶文化之风也传入西藏。唐朝时吐蕃势力强大，应有作为珍贵礼物的茶叶进入藏地，如贞观十一年（637年）文成公主嫁给藏王松赞干布，就带来了大批茶叶。但除了赞普饮用外，常人大都不知道如何饮用，不过饮茶让人清新明目，健脾养胃，祛劳提神的功效很快让人皆知，因而饮茶之习惯当然也是从官至民而快速传开。《唐国史补》这段史料说明茶文化开始进入藏族聚居区。当然，唐朝使者常鲁公出使吐蕃，只是汉藏文化交流的一个插曲，但茶文化的兴起和在西藏传播，无疑进一步加大了汉藏经济文化的交往。

宋·周去非《岭外代答》卷5

蛮马之来，他货亦至。蛮之所赍麝香、胡羊、长鸣鸡、披毡、云南刀及诸药物。

考：南宋源于“往年四鹘人朝，大驱名马，市茶而归”的茶马互市，为南宋与女贞人的对峙提供了可靠的藏马。商人们将云南的茶、盐及内地的丝绸运往康藏沿线，又将藏族聚居区的骡马、麝香、羊皮、羊毛及来自印度的珠宝、首饰运回。但后以陕西为主的茶马贸易曾一度中断，给南宋马匹来源带来困难，南宋开始寻求开通与大理国的茶马互市。南宋杨佐《云南买马记》里谈道，“熙宁六年，陕西诸蕃作梗，互相誓约不欲与中国贸易，自是蕃马绝迹而不来。明年，朝旨委成都路相度，募诸色人入诏，招诱西南夷和买……”反映宋朝欲开通与大理的茶马贸易，但限于当时交通的困难，南宋绍兴三年（1133年）于邕州（广西百色）横山寨置卖马司，与内地往来盛况空前，所市马千五百，但定额大都超过，最多突破三千。还有“罗甸、白把、特磨诸部市大理马（藏马）转卖广西”，桂滇通道的打开，使经济文化交流增强。

宋·范成大《桂海虞衡志》

南方诸蛮马，皆出大理国，唯地愈西北，则马愈良。又云：蛮马出西南诸蕃。多自毗那、自杞等国来。自杞取马于大理，古南诏也。地连西戎，马生尤蕃。大理马为西南蕃之最。……蛮甲惟大理国最工。甲胄皆用象皮，胸背各一大片，如龟壳，坚厚与铁等。又联缀小皮片为披膊、护项之属，制如中国铁甲，叶皆朱之。兜鍪及甲身内外悉朱地间黄黑漆，作百花虫兽之文，如世所用犀毗器，极工妙。又以小白贝累累骆甲缝及装兜鍪，疑犹传古贝胄朱綅遗制云。……云南刀，即大理所作。铁青黑，沈沈不錔，南人最贵之。以象皮为鞘，朱之，上亦画犀毗花文。一鞘两室，各函一刀。靶以皮条缠束，贵人以金银丝。……大理国间有文书至，南边及商人持其国佛经题识，犹有用圀字者。圀，武后所作国字也。《唐书》称大礼国，今其国止用理字。……乾道葵巳冬，忽有大理人李观音得……凡二十三人，至横山议市马。出一文书，字画略有法，大略所需文选、五经、春秋、本草、五藏论、大般若经及初学记……集圣历百家书之类，及须浮量钢器并砣，琉璃碗壶，及紫檀、沉香木、甘草、石决明、井泉石、密陀僧、香蛤、海蛤等药。……其后云：……言音未同，情虑相契，……继续短章，伏乞斧伐。短章有："言音未会意相和，远隔江山万里多"之语。

考：该文记述了宋代云南与内地的经济文化联系。在茶马贸易中，当时滇人要求购买大量的汉文典籍，包括儒、道、佛及医学书。另外还有大量的珠宝香料药材及手工艺品交易。可见，由于茶马互易的影响，经济文化的交流，滇域的文化水平得以提高，虽"远隔江山万里多"仍"言音未会意相和"。

宋·乐史《太平寰宇记》

番部地蛮夷混杂，无市肆，每汉人与之博易，不见使钱。汉用绸由、绢、茶、布，番部用红椒、盐、马之类。

考：《太平寰宇记》宋太宗赵炅时地理总志二百卷，是继《元和郡县志》后又一部现存较早较完整的地理总志。《太平寰宇记》撰于宋太宗太平兴国年间，前一百七十一卷依宋初所置河南、关西、河东、河北、剑南西、剑南东、江南东、江南西、淮南、山南西、山南东、陇右、岭南等十三道，分述各州府之沿革、领县、州府境、户口、风俗、姓氏、人物、土产及所属各县之概况、山川湖泽、古迹要塞等。幽云十六州虽未入宋版图，亦在叙次之列，以明恢复之志。十三道之外，又立"四夷"二十九卷，记述周边各族。

起于唐，而兴于宋的"茶马互市"，无疑促进了藏汉经济文化的交往。唐朝在许多地方都设置了"茶马司"作为市场管理机构。宋代，朝廷常与辽、金交战，所需军马更多，宋便将茶马交易作为一种政治手段，用以结善并控制西北各少数民族。

宋·《宋会要·兵》

祖宗设互市之法，本以羁縻远人，不藉马之为用，故驽骀下乘，一切许之入中……西南夷每岁之秋，夷人以马请互市，则开场博易，厚以金、缯，盖饵之以利，庸示羁縻之术，意宏远矣。

考：宋朝统治阶级为什么如此重视“茶马互市”？南宋人张震曾指出：“内以给公上，外以羁诸戎，国之所之，民恃为命”（见《宋会要·食货》）。“茶马互市”除为朝廷提供一笔巨额的茶利收入解决军费之需外，更重要的是通过茶马贸易，既维护了宋朝在西南地区的安全，又满足了国家对战马的需要。该史料说明了宋与西南夷地区的茶马贸易情形。

对于长期以来过着自给自足的自然经济生活的藏族人民来说，虽不需要外界供给很多的东西，但是茶却是绝对不可缺少的。正如南宋人阎苍舒所说：“夷人不可一日无茶以生”（《续文献通考》卷二二）。

宋·《宋史·兵十二·马政》

元丰四年（1081年），群牧判官郭茂恂言：“承诏议专以茶市马，以物帛市谷，而并茶马为一司。臣闻顷时以茶易马，兼用金帛，亦听其便。近岁事局既分，专用银绢、钱钞，非蕃部所欲。且茶马二者，事实相须，请如诏便”。奏可。仍诏雅州名山茶为易马用。自是蕃马至者稍众。

考：宋时内地茶叶生产有了飞跃的发展，政府明文规定以茶易马。“茶马互市”成为一种经常性的贸易。宋代朝廷特诏“专以雅州名山茶易马，不得他用”，扩大了交易量。

据学者考证，一般说来每百斤茶换马一匹，也有些时候，例如宋朝元丰年间，茶40斤即换马一匹，可见茶叶价值之高；宋代名山全县年产茶200多万斤，全部用作“军需品”博马，加之其余四县和云南的滇茶，又可见交易量之大。茶马互市鼎盛时期，名山茶马司接待茶马通商队伍，有时一日可达两千人之巨。[①]

宋·《宋史·职官志》

都大提举茶马司掌榷茶之利，以佐邦用；凡市马于四夷，率以

① 石硕：《茶马古道及其历史文化价值》，《西藏研究》2002年第4期。

茶易之。

考：宋朝政府从国家安全和货币尊严考虑，在太平兴国八年（983年），正式禁止以铜钱买马，改用布帛、茶叶、药材等来进行物物交换，为了使边贸有序进行，还专门设立了茶马司，负责“掌榷茶之利，以佐邦用；凡市马于四夷，率以茶易之”。宋朝重视“茶马互市”的主观意图除了经济和军事（或国防）需要之外，更重要的是从政治上考虑，概括为两个字就是“羁縻”，但“茶马互市”客观上促进了藏族地区的社会安定和经济繁荣。

宋代“易马”虽主要在陕甘宁地区，换马所需的茶除汉中也就取于湘、蜀、滇。在宋英宗治平元年（1064年），当时陕西买马官薛向奏请朝廷在原、渭、德顺军三处买马场，以盐钞买马，卖马番客执盐钞可至秦州买马司换取蜀茶。到宋熙宁四年（1071年），宋神宗又下令禁止茶商买马，川茶全部实行官家专卖，茶利统统由茶马司垄断。此时，绢帛、金银、钱币、茶货兼行的买马制度，转变为官营的“茶马互市”。据宋代史料记载，卖茶场，从熙宁七年（1074年）至元丰八年（1085年）的10年间就多达332个。

明·谈修《滴露漫录》

茶之为物，西戎、吐蕃、古今皆仰食之，以腥肉之食，非茶不消，青稞之热，非茶不解，是山林草木之叶，而关国家大经。

考：谈修，生于嘉靖十三年（1534），殁于万历四十六年（1618），享年84岁。字思永，号信余，为邑庠生，无锡人。家有延恩楼，以藏书著名。著有《滴露浸录》《避暑漫录》等。宋苏轼有诗说：“初缘压梁肉，假此雪昏滞”。这说明茶能助消化、解油腻，茶是中国边疆少数民族的必需品。清汪仞阉《本草备用》说：“茶有解酒食油腻、烧炎之毒，利大小便，多饮消脂肪，去油”，这足以说明茶是一种助消化、调节脂肪代谢的饮料。

我国劳动人民都有喝茶的习惯，因为吃了油腻的食物，茶叶中有芳香物质，可以分解脂肪，消食化积。上述资料不仅说明茶的药用保健功效，而且已同国家的政治大事联系起来了。由于统治者的提倡，人民的需要，茶借此而传播得更远更广。由于茶的运输，必然带来相应的经济文化交流。

明·《明太祖实录》卷169

每岁长河西（今康定一带）等处番商以马于雅州茶马司易茶……洪武二十七年（1394年）十二月，兵部奏：是岁雅州碉门及秦、河二州茶马司市马，得二百四十余匹。

考：史料说明当时的交易是频繁的。川滇地区的茶叶汇聚到雅州、天全一带由茶课司收贮，听商交易及与西番市马。洪武三十一年（1398年）五月，便设茶仓四所，“命四川布政使移文天全六番招讨司，将岁输茶课乃输碉门茶课司，余就地悉送新仓收贮，听商交易及与西番市马”。“是岁（明洪武十七年）四川碉门茶马司以茶易马，骡五百九十”（《明太祖实录》卷一六九）。从这些数字可以看出当时茶马互市的兴旺景象。

明·《明太祖实录》卷251

秦蜀之茶、自碉门、黎雅抵朵甘、乌思藏，五千余里皆用之。其地之人不可一日无此。

考：这里再次谈到五千余里藏族聚居区内人民每天都离不开茶。

明·《明史》

洪武二十年（1387年）六月壬午，四川雅州碉门茶马司以茶一十六万三千六百斤，易驼、马、骡、驹百七十余匹

考：这是明代在四川雅州碉门（天全）茶马司的一次茶马交易量统计。明代茶马交易又开始兴旺发达。天全、雅安是明代藏汉之间茶马交易的主要市场，从云南大理等地运来的盐、茶等也至此交易。

与宋代茶马贸易相比，明代茶马贸易更多是将茶叶作为控制西北游牧民族的武器。因至明代后茶叶使用得更加普及，对于西北少数民族，因饮食结构对于茶叶的依赖性远远高于中原民族。茶就像粮食和盐巴一样，成为每天都不能少的生活必需品。卡断了茶叶的供应，几乎如同卡断生命，如《陕西通志》所言：“睦邻不以金樽，控驭不以师旅，以市微物，寄疆场之大权，其惟茶手！”可见建统治者以茶为手段达到安边治边的目的。为控制对西藏的茶马贸易量，明代对内地边疆地区的茶马互市贸易往来，无论在政策、制度和方式上

都进一步提高以强化对茶法马政的管控。

从这些史料可以看出当时川藏交易的频繁和茶马互市的兴旺。陋每年数百万斤茶叶输往康藏地区，从而使茶道从康区延伸至西藏，促进了茶道的畅通。于是由茶叶贸易开拓的川藏茶道同时成为官道，从而取代了青藏道的地位。

明·《明史·食货志》

碉门茶马司至用茶八万余斤，仅易马七十匹，又多瘦损。

考： 说明历史上也有马贵茶贱的时候。史料载，明初设茶马司于秦（西宁）、洮（临洮）、河（临夏）、雅（雅安）诸州，严禁私茶，将全国所产之茶分为官茶、商茶和贡茶三种。官茶即边茶，专用换马；商茶为茶商按配额领取引票并纳税在内地所销之茶；贡茶特指提供给皇室之茶。三种茶都规定了产地、销地和数量，为计划经济，可任意提高茶价压低马价。但到明末国势衰微时，腐败之风日盛，茶法马政俱坏。

清·刘健《庭闻录》

北胜（今永胜）边外达赖喇嘛、于都台杰以云南平定，遣使邓凡墨勒根则贡方物，求于北胜州互市茶马。

考： 清顺治十八年（1661年），清政府在北胜州（今永胜县）开茶市以藏马交易普洱茶，茶马互市通过普洱、西藏茶马大道的联结不仅把西藏和内地在经济上紧密联系起来，而且促进了内地和西藏的联系。后清政府在该年十月批准在北胜州开茶市，以藏马易普洱茶。后来，丽江改设流官，茶市改设丽江，丽江成为茶马古道上的一个重要中转站。此史料可谓是滇茶销藏的明确记载。

明、清两代，茶马互市有了空前的发展和繁荣。明代对内地边疆地区的贸易往来，无论在政策、制度和方式上都发生了很大的变化。茶马贸易既体现了中央政权与藏族聚居区的经济交往，是一种经济关系，又体现了对藏族聚居区的统治。

清·光绪《续修顺宁府志》卷13

茶，旧《志》：味淡而微香（谨案：郡属土司地产茶甚广，种类亦不一，其香味不及思普各大茶山远甚，又其次者抵销行西藏、古宗等）。

清·《清末川滇边务档案史料》

桑布南距倮猡（凉山彝族）四站，所用之茶，猡茶最多，滇茶次之，川茶绝少。

考：这里的猡茶应该是彝族地区所产的剪刀粗茶（连枝带叶一起剪下，经适当发酵煮饮的一种茶。这种茶是政府为安抚少数民族，政策特殊照顾的茶，不受中央茶马政策控制，称羁縻茶）。

从顺治到乾隆初年，茶马互市由于各种原因时常中断，至乾隆中期后，推行日艰的茶马互市制度逐渐与茶马互市有相同意义，但贸易范围更加广泛、基本形式有较大变革的边茶贸易制度起代。

边茶，是内地销往藏族聚居区的专供茶，其叫法很多，或谓“西番茶”“乌茶”“马茶”等，民间最普遍的叫法为“藏茶”。云南销往藏族聚居区的普洱“紧茶”则与腹茶类似，价格较腹茶低，而用量又比川边茶少，耐熬煮，且滋味厚酽，为藏族人民所喜爱。

茶叶出产之区在易武、倚邦一带，离思茅七八日程，运往内地销售最极其繁，每年约有二万担过境。访闻由别道驮运不经思地者亦复不少，散茶运至思茅业茶号家，募集妇女检点精粗，女工赖此为计，不仅千人捡净之后，用男工蒸揉成饼，更用荀叶竹线捆扎为筒，载以竹篮，始运往各内地销售……

车里人民视茶最为切要，此茶运至思城，发销西藏及十八省地方……

普洱茶产于思之南十二版纳地面，因隶普洱府治，即以命名，年约出三万担，此茶大半荟萃思茅，发销各省及西藏边界……古宗人来思办茶最为大宗，此乃内地贸易也，本关概不与闻。

清·《海关贸易报告中云南三关贸易资料》

易武、倚邦之茶皆在本山自行制造……此茶种植年广，所产

之数较山茶尤多，虽无嘉名而销路亦无阻碍，江外或坝或山，各种夷人皆用心培植，郑重其事，当采取之余候干，每五日下山沽与汉人，贩至本口，商家购入选择精粗者，蒸之揉之，又从而压之，然后盛以竹篮，运出省城，更售他处，至运往蒙自出口者间亦有之，粗者造成团，售与古宗，本年销口甚利，所来之马夫大班者较往年众多，年终时聚积一班，计马二千余匹，从未见此。出茶处价值每担自五两以至六两，思市之价细茶十八两至二十四两，粗茶八两至十二两……销售西藏之货仍推茶为首，藏商每到必厚携资本货物以作购茶之费……

考：十八、十九世纪是普洱茶的极盛时代，也是普洱逐步成为普洱茶生产、加工、销售、出口最为辉煌的时代，其中产于十二版纳的普洱茶，年约出三万担，此茶大半荟萃思茅，发销各省及西藏边界，易武、倚邦一带运往内地销售最极其繁，每年约有二万担。古宗人来思办茶最为大宗，运茶马驮二千余匹。若以上面海关贸易报告在思茅售西藏之茶，仅从官方所能统计到的数字看，光绪年间每年约十多万担，交易额为20万两白银。民间通过不同运输线路和渠道销往西藏之普洱茶不知还有多少。

清末·向达《蛮书校注》

大雪山在永昌西北，从腾充过宝山城，又过金宝城以北大赕，周回北余里，悉皆野蛮，无君长也。地有瘴毒，河赕人至彼中瘴者，十有八九死。阁罗凤尝使领军将于大赕中筑城，管制野蛮，不逾周岁，死者过半，遂罢弃不复往来。其山土肥沃，种瓜瓠长丈余，冬瓜亦然，皆三尺围。又多薏苡，无农桑，收此充粮。大赕三面皆是大雪山，其高处造天，往往有吐蕃至赕货易，云此山有路，去赞普牙帐不远。

考：唐懿宗咸通四年（863年），唐朝使节樊绰出使南诏。文中的腾充即今云南腾冲。腾冲西北之大赕，应是指今缅甸克钦邦北部的坎底坝，又称葡萄。越过坎底坝北部的高山，便可进入今西藏境内的察隅地区，并由此而直通赞牙即今拉萨。说明当时已有吐蕃商人经此路前往南诏“货易”，这说明在唐代吐蕃时期，已有从腾冲经缅甸北部进入西藏的民间商贸活动。

云南茶至少在唐代已经行销到西藏，清乾隆时檀萃所著《滇海虞衡志》说："普茶不知显于何时，宋自南渡后于桂林之静江军以茶易西蕃之马，是谓滇南无茶也……普洱古属银生府，则西蕃之用普茶，已自唐时"。

藏族同胞世世代代对茶叶十分的渴求，在汉文史料中多有藏族民众"嗜茶如命"，"艰于粒食"，"以茶为命"，"如不得茶，非病即死"之类的记载。藏族民众中也有"汉家饭裹腹，藏家茶饱肚"，"宁可三日无食，不可一日无茶"之说。虽然对茶情有独钟，但由于酷寒的高寒气候，根本无法种植茶树，只能依靠川、滇茶叶入藏供饮，中原地区少有马匹，纵有些许，也皆体弱质差，而地处高原地段的西藏康巴正好盛产良马，这种出产与需求的互补，促使两个民族走到了一起，于是"茶马互市"诞生了。

清·《普洱府志》

车里（景洪）为缅甸、南掌（老挝）、暹罗（泰国）之贡道，商旅通焉。威远（景谷）宁洱产盐（指磨黑），思茅产茶，民之衣食资焉；客籍之商民于各属地或开垦田土、或通商贸易而流寓焉。

考：车里至内地，一直以来为缅甸、南掌（老挝）、暹罗（泰国）之贡道，这条古道同时也是盐茶马道，清代伴随着盐茶的生产、运输、销售，古道更加兴旺。从雍正时期，内地大量茶农茶商蜂拥而至，到六大茶山坐地收茶，大量运销到内地。至清道光年间，仅六大茶山年产干茶8万担，达历史最高水平。滇南普洱及车里地区，几乎山山种茶。从道光年间到光绪初年，普洱茶的产销盛极一时，商贾云集普洱，市场繁荣，国内每年都有上千名藏族商队到此买茶。印度、缅甸、锡兰、暹罗、柬埔寨、安南等东南亚、南亚的商人也前来普洱做茶叶生意。每年有5万多匹骡马牛帮商队穿梭于千山万水之间，马铃牛帮之声，终年不绝于耳。普洱（今宁洱县）发展成为一个有一定规模的商业集镇。有秦晋、两广、四川、江西、两湖及玉溪、建水、石屏、盱江、通河等会馆十余处，商号180余家，其中较大商号有协太昌、同心昌、荣和昌等20余家，这些商号多数经营并加工茶叶。在宁洱加工的普洱茶有毛尖、芽茶、小满茶、紧团茶、改造茶、金月天等品牌，外形为团饼、方砖、牛心和人头团茶

等。思茅厅内，设有茶叶总店，除专制“八色贡茶”外，还加工各种紧团茶、圆饼茶和毛尖茶。民间专业加工销售茶叶的较大商号有恒和园、裕泰丰、雷永丰等10余家，生产圆饼、方砖、紧团茶和双喜牌茶。较大商号有鼎光恒、同仁利、裕泰丰、信仁和、广益祥等家。汉族商人、地主不断进入易武产茶区，在易武、勐海开设茶庄，收购茶叶。

民国·谭方之《滇茶藏销》

滇茶为藏所好，以积沿成习，故每年于冬春两季，藏族古宗商人，跋涉河山，露宿旷野，为滇茶不远万里而来。是以紧茶（普洱茶包装之一种），不仅为一种商品，可称为汉藏间经济上之重要联系，抑且有政治联系意义。概藏人之于茶也，非如内地之为一种嗜品成为逸兴物，而为日常生活上所必需，大有“一日无茶则滞，……三日无茶则病”之概。自拉萨而阿墩子（今云南德钦），以至滇西北转思茅，越重山，过万水，历数月络绎不断于途中者，即此故也……古宗（藏族）巨商骑马千百，入内地市布盐茶，而普洱茶尤为日常嗜好，每年出而运载，为数不下巨万，名曰“赶茶山”，归则顺往鸡足山精舍顶礼，名曰“朝鸡山”。出赶茶山正当夏历九月，常以四五百匹马结成一大帮。大老板背负三四寸黄金佛，腰悬金饰挂刀。并佩十响五子新式手枪，烹浓茶，饮酥油，黎明出发，过午便息，耐劳经寒，长于跋涉，非内地赶马人所能及。……云南于康藏一带的贸易，出口货以茶叶为最大。康藏人民的茶叶消耗能力，可算是世界第一。他们每日三餐，一刻不能没有茶，所以云南的十万驮粗茶，三分之二以上都往康藏一带销售。普思边沿的产茶区域，常见康藏及中甸、阿墩子的商人往来如梭，每年贸易总额不下数百万之巨。

考：进入民国后，滇茶藏销一直保持旺盛的势头。据谭方之《滇茶藏销》统计，民国年间，滇茶入藏一年至少有一万担。当时西藏来滇贩运茶叶盛况确如谭方之所述：“滇茶为藏所好，以积沿成习，故每年于春冬两季，藏族古宗商人，跋涉河山，露宿旷野，为滇茶不远万里而来”。是以紧茶一物（按：指的当是砖茶或沱茶。引者），不仅为一种商品，而且有政治联系意义。云南的十万驮粗茶，三分之二以上都运往康藏一带销售。普思边沿的产茶区域，常见康藏及中甸、阿墩子的商人往来如梭，每年贸易总额不下数百万之巨。

民国·《路南县志》卷1

《云南路南县调查输出货物表》茶：普洱县输入一千八百六十斤，思茅县输入四百八十斤，共计二千三百四十斤。每百斤平均价三十元。

民国·《景谷县志》

县属茶区，年产茶30万斤，运销滇西。

考：景谷历史上就是普洱茶主要产区之一，景谷大白茶也是历史悠久的名茶。特别值得一提的是景谷的普洱茶经贸至民国时期大有发展，贸易扩大，商家增多，自民国以来，景谷街市成了景谷、镇沅、景东三地普洱茶的交易中心。每年春茶上市期间，景谷举办"春茶会"，外地客商马帮云集，周围茶区振泰、塘房、民乐钟山、凤山等地出产的茶叶，云集入市，交易兴旺。从该史料所述"年产茶30万斤，运销滇西"看，民国时期，景谷一地通过滇西售往西藏的茶数量是很可观的。

民国·《维西县志》卷2

棉茶：维邑处寒带，棉茶之利，近未普及，迩来奔子栏区已普种棉花，年收数千斤，各区亦有试种者，对于棉业将来可望发达也。茶叶，历经政府提倡，民间亦未实行试种，查我邑夷人嗜茶如早晚饭，年销春茶千余驮，溢出金钱不菲，再不切实推行，其害不知伊地胡底也。

考：今香格里拉奔子栏过去是茶马古道上的又一茶叶、棉花等商品中转地，因藏族人民嗜茶，年销春茶千余驮，故希望将棉花、茶叶种植引入维西。

民国·《西康图经·西域篇》

炉城严如国都，各方土酋纳贡之使，应差之役，与部落茶商，四时幡凑，骡马络绎，珍宝荟萃，凡其大臣所居，即为驮商集息之所，称为锅庄，共有四十八家，最大有11家，称八大锅庄。有瓦斯碉者，锅庄之巨擘也，碉在水会流处，建筑之丽，积蓄之富，并推炉城第一。康藏巨商成集于此，此则番夷团结之中心也……全市基础，建于商业，市民十分之八九为商贾。

考：作者任乃强先生，字筱庄，四川南充人，是我国近代著名藏学家。他20世纪20年代，走进西康藏族聚居区进行民族社会调查，并与藏族女子成婚，在其夫人的帮助下，获取大量资料，并陆续发表一系列有关藏族的学术著作。对当时成立西康省决策有过很大贡献。在解放西藏时，曾亲自绘制详细的西藏地图，提供给进藏的人民解放军，做出巨大贡献，中华人民共和国成立后一直在四川各大学教书育人。

此书最早出版于20世纪30年代，由南京新亚细亚学会印刷出版后在国内外产生过广泛的影响。《西康图经》原书分为《境域篇》《民俗篇》和《地文篇》三册。此书是作者根据其1929年入康考察一年所得材料，综合有关文献档案资料而写成，即在今天仍然为十分宝贵的民俗资料。

"炉城"即康定。康定作为"茶马古道"上的交通咽喉，随着茶马贸易，以"锅庄"形式的固定货栈纷纷兴起，于是市场勃兴，人口递增。随着茶马互市为纽带的商路的开通，丽江、中甸等地在唐宋时期发展较快，民间大量的自由贸易和政府有组织的集市贸易不仅使昌都、康定，而且使丽江、中甸成为与川康藏交通往来的要地，并开创了由此入藏并至印度及西亚的外贸孔道，成为中国西南的商业集镇。

民国·李拂一《西藏与车里之茶业贸易》

我记得有人这样说过：西藏所需茶叶，自来都是由川输入，近来被印度茶将销场夺去了。其实这种茶是由车里、勐海运去之普洱茶，真正印度产之茶叶，藏人是不欢迎的。

考：英国殖民者通过东印度公司将其在印度生产的茶大肆销往西藏，争夺华茶在西藏的利益，同时借此向西藏渗透，遭到了西藏及川滇爱国民众的抵制，这里同时也反映了藏族人民对普洱茶的欢迎。

民国·云南省立昆华民众教育馆编《云南边地问题研究·西北边地状况纪略》

云南对于康藏一带的贸易，出口货品以茶叶为最大，康藏人民的茶叶消耗能力，可算是世界第一，他们每日三餐，一刻不能没有茶叶，所以云南的十万驮粗茶叶，三分之二以上都往康藏一带销售，普思沿边的产茶区域，常见康藏及中甸阿墩子的商人来往如梭，每年贸易总额不下数百万元之巨，最近期间因英人的操纵，云南的茶商被他们几乎压倒，如由印度方面组织大规模的茶叶公司，利用中国的奸商邦达昌号，其能力可以操纵康藏之商务，至今省内的小茶商大受影响，而英人在缅甸、印度一带竭力栽培茶树，已渐著成效，长此以往，云南茶叶前途，将不知如何了局，我们从经济方面考察，尤为惊怕焦虑，中国政府应有所补救才好。（1933年）

考：云南背靠青藏高原，是西藏的近邻，又盛产茶叶，滇茶以其“浓、强、鲜”著称于世，备受藏族民众青睐。云南藏销茶有天时地利之优，历史悠久。民国时期，云南中茶公司丽江办主任丽江达记老板李达三在1942年写给云南中茶公司的报告中也提到，下关所揉制的紧茶，基本销售于去西藏腹地的路上，尤以阿墩子（今德钦县城）以上销量最广。至于工布江达以上，居民多饮川茶，能进入西藏内地的，只有思普之“原山茶”。因滇茶品质及销量好，商人来往如梭，每年贸易额巨大，引起英国由印度方面组织大规模的茶叶公司争利，导致华茶在西藏行销的损失。

一直企图分裂西藏的英国殖民者通过其在印度的东印度公司组织大规模的印度茶倾销西藏，其目的一方面是争夺茶利，另一方面是借机达到分裂中国国土，掠夺中国经济的目标。正如历史学家方国瑜教授所指出：“英帝国主义曾经从印度侵略中国西藏，妄想割断藏族人民与祖国内地的经济联系，以茶作为侵略手段之一。约在公元1774年，英国驻印度总督海士廷格（W.Hastings）派间谍进入西藏活动，就曾运锡兰茶到西藏，企图取代普洱茶，但藏族人民不买他们的茶叶。1904年英帝国主义派兵侵入拉萨，同时运入印度茶，强迫藏族人民饮用，也遭到拒绝。英帝国主义者认为印度茶不适合藏族人民的口味，于是盗窃普洱茶种在印度大吉岭种植，并在西里古里（Siliguri）秘密仿制佛海紧茶，无耻地伪造佛海商标，运至噶伦堡混售，但外表相似本质不同，藏族人民还是没有受其欺骗。英帝国主义阴谋夺取茶叶贸易、割断藏族人民与祖国经济联系的企图，始终未能得逞。所以普洱茶的作用，已经不是单纯一种商品了。”①

普洱哈尼族彝族自治县地方志编纂委员会《普洱哈尼族彝族自治县志》

清顺治十八年，思茅年加工茶叶十万担，经普洱过丽江销往西藏茶叶三万驮之多。

考：清顺治十六年（1659年），吴三桂平定云南，将普洱、思茅、普藤、茶山、猛养、猛暖、猛棒、猛葛、整歇、猛万、上猛乌、下猛乌、整董编为十三个版纳，统归元江府管辖。雍正七年（1729年），设立普洱府，为流官制，辖六大茶山、橄榔坝及江内（澜沧江以东）六版纳（即猛养、思茅、普滕、整董、猛乌、乌得），对江外各版纳（即猛暖、猛棒、猛葛、整歇、猛万）设车里宣慰司，为土司管制，根据流官管土官原则，普洱府对车里宣慰司实行羁縻管理。

该史料说明普洱茶在清朝达到其发展史上的极盛时期。云南茶叶从普洱过丽江大量销往西藏。雍正二年（1724年），茶商和工匠大量涌入茶山，达“数十万”之众，马帮出入，土特产品及日用生活文化用品的交换日益发展，饮食业和人马旅店应运而生。普洱天天为街，日日为市，甚至还出现了夜市，成为滇南商业活动中心。磨黑、石膏井、勐先、满磨街等集市亦随之形成，并日益兴隆，据清道光《普洱府志》记载，出现了“蛮民杂居，以茶为市……衣食仰给茶山……夷汉杂居，男女交易，士农乐业，盐茶通商”的繁荣景象。

---

① 方国瑜著、林超民编：《方国瑜文集》第四辑，云南教育出版社2001年版。

关于云南茶马古道经由丽江府进入藏族聚居区，这是没有争议的。清顺治十八年（1661年），清政府在北胜州（今永胜）建立茶叶市场。清乾隆十三年（1748年），丽江府改土归流后，清政府在丽江建立茶市，商人领引（茶引相当于后来的税单+准运证）后赴普洱府买茶贩往“鹤庆州之中甸个番夷地方行销”。

藏族聚居区由于历史的演化，主要分为四大区域：以拉萨为中心的“前藏”，以日喀则为中心的“后藏”，青海和四川阿坝为“安多”，西藏昌都、四川甘孜和云南中甸为“康区”。因此在“中甸各番夷地方行销”，应该主要是中甸到昌都和永宁、木里在康区销售。

蒋铨《古“六大茶山”访问记》

1962年勐腊农技站易武茶区调查报告：“清雍正道光年间易武曾产圆茶10000担销南洋一带，清咸丰战后降到5500担，光绪甲申年间中法战争外销受阻产量急降。1919年到1936年圆茶销国外乌德勐板、河内海防等市场并转销中国香港和南洋”。

考：普洱及西双版纳古六大茶山的茶叶，不仅被历代统治阶级作为残酷剥削各族人民的经济手段，而且在近代被英、法帝国主义者作为分裂中国国土，掠夺中国经济的目标。古六大茶山易武，从乾隆至光绪初年，勐腊县境内五大古茶山周围已八百里，年产茶叶上万担。但1840年鸦片战争后，人民负担加重。1856年起，云南爆发了席卷全省的回民大起义，推举杜文秀为首领，建立大理政权，同时有哀牢山李文学起义，长达21年的战乱，市场通路阻断，光绪末年，内忧外患，匪盗蜂起，交通阻塞，茶商畏途，茶叶无销路，茶农生活无着落，毁茶种粮，茶山走向衰落。继而法国占领越南，并将势力伸入云南，1884—1885年中法战争后，光绪二十二年（1896年）法国夺去我领土猛乌、乌德，又开思茅易武通商。1921年，新开通易武至越南莱州茶道，茶叶销路好转，产量回升到6700担。

但后为争夺茶税，普洱茶复苏不久的南行商路又受到法国在越南势力的重税盘剥，引起争议。1937年后，法国禁止华茶进入越南、老挝、缅甸三国，茶叶销路受阻，茶叶产量减至5000担。茶商倾家荡产，负债累累，普洱茶难以复兴。

民国时期，瘟疫流行，茶农大量死亡，十不剩一，易武曼庄，弯弓大寨疟疾流行，死人无数。1941—1943年，攸乐人（基诺族）受不了当时车里县长王宇鹅的苛税压迫和强征兵员，首领阿四组织起义，进攻倚邦国民党新编一大队，以大火攻城使倚邦街与牛滚塘街化为灰烬，茶商倒闭，居民全部远走他乡，茶园荒废，六大茶山彻底衰败，人气散尽。

1949年，勐腊县境内茶园采摘面积只有2770亩，年产量只有401担。中华人民共和国成立后，随着勐腊县政府的搬迁和远离交通干线，使得古六大茶山勐腊境内的五大茶山处在偏僻一角，虽然县人民政府积极组织发动茶区人民恢复茶叶生产，但古茶山的茶叶生产已没有了原来的规模了。

在历史上曾繁盛一时的六大茶山，清末走向衰落，其原因应当说与近代中国鸦片战争后帝国主义的入侵，中国封建经济的崩溃，社会的动荡有直接关系。

中华人民共和国成立后，新的昆（昆明）洛（打洛）交通干道从景洪—勐海—打洛出境，六大茶山长期居僻一角，丧失了发展机会。政府重点发展集中于低热区的胶、糖，古六大茶山茶业的发展与其他茶区拉开了距离。加之多年未对古茶山进行保护和重视，对古茶林、茶山乱砍滥伐，加上近年来在商业驱动下采摘不当，造成对古茶资源的巨大破坏。近年，随着普洱茶的兴起和各地政府的重视，重振茶山，古老的六大茶山再次走向兴旺发达。

七　云南历史上有关茶马古道线路记载文献研究

“茶马古道”的路线，可分为北道（“贡茶道”）、西道及南道，既有主、次，又有官道、商道之分，现分别在文献的查找辑录中研究整理如下。

（一）北道，即官道或“贡茶路”

1. “贡茶路”

据杨慎《滇程记》记载：经嵩明→寻甸→东川8日程。向北行4日到昭通，向北经大关至盐津共6日程，再北经筠连→高县→庆符至叙府（宜宾）6日程，总计24日程，1665里到宜宾。从宜宾可乘船沿长江而下入湖北至杭州，转“京杭大运河”到京城；或溯岷江而上经嘉州（乐山）至彭县到达成都；或至嘉州（乐山）走青衣江道，即溯青衣江而上至雅安→邛崃→成都后，再走川藏线入西藏或走川陕路到陕西进行茶马贸易。

考：北道（“贡茶路”或“官马大道”），即由思茅（普洱）至省城昆明再从滇东北昭通进入内地。从思茅途经那科里、普洱、磨黑、通关、墨江、阴远、元江、青龙厂、化念、峨山、玉溪、晋宁、昆明、嵩明、寻甸、东川、昭通、大关、盐津、宜宾，宜宾可乘船沿长江而下入湖北至杭州，转“京杭大运河”到京城；或溯岷江而上经嘉州（乐山）至彭县到达成都；或至嘉州（乐山）走青衣江道，即溯青衣江而上至雅安→邛崃→成都后，再走川藏线入西藏或走川陕路到陕西进行茶马贸易等的多条通道。

北道一般为官道，在茶运中主要为云南贡茶。贡茶自清康熙元年（1662年）始，便“饬云南督抚派员，支库款，采买普洱茶5担运送到京，供内廷饮用”。从此形成定例，按年进贡一次。到清嘉庆元年（1796年）改为10担。其品种有普洱女儿茶、普洱蕊茶、普洱茶膏等。清代阮福《普洱茶记》云："普洱茶名重天下，味最酽。京师尤重之，于二月间采蕊，极细而谓之毛尖以作贡"。清代曹雪芹《红楼梦》中"女儿茶"，为普洱贡茶中的一种，装在银瓶中作贡。清朝每年派官员支库银到思普区采办就绪后，由督辕派公差押运。每年贡茶征购完备后，方许民间进行采购。贡茶运至昆明检验后由差员押运，在驮运马帮的马驮子上插有"奉旨纳贡"杏黄旗，走滇黔线，经平彝（富源）胜镜关入贵州，经湖南至京城（北京）。人们将此道称为"皇家贡道"，也是商旅的通京大道。这条道所经路段为元、明以来的驿站，路线由普洱→昆明→京城为贡茶道。茶运至昆明后，从滇东北走"蜀身毒道"的"石门道"（朱提道）、"僰道"入四川。

在该道里程中，清康熙章履成的《元江府志》，对从元江府城至车里九龙江宣慰司各地里程还有明确记载："府城西一百至三板桥，三板桥一百里甸索，甸索一百里至他即，他即一百里至阿墨江，阿墨江一百里至通关哨，通关哨一百里至磨黑，磨黑一百里至普洱，普洱一百里至斑鸠坡，斑鸠坡一百里至思茅，思茅一百里老军田，老军田一百里至普腾，普腾一百里至大开塘，大开塘一百里至关铺，关铺一百里至板葛，板葛一百里至孟养，孟养一百里至车里九龙江宣慰司"。

2. "蜀身毒道"

即云南与四川的古代交通，从成都至云南经滇西保山腾冲出境至缅甸印度，故又称为南方丝绸之路北段，同为云南入内地之北道。但茶马古道只有原有昆明至富民→武定→元谋等交叉，至金沙江后从会理入康藏地区。该段同属北道，又称建昌路，即普洱到昆明至富民→武定→马鞍山→元谋→金沙江→姜驿→黎溪→凤营山→会理→巴松→白水→德昌→禄马→西昌→礼州→泸沽→晃山→越西→黎州→荥经→雅州→邛崃→新都→双流→成都，再进入陕西或西番进行茶马贸易。

（二）西道，即入主藏道，包括"博南道"和滇藏茶马道

1. "博南道"或"永昌道"

唐代樊绰所著《蛮书》曾做了如下记载：大雪山，在永昌西北，从腾充过宝山城，又过金宝城以北大赕，周回北余里，悉皆野

蛮，无君长也。地有瘴毒，河赕人至彼中瘴者十有八九死。阁罗凤尝使领军将于大赕中筑城，管制野蛮，不逾周岁，死者过半，遂罢弃不复往来。其山土肥沃，种瓜瓠长丈余，冬瓜亦然，皆三尺围。又多薏苡，无农桑，收此充粮。大赕三面皆是大雪山，其高处造天，往往有吐蕃至赕货易，云此山有路，去赞普牙帐不远。

考：唐时，吐蕃通南诏的道路主要有两条：一条是芒康—德庆—铁桥—羊苴咩城道；一条是从察隅过大雪山，沿高黎贡山西侧的梅开恩江至永昌。由于吐蕃军事扩张的需要，前一条道路的重要性显然要超过第二条道路，在多数时候，特别是南宋大理时期，吐蕃不惜一切代价牢牢掌控着第一条道路，这使得吐蕃在其向东南的扩张显得得心应手。

文中的腾充即今云南腾冲。腾冲西北之大赕，周回百余里，三面皆是大雪山。这里所说的大赕，应是指今缅甸克钦邦北部的坎底坝，又称葡萄。越过坎底坝北部的高山，便可进入今西藏境内的察隅地区，并由此而直通拉萨。说明当时确实可以从南诏经保山，至腾冲，往西进入缅甸宝山城、金宝城，再往北至葡萄，越过北部的大雪山，即有路通往吐蕃赞普驻牙之地。这里的吐蕃赞普牙帐当是指当时的逻些城，即今拉萨。由于这条道路穿越于崇山峻岭之间，要翻越险峻的大雪山，气候又难以适应，大规模通行当有困难，但民间商人作为商路使用，则是可行的。而且文中提到，当时吐蕃的商人经此路前往南诏货易。这说明，这条“西路”在唐代吐蕃时期，已作为一条民间商道得到开通和广泛使用。

另据清乾隆《腾越州志·关隘志》记载：云南入缅甸有“八关”曰：铜壁、万仞、神护、巨石、铁壁、虎踞、天马、汉龙等，各守一路要害，均有通缅的陆路与水路。从陇川西行10日至缅甸的勐密，再西行2日至宝井，沿伊洛瓦底江南上至缅甸古都曼德勒；再西行5日至摆古（勃国）；或入缅甸的八莫，再溯伊洛瓦底江而上，从恩梅开江、迈梅开江进入印度的阿萨姆邦，再进入不丹、尼泊尔后入中国西藏的日喀则、拉萨等地。

该道在近代后成为茶马古道的主线，是经思茅→那科里→普洱→西萨→景谷→按板→恩乐→者后→景东→鼠街→南涧→弥度→红岩→凤仪站入下关（大理）；或从鼠街至蒙化（巍山）、大仓入下关（大理）。到大理后一路向

西行，经漾泌→太平铺→曲硐（永平）→翻博南山至杉阳，过澜沧江霁虹桥至水寨→板桥→保山→蒲骠→过怒江至坝湾，翻越高黎贡山→腾冲→和顺→九保→南甸（梁河）→干崖（盈江）→陇川。这是南诏时的“博南道”“永昌道”，今亦称南方丝绸之路南段，到腾冲再走“天竺道”出境，经缅甸或印度进入中国西藏。

2. 滇藏茶马道

该道是古代直至近现代茶马古道的主干线，线路从今西双版纳、思茅、临沧等产茶区经景东、凤庆、南涧、魏山到大理下关后，路分两条进入藏族聚居区。

据平措次仁主编的《西藏古近代交通史》（中国公路交通史丛书，西藏自治区交通厅西藏社会科学院编，人民交通出版社，2001年），及对照其他研究考证，云南入藏主要有两条路。

一路由景洪，普洱，临沧等地产茶区，基本与今滇藏公路214国道相符（“国道214线”“G214线”是起点为青海西宁，终点为云南景洪的国道，全程3296千米。这条国道经过青海、西藏和云南3个省份。因从云南景洪到青藏界内，亦被称作滇藏公路，途经云南景洪、澜沧、双江、临沧、云县、南涧、弥渡、大理、剑川、香格里拉、德钦、西藏芒康、左贡、昌都、类乌齐、青海囊谦、湟源、玉树、西宁）。

作为茶马古道其运茶主干线路，古道从临沧北上经大理、喜洲、邓川、牛街（洱源）、沙溪（寺登街）、甸南、剑川、北汉场、铁桥城（丽江）；或下线从邓川、北衙、松桂、鹤庆、辛屯、九和到丽江、铁桥城、中甸（香格里拉）、德钦或维西，入西藏各地沿线进行茶叶等商品交易。

另一路分支干线则可经漾泌、石门（云龙）至旧州，翻怒山至瓦窑、漕涧、泸水、六库、福贡、丙中洛，出石门关至西藏的察隅县。这条路沿怒江峡谷行走，其海拔在1500—2500米之间，无高大雪山阻隔，可常年通行。到察隅后，可由西藏出境至缅甸，再到印度。亦可经波密至中国的拉萨、日喀则再到尼泊尔、印度。

从云南入藏后古道贸易线路较多，但主要线路同样有两条。

一路从西藏盐井进入芒康后，路线又分为两条，一路经康定、理塘、巴塘至西藏的昌都等地，再由昌都通往西藏其他地区。基本与今川藏公路318国道相符（318国道起点为上海，终点为西藏友谊桥，全长5476千米，途经浙江安徽、湖北、重庆、成都、名山、雅安、天全、泸定、康定、雅江、理塘、巴塘芒康、左贡、八宿、波密、林芝、工布江达、墨竹工卡、达孜、拉萨、堆龙德庆、曲水）。

另一路从芒康经左贡、邦达、八宿、波密、林芝、工布江达、墨竹工卡到拉萨，更远的从拉萨经江孜、日喀则至口岸亚东出境至印度、尼泊尔。

从四川省入藏的川藏道则以今四川雅安一带产茶区为起点，首先进入康定，自康定起，川藏道又分成南、北两条支线：北线是从康定向北，经道孚、炉霍、甘孜、德格、江达、抵达昌都（即今川藏公路的北线），再由昌都通往卫藏地区；南线则是从康定向南，经雅江、理塘、巴塘、芒康、左贡至昌都（即今川藏公路的南线），再由昌都通向卫藏地区。

对滇藏茶马道而言，在这条从云南普洱府到拉萨的7019里中间有100多个驿站，形成一个又一个交通集镇，并逐渐成为这条古道上经济、文化交流中心和交通枢纽。

以上所考只是茶马古道的主要干线，也是长期以来人们对茶马古道的一种约定俗成的理解与认识。事实上，除以上主干线外，茶马古道还包括了若干支线，如仅从四川入藏的就还有由雅安通向松潘乃至连通甘南的支线；由川藏道北部支线经原邓柯县（今四川德格县境）通向青海玉树、西宁乃至旁通洮州（临潭）的支线；由昌都向北经类乌齐、丁青通往藏北地区的支线，等等。正因为如此，有的学者认为历史上的“唐蕃古道”（即今青藏线）也应包括在茶马古道范围内。也有学者认为，虽然甘、青藏族聚居区同样是由茶马古道向藏族聚居区输茶的重要目的地，茶马古道与“唐蕃古道”确有交叉，但“唐蕃古道”毕竟是另一个特定概念，其内涵与“茶马古道”是有所区别的。而且甘、青藏族聚居区历史上并不处于茶马古道的主干线上，它仅是茶叶输藏的目的地之一。“茶马古道”与“唐蕃古道”这两个概念的同时存在，足以说明两者在历史上的功能与作用是不相同的。正如世界上的道路大多是相互贯通和联结的，我们并不能因此而混淆它们的功能与作用。当然，有的学者主张茶马古道应包括“唐蕃古道”，主观上是想扩大茶马古道的包容性。这一愿望可以理解，但这样做有一个很大的弊病，即任何一个概念若将其外延无限扩大，则其内涵亦会随之丧失。因此，在对待“茶马古道”这一特定历史概念乃至在开发利用茶马古道过程中，采取一种科学的、客观求实的态度是非常重要的。

需要指出的是，历史上的茶马古道并不只一条，而是一个庞大的交通网络。它是以川藏道、滇藏道与青藏道（甘青道）三条大道为主线，辅以众多的支线、辅线构成的道路系统。地跨川、滇、青、藏，向外延伸至南亚、西亚、中亚和东南亚，远达欧洲。三条大道中，以滇藏道最长，最为艰险，其对西南边疆及民族关系、民族经济文化交流的历史作用也最大。在军事史上同样作用重大。如在元代初年，蒙古大军由忽必烈率领，自川西松潘一带兵分三路入云南，西路由今四川理塘、乡城一线沿滇藏道渡金沙江夺取丽江，经鹤庆、剑川而灭大理。蒙古军由最险峻的滇西北横断山脉入滇，应该说得利于这条古道。元统一云南后，在云南广建站赤（即驿制、驿路、驿站）以“通达边情”使“四方往来之使”和“纲运辎重物资”畅通（《永乐大典》）。

滇藏茶马道从元《经世大典·站赤》[①]看，哈剌章（今大理）至丽江吐蕃道便是当时一条主要驿道：它自哈剌章（今大理）北行，经邓川、观音（鹤庆北120里）或剑川，达丽江再北至川西去吐蕃，并经布拉马普特拉河谷去欣都（印度）。《元一统志》赵校本卷七对丽江路“里至”（里程及所经所达地点）也有较详记载。

清代中后期的驿运，承袭前路并不断扩大增长。“改土归流”后，乾隆年初，中甸、德钦、维西纳入滇省版图，正式划归云南管辖，云南藏族聚居区的流官由清政府从内地委派，云南藏族聚居区与内地联系巩固，交通也日显重要，在元明驿路基础上，滇藏路上不断增置驿站、驿马、军站及驿馆等，道路也改为两条：其一由昆明、大理经腾冲至缅甸与中国交接处恩梅开江和迈梅开江往西北折至西藏或印度；其二就是经邓川、剑川、丽江、维西、德钦达四川巴安入藏，并在丽江府置二驿，加强与川藏的驿运。

① 元《经世大典》元代官修政书，又名《皇朝经世大典》，元文宗至顺元年（1330年）由奎章阁学士院负责编纂。

清代及其以后时期，有不少官吏、商人沿滇藏茶马古道进入西藏。由于各种文献对这条路的站程、里数记载不一。所以，我们在此仅以清朝初期杜昌丁的《藏行纪程》所记，对此通道再做一简要的记述。

清康熙五十九年（1720年），杜昌丁从昆明出发一直走到西藏洛隆宗（即今洛隆。隆县位于青藏高原东部、昌都地区西南部、念青唐古拉山脉东南端、怒江流域上段。县境东邻八宿县，南同波密县接壤，西与边坝县毗邻，北靠丁青、类乌齐两县），并沿原路返回，其所记程站及里数如下。

昆明德胜桥、安宁（35清里，下同）、老鸦关（70）、禄丰（70）、舍赀（70）、广通（55）、楚雄（70）、吕合（70）、镇南（35）、沙桥（35）、普朋（70）、云南堡（70）、白崖（70）、大理（70）。从昆明到大理共14站，与其他文献记载相吻合。大理以后的站程和里数，也基本与其他史籍相一致：大理、沙坪（90）、邓川州（15）、三营（55）、观音山（30）、剑川州（70）、九河关（60）、阿喜渡口（50）、黄草坪（60）、咱喇姑（50）、桥头（15）、螺蛳湾（30）、土官村（30）、一家人（60）、它木郎（50）、小中甸（50）、大中甸（50）。由阿喜经黄草坝、土官村等地到大中甸为旧路，另有新路共八站四百六十里至大中甸：阿喜渡口、天吉（70）、沙罗（60）、喇毛（80）、坡顶（90）、喇嘛寺（60）、箐口（60）、大中甸（40）。据载，这段新路沿途水草丰盛，无大坡，唯冬天积雪不宜行走，但旧路夏天不宜通行，原因是途中蚂蟥较多，对过往马匹的危害较大。

由大中甸前往西藏洛隆宗的路程：大中甸、箐口（20）、汤碓（50）、泥西（50）、桥头（40）、崩子栏即卜自立（60）、杵臼（60）、龙树塘（50）、阿墩子（50）、多木（50）、桥头（50）、梅李树（60）、甲浪（230）、喇嘛台（60）、必兔（60）、多台（60）、欲台（70）、临米（118）、喇嘛寺（20）、江木滚（10）、札乙滚（60）、热水塘（60）、三巴拉（60）、浪打（50）、木科（20）、宾达（40）、烈达（50）、擦瓦冈（60）、天通（60）、塔石（30）、崩达（80）、雪坝（60）、鲁体南（250）、瓦河（20）、马里衣（60）、晓叶桑（60）、山桥边（70）、洛隆宗（40）。

根据杜昌丁的行程，从昆明到西藏洛隆宗共有67站（不包括昆明），3923

里。从通道所经地点来看，后来的滇藏公路即214国道基本上是沿着这条“茶马古道”修筑的。

滇藏茶马古道到达洛隆宗以后，与另一条“茶马古道”即从成都经打箭炉、理塘、巴塘到拉萨的通道汇合。洛隆宗至拉萨的驿站的里程为：洛隆宗、紫驼即曲齿（120）、硕般多（40）、博密喇嘛庙即中义沟（50）、巴里郎（60）、拉子（100）、边坝（60）、母达庙（70）、察罗松多（50）、朗吉宗（50）、大窝（50）、阿南多（55）、阿兰卡（40）、甲贡塘（50）、大板桥（40）、多洞（40）、擦竹卡（52）、拉里汛（60）、阿咱（60）、山湾（90）、常多塘（50）、宁多塘（50）、拉松多（40）、江达汛（30）、柳林里即顺达（50）、鹿马岭塘（60）、推达塘即磊达（106）、乌苏江（60）、仁进里（60）、墨竹工卡（70）、南摩即拉穆寺（50）、占达塘（20）、德庆（30）、菜里（30）、拉萨（23）。

从洛隆宗到拉萨共有34站，1866里，普洱府距昆明1230里，加上昆明到洛隆宗的距离3923里，滇藏“茶马古道”共长7019里，当为“茶马古道”中最长的一条通道。

考：杜昌丁，清代江苏松江府青浦县人，为云贵总督蒋陈锡幕宾。康熙五十九年（1720年）庚子十二月，蒋陈锡因清廷谕令陕西、四川、云南三省会剿西藏时，贻误粮运，奉命进藏效力赎罪。当时，藏程险阻，生死难卜，被人们视为畏途，从者闻风散去。杜昌丁与蒋陈锡交谊笃厚，有知己之恩，不忍相负，“独以倚间之望，不能久稽，请以一载为期，送公出塞”。送蒋至雪岭才返归故里。往返途程将近一年。杜昌丁回乡以后，遂将这段“万死一生”的往事按日记录，康熙六十一年（1722年）完成了这篇《藏行纪程》。进藏路线，一般由四川成都或青海西宁，杜昌丁随蒋陈锡进藏，却是从云南昆明取道洛龙宗，杜昌丁虽然仅达藏边，但是所经中甸、阿墩子等处，均汉人罕至的民族地区，因此所记入藏途程见闻应是罕见之作。

蒋陈锡、杜昌丁从云南省会昆明出发，取道滇西入藏，其所经道路格外艰辛。《藏行纪程》详细记述了他们西行的路线与程站：近花圃、碧鸡关、安宁州、老鸦关、禄丰县、广通县、楚雄府、镇南州、酱堋、云南堡、白崖、赵州、大理府、沙坪、剑川州、九河关、阿喜（即金沙江）渡口、黄草坝、咱喇姑、土官村、十二阑干、大小中甸、汤碓、泥西、崩子栏、杵许、阿敦子、多目、盐井、澜沧江、梅李树、甲浪喇嘛台、必兔、多台、煞台、下坡、江木滚、札乙滚、热水塘、三巴拉、浪打、木科、宾达、烈达、察瓦冈、天通、崩达、雪坝（夹坝）、洛隆宗。

蒋陈锡、杜昌丁自康熙五十九年（1720年）十二月十六日起程就道，杜昌丁于次年（1721年）七月十一日与蒋陈锡分手东归，循旧路返回。归途也是惊险非常，九死一生。十月初一日，杜昌丁返回昆明，即与蒋公使者陆相兼程70日，于十二月十三日回到江苏青浦故乡。《藏行纪程》记述了他们从云南到西藏的惊险历程，不仅时间、路线、程站、见闻翔实可据，而且保存了异域风光、生态气候、民族风情等珍贵史料。

除上述滇藏茶马道主干线外，从大理至丽江、迪庆入藏段茶马古道云南段有很多条线路，根据约瑟夫洛克亲历考察，并著有《中国西南古纳王国》一书，对从云南驿至大理丽江的线路有详记，应当说是当时的一条主干线路，对我们研究茶马古道有重要参考价值。

洛克走的线路是：云南驿到红崖有85里，红崖起经赵州（今凤仪）至飞来寺65里，从飞来寺到下关和大理分别为25里和50里，大理至邓川有90里，邓川至牛街有90里，牛街到甸尾相距70里，甸尾到九河60里，九河至丽江有90里。全线共有8个站，600里。与今天沿214国道（老路）从祥云县至丽江古城道路相仿。当时洛克是从昆明经楚雄到云南驿的，当中经过10个站，故云南驿为第11站。并由此对至丽江各站做了详细记录。

> 第11站：云南驿到红崖有85里。出云南驿沿坝子走，沿山麓小丘行进15里，就到了另一个小坝子，路从坝子中间穿过，这个坝子叫祥云坝，其北边是一个相当大的湖，叫青海。坝子尽头是一个岩石的山岭，晒金坡小村即坐落于此。道路越过岩石山岭通向湖岸，到了另一个坝子，穿过这个坝子，翻过几个小山丘，进入北面一个大平坝。经过沟村铺，走进了绿草萋萋的田野，山丘光秃而凄凉，使人想起西藏东北部草场。往上看，能看见红色的峭壁，山脚下有一座相当堂皇的佛寺，旁边是因距寺庙不远的大石灰石硐而得名的青华硐。硐约36.6米宽，硐顶很高，硐内有几个分硐。硐外有4所破烂房

子，是通常的打尖处。青华硐北2里，即是云南县，又称祥云县。

从青华硐起，道路笔直上山，然后进入一个被秃山围绕的山谷，经过倚江铺村，海拔2164米，全村都从事于打草鞋供应脚夫和旅客。路又往上到了海拔2103米的地方，随即向下到了加买铺村，再一次向上越过光秃秃的山丘后，就到了过去称为白崖而现在称为红崖的坝子。白崖改名为红崖是在乾隆二十一年（1756年）。红崖是一个看上去苍凉孤独的地方，两端各有一座寺庙。1925年春毁坏了大理城的大地震，也使红崖极大地受到破坏。

第12站：从红崖起经赵州（今凤仪）至飞来寺65里。此地海拔2103米，从红崖坝子下到一个深深的峡谷，这峡谷似乎把围住坝子西面的大山劈开了。往峡谷顶上隘口去的岩石路之难走，简直无法形容。越过山巅定西岭隘口，有一座寺庙，名云涛寺。定西岭之名刻于庙前陡石阶前纪念碑上，碑上刻着明洪武十四年（1381年）的日期。寺门口是个茶馆，这对过往旅客来说是个绝好的打尖处。自隘口起，道路逐渐缓缓向下，进入另一个峡谷。走过好几个村庄，如小哨、大哨，然后到了海拔2103米的赵州（凤仪县）平坝。赵州外5里就是石壁头小村。安静的寺庙飞来寺就在峭壁之下，因为赵州城里没有马店，所以这里是客商通常住宿的地方。

第13站：从飞来寺到下关和大理分别为25里和50里（由赵州起则为55里）。在这坝子的尽头，道路从圆锥形的山脚向西转一个直角，就到了雄伟的通称苍山的点苍山前了。苍山海拔4267.2米，自半山腰以上就终年积雪。我们穿过几乎被地震毁坏殆尽的破落小村，走过山腰的沙砾路，向右到了洱海即大理海的南端。赵州到下关30里，下关到大理25里。下关位于山坡上，在远处即可见，海拔2103米，是云南西部中心商业城市，而大理是首府，是官府所在地。下关尚有一名叫龙尾关。经过城里的窄街，跨过黑龙桥，过了洱海的出口下关河，爬上一个陡坡，就到了下关近郊光滑的石板路。在这儿，小路都是铺了石头的，而且光滑，路从荒冢累累的麦地里经过，向西上了山腰，这就是苍山山麓上的小丘山坡。这条路上交通运输拥挤，特别是四月里每年的集市举行的时候。这里还有一座13层的塔，塔顶已毁坏。洱海里的船帆可以见到，船驶过光滑平静的水面，驶向海东。路上有成百的行人，男人全部戴着矮顶的阔边帽，帽上蒙着天蓝色的油布，同样颜色的飘带结在胸前，或者散垂至膝。我们见到卖草帽的，帽子是用灯芯草编成，大部分是单色的，小部分由染成红、蓝、黄色的草编成。走15里就到了观音寺，寺前的厨房和饭堂闹哄哄的，寺旁的村子叫阳和铺。走15里就到了大理城，海拔2055米，它坐落在苍山与洱海之间的坡坝里，城有两个南门，而北门、西门和东门则只各有一个，小南门就是著名的五华楼。1925年的地震使大理城损失很大，甚至巨大的五华楼都受了影响，可是作为大理标志的三塔却毫无伤损，只有其中之一倾斜得相当厉害，好似意大利的比萨斜塔一样。从中央较大的塔顶上落下一个当地民众称之为鸭子的铜镀金的迦卢茶与一个球和环轮，在圆球里发现一份元朝印刷的汉文著作和一个小小的主塔模型。三塔在大理北部，位于苍山的第16峰之下，是唐贞观六年（632年）照尉迟敬德大将军的命令修建的。塔的四周盖了一些驻军的营房。大理及洱海之间开辟了一个飞机场。

第14站：大理至邓川有90里，海拔2164米。道路穿过源自苍山之峰的砂岩河床，跨过沟渠和溪流，在这段路中间，有一个从苍山伸向洱海的狭长山岭，这就是上关（又名龙头村）。从打尖的村子到上关有20里。那个贫困可怜的小村，被匪首张结巴抢掠焚烧过，只剩一片废墟。人们一走进这个过去的要塞的大门，眼前就展现出一幅破烂肮脏的景象，没有一个能住的旅馆，没有一所完整的房子。过了沙坪，在上洱海尽头，道路爬上一个立在古墓丛中的山岩，沿着多沼泽的坝子之上的红土山腰向东走，然后穿过一个美丽的树林，两边都是高耸的山峰。往下向有城墙的邓川走，跨过一条名溪水的小河上面的桥，这河流过南门，形成护城河。一条长长的街道往下进入这个向北倾斜的城里，这儿没有客栈，只有一所宽敞的小学校，即过去的文庙，我们就住在那里。文庙坐落在一个空地里，修葺得相当好。这坝子十分肥沃，地里的麦子是我们在路上所见到的最好的。这儿还种着荞麦。

第15站：邓川至牛街有90里，海拔2286米。我们从城里走下坝子，遇见几百个民家族农民，都带着谷子、米、犁、席子、茅草、土罐子装的酒、兽皮、蔬菜等土产品去赶街子，这些东西数量大得令人吃惊。这些农民形成一个无尽的行列，因为那天正是赶邓川街。走20里平路，过了右所村，就到了在一条大渠堤脚下的另一个叫中所的小村，弥苴河的水从这条大渠里流入洱海。我们在这里遇见一个运盐的大商队，都驮着看起来有点脏的灰色圆柱体的盐块，还遇见许多用背架背着烧柴的部落民众，他们的背架上绑着草绳，这草绳勒在前额上。道路接近弥苴河峡，从这儿进入一个深谷，上了峡谷的一半，我们走过一道横跨在流水湍急咆哮的古西洱河上的桥，这桥处于海拔2202米。峡谷对面有一条道路通向洱源县城，从那儿往北100里就到剑川，往南45里到邓川。

走完峡谷，便登上一个窄窄的坝子。路在沿山麓小丘奔流的小溪左岸向前延伸，经过巡检司村，然后跨过沙砾的河床，沿小溪右岸前行。我们走过一个沙砾的坝子，到达一座小红土山的山脚，又登上海拔2301米的山顶，在这条路的右边，有一个小而美丽的湖，名干海子。我们走下长满松树的小山，到了一个坝子，坝子里有个叫应山铺的村子，海拔2240米。在我们右边是一个陡峭的、起起伏伏的山，这山名佛光寨山，这是一座圣山，半山腰上有一个据说能容纳10000人的山洞。山坡上的灵光寺明显可见。办公这里顺着耕作得很好的坝子走过去，这里的麦子长得很好。走过文笔村和长营村，最后到了一个叫三营的小村。这是一个狭长的村子，村中央有一座特别的牌坊，该村海拔2286米。在这儿我们遇到一长列的民家妇女，背着家具、汉族的格子门和窗，成篮或成堆的草帽，以及很多巨大的柏木棺材板。这些板子是从北面离这里好几站路的白茫山运来的，木材从金沙江里流放到石鼓，然后运到邓川，再从洱海用船运到大理。三营到牛街有5里。离三营不远是一座石灰石的小山，名火药山，顶上有一座文笔塔，岩石上满是孔穴，整座山都是蜂窝状物。山脚下有沸腾的温泉，水花翻滚冒泡，温泉温度为77℃稻田之间到处冒着热气。公元1935年2月，这座特别的山突然火山爆发。火山爆发之前，先发生一次剧烈的地震，从山里发出来的声响有如轰雷，地震之后，山上立即冒出火焰，连天也映红了。这样持续1个小时，之后不见了火光，后来人们去看这座山，发现山的一大部分塌陷了，盖住了几个在山脚涌流的温泉，没有人受伤。牛街是个荒凉破败的村庄，这全是因匪首张结巴和他的匪徒们的掳掠所造成的。公元1928年，张结巴才向政府投诚。在此之前，张结巴抓了一个比利时传教士，官府只好接受了他的条件，从此，他成了这个地区的军事首领。

第16站：牛街到甸尾相距70里，海拔2377米。从牛街开始，路就一直在环绕着坝子右面的小山脚边走，村外边坝子尽头处有一条路岔入一个深谷里，直通鹤庆。这是到丽江最近的路。我们走的路穿过牛街坝子，来到一座石灰石山，名观音山，山上有平滑的峭壁，峭壁脚有一个佛寺，半山腰有一洞名太极洞，洞中央有一个水潭名金龙潭，极深。相隔不远，在一个小庙前，路爬上了红土山丘，山上长满森林，再往前走，到了一个有几所房子的关口，名叫臭水井。在这儿，张结巴干了许多抢劫谋杀的勾当。这里是商队马帮一个可怕的关口。路往下降，到了一个叫野鸭塘的村子，这是一个盆形洼地，再往前走，爬上长满松树的山丘，前面是一座大山，名叫老君山，在这山的那面，看得见拉巴山（石鼓山），海拔4572米，左边即西南方为盐路山。往下走，越过一个沙砾的岭背，路左是一条呼啸的河，下到甸尾坝子，跨过一条河，穿过一个老橡树的林子，就到了甸尾村，该村海拔2377米。

第17站：甸尾到九河60里，海拔2484米。路从甸尾起，经过一个庙宇，下山到剑川坝，东边是60平方里的剑川湖。我们跨过甸尾河上的一座新桥——海虹桥。在这条路上，可以很好地看到丽江雪山玉龙山，虽然此山在甸尾就看得见。在这条路上还可看见被金沙江

从主峰分开的北峰——哈巴雪山。我们经过离甸尾10里半的汉登和西庄两个村子，然后到猪圈场，从这儿到水寨。从这儿到剑川城只有一小段路，我们在这里遇见几百个农夫负重而行。他们背着一些巨大的土罐土锅，还有席子、烧柴，以及装在篮子里的猪。离甸尾20里便是剑川城，海拔2362米，这地方因其善做家具、雕刻灵巧而闻名。剑川是大理以北和更远的藏商队喜爱的宿营地。道路穿过麦地和稻田，到了板凳河村和永盘村，继而经过太平村、刘家登和甸心桥村。在到九河之前有一个美丽的、长满树林的山丘，我们在此处沿着岩石小山脚走进通到金沙江边石鼓的长形山谷。九河坐落在海拔2484米的小山上，这是个破烂的小村，有一个快要倒塌的寺庙。九河属于丽江县境，它的南面属于剑川县。

第18站：自九河至丽江有90里，海拔2499米。从九河顺着坝子走，往左是个叫南苏梅的大村子，再走5里就是北苏梅村，在村子和寺庙对面，是一个露天剧场，路过的商旅马帮队习惯于在此休息。从北苏梅村行5里，就是纳西小村寨杜娥，纳西人的商旅总愿在那儿过夜。小路曲曲折折地通过沙砾铺成的谷底，经过五里碑，又经过离九河30里的坡脚，或称关上，这是最后一个村子。在峡谷尽头有一个蓝色的、美丽的深湖，此湖是漾濞江的源头，纳西语称这湖为“布土歹”（意为“吓泉”）。这儿距金沙江609.6米的高度，离石鼓大约50里。从关上村起，路是铺过的，但路况很差，只比不能通行略好一点。路从海拔2530米的关上往上升，经过与谷地毗连和长着一些树的铁架山，往东到达一个海拔2987米的隘口之顶，不多远又来到一个海拔3048米的隘口，一个比较大的干燥的高原平地出现在我们面前。路的两边都是陷下去的大坑，这个高原平地就由此而得名，称作落水洞。显然这整个高原平地都是下陷的。道路延伸向东，正前方就是那著名的文笔山，1925年大地震时，山坡受到很大损害，山的西侧整个地倒塌下来，形成一个巨大的满是崩落的岩石的斜坡。路转向东北，越过一个相同的高山坝子，然后下降到一个小山神庙，又下降到一个低坝子，这里同样有一个陷落的坑洞，从这儿可以见到丽江北面的玉龙雪山了。在这个高山坝子上，灰扑扑的道路似乎没有尽头，一直往下降，最后穿过一片松林就到达了喇是坝。商旅的停住地是“生笔瓦巴”小村，海拔2651.8米。村子外有一木桥，路从那儿就进入喇是湖和山之间了。然后向东北方向把丽江雪山南端与马鞍山、文笔山连接起来的横岭隘口前进。离喇是坝20里，从山脚穿过坝子8里路，就到了丽江城。

考：约瑟夫·洛克是美国的一个旅行家、地理学家和社会学家。他于1922年到达中国西南部，并从昆明到丽江，以丽江为总部，度过了他此后生命中的27年，他对云南、丽江、藏族聚居区、茶马古道进行考察，记述、整理、翻译了大量地理、自然、历史、民族、风俗、文化、政治等的资料，发表和出版了大量文章和著作，如《中国西南古纳王国》《纳西——英语百科词典》等。在这一段时间里，他多次徒步行走并考察了从昆明经大理、丽江至西藏察瓦隆的茶马古道路线，并做了详细、直观、生动的记述，这是迄今为止，在成书的著作中，对茶马古道滇藏线（云南段）最早也是最完整最翔实的记述，因而弥足珍贵。

此外，云南和四川经西藏到印度的路段，还常常相互借道，如网状一般。诸如从滇北中甸、德钦的道路可入四川芒康，再经“西蜀经吐蕃同天竺道”，西北还有“唐蕃古道”等。大理沿“蜀身毒道”中的“博南道”至保山、腾冲，出境到缅甸八莫走“天竺道”，经缅甸至印度。

（三）南道，即出东南亚、南亚的国际“茶马古道”

宋·杨佐《云南买马记》

嘉州峨眉县西十里有铜山寨，与西南生蕃相接界，户不满千，俗呼为小道虚恨姓。县尉例以十月一日上寨守护，谓之防秋，至四月一日罢归。意者以水潦方溢，而蕞尔虚恨无能为也。虚恨固无能为，仅六七百里有束密，束密之西百五十里至苴咩城，乃八诏王之巢穴也。其地东南距交趾，西北连吐蕃而旁靠蜀。蜀自唐时常遭南诏难，惟太平兴国初，首领有白万者款塞，乞内附。我太宗册为云南八国都王，然不与朝贡，故久不谙蜀之蹊隧焉。熙宁六年，陕西诸蕃作梗，互相誓约不欲与中国贸易，自是蕃马绝迹而不

来。明年，朝旨委成都路相度，募诸色人入诏，招诱西南夷和买。峨眉有进士杨佐应募，自倾其家赀，呼群不逞佃民之强有力者，凡十数人，货蜀之缯锦，将假道于虚恨，以使南诏，乃裹十日粮，贮醯、醢、盐、茗、姜、桂，以为数月之计。诸从行有蓑笠、铁甑、铜锣、弓箭、长枪、短刀、坐牌、网罟佃渔之具，人斩轻桐以橥橐重，有余材则束而赍之。大抵皆先窍凿聚勘，如屋之间架，然将以为寝处之备也。每望日之景，穿林箐而西，遇挚兽，先击锣以警之，或操弓箭、执刀枪以俟。会平林、浅草、长溪、大涧，即施网罟，以从事于佃渔，其徒常鲜食以饱。日行才四五十里，未暮即相地架起桐材，上下周匝徽索而缠之。然后蔽以坐牌，副以网罟，将凑于其中，必积薪于其侧，钻燧火以待夜事。然其地多暑，或蒸而为瘴。值山深木茂，烟霾郁兴欲雨，而莫辨日之东西，间或迷路，竟日而不能逾一谷也。初，铜山为蕃汉贸易之场，蕃人从汉境负大布囊，盛麻荏以归，囊罅遗麻，或荏既久而蘖生。佐之徒蹑麻荏生踪，前寻去路，自达虚恨界分，十有八日而抵束密之墟。前此三四十里，渐见土田生苗稼，其山川风物略如东蜀之资、荣。又前此五七里，遥见数蛮锄高山，俄望及华人，遑遽叫号、招群蛮虻聚。佐乃具巾纻磬折而立，命其徒皆俯伏，毋辄动。须臾，有老髽自山而下，问佐何来？佐长揖不拜，俾其徒素谙夷语者，具以本路奉旨招诱买马事对，徐以二端茜罗啖之。老髽涕泣而徐言："我乃汉嘉之耕民也。皇佑中以岁饥来活于兹，今发白齿落，垂死矣，不图复见乡人也。"乃为佐通好于束密王。久之，有马十数骑来邀迎，悉俾华人乘而入。束密王悦蜀之缯锦，且知市马之来其国也，待佐等甚厚，不惜椎羊刺豕，夜饮藤觜酒。蛮女嫠妇与人乱不禁，惟已嫁，奸者抵死，故饮散辄择其女妇，遍匹华人，抑所以重汉之贵也。凡如此未旬浃，会八国王廉得其状，遣使诘问，何故與华人杂处？束密惧，因悉以佐等所赍物偕行，三驿趣苴咩城，而献诸都王。王馆佐于大云南驿，驿前有里堠，题东至戎洲，西至身毒国，东南至交趾，东北至成都，北至大雪山，南至海上，悉著其道里之详，审询其里堠多有完葺者。俄遣头囊儿来馆伴，所谓头囊者，乃唐士大夫不幸为蛮贼驱过大渡河而南，至今有子孙在都王世禄，多聪悟挺秀，往往能通汉语。佐抵大云南之翌日，都王令诸酋长各引兵，雄张旂队，拥佐等前，通国信，即谕市马之实，而都王喜形于色，问劳，赠送佐等各有差。寻以陕西诸蕃就汉境贸易如初，而西南市马之议罢。明年，铜山寨申峨眉县，县申嘉州，州申本路钤辖司，以某日有云南蕃人贡马若干到寨，乃杨佐者奉帅府命，通国信招诱出来。钤辖司即下委嘉州通判郭九龄前视犒劳，且设辞以绐之，谓本路未尝有阳佐也，马竟不留。初，佐受云南八国都王回牒，归投帅庭，后缘颁示九龄，遂掌在嘉州军资库。蕃人知设辞相拒，其去也颇出怨语。元丰三年春三月生明日，宋如愚东轩录。

考：该道即从普洱、版纳或临沧出境至老挝、交趾（越南）、暹罗（泰国）、甘蒲（缅甸）东南亚诸国，也可出缅甸到印度、尼泊尔、不丹的国际“茶马古道”。文中记载的“交趾”，即越南，“身毒”，即“天竺”，今印度。史料说明西南滇、川、藏三省与东南亚诸国直到印度早在唐宋时已有交往。《滇系》中有记载说：“攸乐，即今同知治所，其东北二百二十里曰莽芝，二百六十里曰革登，三百四十里曰蛮砖。三百六十里曰倚邦，五百二十里曰慢撒……”

另据至元二十四年（1287年），大旅行家马可·波罗，受元世祖忽必烈派遣由大都（北京）出发后到四川成都，走“清溪关道”入云南，经哈剌章（大理）、永昌（保山）、金齿（德宏）出境至甘蒲王朝（缅甸）、交趾（越南），至八百媳妇国（西双版纳）返回云南。走“步头道”（建水）至押赤（昆明），由“朱提道”经“僰道”返回大都。

明、清以来由于思普地区普洱茶兴盛，这条道路则成为茶叶贸易之路。西双版纳相关的文史资料记载共有5条，即东出老挝、安南（越南）；南出缅甸、暹罗；西出缅甸、印度。即经思茅4日至车里（景洪），南行8日至八百媳妇宣慰司（景迈），又西行至老挝，西南行15日至摆古，均可乘船从海路运送京城。出境经景栋、仰光再溯伊洛瓦底江而上至印度，另普洱至勐腊，出境老挝直至越南。向南则由普洱、勐海至老挝或普洱经元江、建水至蒙自、河口到

越南。从滇南出思茅、车里至国外的“茶叶之路”或“茶马古道”已形成，印度、缅甸、暹罗（泰国）、老挝、柬埔寨、越南等国的商人均往来西双版纳、思茅、普洱贩运茶叶。这时滇南的元江、石屏、建水、开远、蒙自等城市兴起，成为茶马古道上的重要城市和交通枢纽。经“僰道”返回大都。

（四）从思茅到国外的“新茶路”

清·光绪《思茅口华洋贸易情形论略》

茶叶出往蛮得烈景昧各处销售……与英属缅甸接壤须十四五程，法界猛乌相通亦五六日路，滇省西南隅土产以茶与土药为大宗，由夷地运入，时视为土货，只完纳厘金，茶则加完府税，海关不能干涉……税司设法阻挠，始息封马之事，商人为权宜之计，暂用牛脚以代马运，惟牛行缓，原非满意之谋，倚邦、易武一带茶造颇佳，缘马一节被封掣肘，业此者苦无运脚，不能畅所欲为，普茶运往香港取道东京，自法员议加税银，其数陡然短绌……

考：清末思芽设海关后，为获厘金，一度通过清政府设法阻挠民间走私茶叶出境，曾封锁马帮贩运，有的商人将普洱茶运往香港取道河内出口。

从对西双版纳相关的文史资料整理看，从普洱或六大茶山出境的线路记载有：（越南）东出老挝、安南（越南）；南出缅甸、暹罗；西出缅甸、印度。即经思茅4日至车里（景洪），南行8日至八百媳妇宣慰司（景迈），又西行至老挝，西南行15日至摆古，均可乘船从海路运送京城。出境经景栋、仰光再溯伊洛瓦底江而上至印度，另普洱至勐腊，出境老挝直至越南。向南则由普洱、勐海至老挝或普洱经元江、建水至蒙自、河口到越南。从滇南出思茅、车里至国外的茶叶之路或茶马古道已形成，印度、缅甸、暹罗（泰国）、老挝、柬埔寨、越南等国的商人均往来西双版纳、思茅、普洱贩运茶叶。之后随滇南的元江、石屏、建水、开远、蒙自等城市和火车运输兴起，不少茶叶通过火车运至越南再转运南洋，从而又形成茶马古道上其他新的支线和交通运输方式。

杨丹桂《新茶路考》

对此路《十二版纳志》亦有载：每届冬晴季节，祥云、镇南、蒙经、景东等县，成千成万之后路马帮都向佛海（勐海）集中，为各茶庄驮运茶叶出口，由佛海（勐海）至缅甸景栋一道，三百余里，满山遍野，连帐如云，炊烟阵阵，人喊马腾，把一个边荒之地，顿时渲染得有声有色，生机蓬勃，热闹无比，由景栋载茶西行至瑞仰火车站之载货汽车，数十百辆，日夜风驰电掣，络绎不绝。

据美籍学者杨丹桂女士在《新茶路考》论文，路径大体是这样：沱茶从思茅发至腾冲，然后进缅甸的密支那、八模和满得列（曼得勒），这段路可能分两条：马帮路和汽车路。一条从满得列装火车至仰光港口，另一条从仰光装上英国轮船海运至印度加尔各答港口。从加尔各答又装火车向南运往西哩古里。之后装上缆车向北运送到葛伦堡的十里区，这里是云南沱茶的交货地点。在葛伦堡等待接货的藏族马帮将茶用骡马驮回西藏。马帮要走18—20天才能到达拉萨，从甘拖克由马帮又翻回惹嘎拉山口进西藏的亚东关口，经帕里、江孜最后到达拉萨。这条新茶路是20世纪初由在印度经商的纳西族杨守其先生首创成功的，他由岳祖父带领从印度经过缅甸和思茅一带，几次采访，设立茶厂，合作创造适合西藏的原山沱茶，打通了云南茶经缅甸到印度，再进西藏的路子。

另根据孙官生《茶马古道考察记》（云南民族出版社2005年版）调研认为，鉴于茶叶运输走勐海思普线，经下关—大理—丽江—阿墩子（德钦）入藏抵拉萨需4个来月，路途遥远、艰险，1921年，茶商张棠阶开通了国外运输线路，即由勐海入缅甸，再转印度，由印度入西藏，获得成功，大大缩短了茶马古道的运输里程和时日。其路线是：马帮商队由勐海县城出发，向西南行经勐混，再至勐板，抵达边境镇打洛，需3日，计155里。由打洛出境，经缅甸勐拉，西南行至景栋，又需3日，计150里。从景栋改由汽车运输至端仰，抵仰光，乘轮船至印度的加尔各答，乘火车运输至西哩古里，改乘汽车至噶伦堡。

由噶伦堡改为马帮商队运输，由噶伦堡至亚东，由亚东至噶乌，由噶乌至帕里，由帕里至堆拉，由堆拉至噶拉，由噶拉至桑马打，由桑马打至冈马，由冈马至扫冈，由扫冈至江孜，由江孜至热隆，由热隆至朗噶子，由朗噶子至白地，由白地至八拉则，由八拉则至曲水，由曲水至业当，由业当至拉萨。从印度进入亚东再至拉萨，共15站，834里。

这条路线，从缅甸景栋至仰光，再至印度加尔各答，运抵西藏拉萨，只

需33天，加上勐海县城至景栋需6天，全线只需39天，只等于走勐海思普线，经下关—大理—丽江—阿墩子入藏抵拉萨，节省两个多月时间，只等于走勐海思普线所需时间的三分之一左右。由于这条线相对好走、安全，又大大节省了时间，自1921年以后，尤其是1931年，缅东公路修通景栋（在此以前要绕道至瓦城即曼德勒乘火车抵仰光）以后，这条线路茶叶出口运输日渐繁忙。直至1941年太平洋战争爆发，缅甸为日军占领，这条线路才中断了。但它作为茶马古道新开辟的一条线路，曾经在历史上辉煌过，即使在今天，也仍然具有恢复和开发的价值。

八　有关道路交通、马帮运输等史料辑考

（一）有关茶马古道道路交通状况史料辑考

唐·独孤乃《笮桥赞》

笮桥横空，相引一索。
人缀其上，如猱之缚。
转贴入渊，如鸟之落。
寻樟而上，如鱼之跃。
顷刻不成，陨无底壑。

考：普洱澜沧茶马道是普洱到澜沧、西盟并连接国外缅甸最便捷的一条茶马商道。其路线是：普洱到普洱向西南行，经整碗—翠云—糯扎渡—过澜沧江—火烧寨—油榨房—锦章—澜沧，马帮行程7天，路途约470里。该诗对笮桥的使用和架桥的艰辛做了十分生动的描写。

从澜沧分三个方向出发可分别到达缅甸，一条是从澜沧—竹塘—雪林—到缅甸腊戍；一条是从澜沧—勐滨—东回—孟连—芒掌—芒信—到缅甸万霍道—勐波；一条是从澜沧—竹塘—西盟—到缅甸。普洱澜沧茶马道是普洱茶原茶供应和普洱茶成品外销的一条重要茶马道。由于这条道路一些路段行走在澜沧江边险峻的悬崖峭壁上，又要在澜沧江边的渡口用渡船将人马渡过汹涌的澜沧江，在雨季江水暴涨时不能通过，因此又被称为“旱季茶马道”。在这条茶马道上，除了澜沧江以外，还有众多的河流阻碍了商旅和马帮，如何渡过那些水流湍急、峡谷深陷的河流，先民创造了一种飞跃天堑的索桥，也称笮桥。笮桥最早是用竹篾拧成一根粗大的绳索，系于河谷两岸，借助木制溜筒，依赖重力把人畜滑向对岸，俗称“溜索”。这种粗大的篾索，怎样从汹涌奔腾的江河

拉到对岸，人们常用两种办法，一是先用细长的麻绳借强弩射向对岸，把细绳的一端拴在篾索上，再拉向对岸；另一种办法是选取江水转弯处，把篾索直接放入水流中，河对岸的人在河湾处接住篾索的终端。笮桥作为茶马古道上的奇观，曾使古今文人赞叹不已，后来的独索“溜索”又多演变为“骈索”，即以数根竹索并排横跨两岸，复以竹篾竹索编成桥面，人畜通行其上，比“溜索”安全和方便多了。如今，骈索笮桥仍然是边远山区各族人民渡河过水常用的工具。

清·师范《滇系·山川》第6册

普洱府宁洱县六茶山，曰攸乐，即今同知治所；其东北二百二十里曰莽芝，二六十里曰革登，三百四十里曰曼砖，三百六十五里曰倚邦，五百二十里曰曼洒。山势连属，复岭层峦，皆多茶树。

考：这是对车里六大茶山地理位置及距离的记述。经笔者实地考察，文中所写里程可能指从普洱府至每座茶山的里程，六茶山间的路程（除倚邦至慢撒、易武约百里外，其余皆不足百里）。对进出六大茶山的茶马古道，清政府是十分重视的。还在清雍正十三年（1735年），清政府便在思茅设驿丞，在原来通道的线路上沿旧道不断修筑从普洱（思茅）经倚邦达易武的石板驿道，即思易石板大道。这是在原来驿铺通道的路线上，沿旧道不断开辟从思茅到易武的马道。这条马道经黄草坝—卡房—高酒房—勐班—补远—补岗—倚邦—曼拱—曼乃—易武。马帮行程7天，路途约535里，通过马帮和牛帮每年运送不少的原山茶到思茅、普洱茶庄加工成普洱贡茶、圆茶、砖茶、紧茶销往各地和送往京城。

清道光二十五年（1845年），在修筑普洱至昆明段官马大道同时，清地方政府组织西双版纳茶商及百姓，用大青石铺设了从易武经曼洒、倚邦、勐旺到普洱的茶马驿道，全长240公里，宽1.2—1.6米不等，方便了普洱茶的运销。该条驿道由思茅经黄草坝60里至高酒房，又60里至勐旺，又100里经补远至补岗，又80里至倚邦，又60里至曼松，又110里经曼洒（即慢撒）而达易武（永安桥被洪水冲毁后，倚邦至易武驿道，改由倚邦经蛮砖，过高山而达易武），全长470里。全程用石块铺筑路面，耗银万两以上，动用民工无计其数。修路银两由官府、茶商、茶山土弁、茶民分担。这条茶马驿道，路面宽约五尺，铺满大小不等的石块。平滑石板铺在道路正中，两侧用小石筑砌，石块大小相间，铺筑得整整齐齐。

思茅至易武的茶马道线路是从思茅向南行，经黄草霸—卡房—高酒房—勐班—补连—补岗—椅邦—曼拱—曼乃—镇越易武，行程7天，全长535华里。此道至今在易武及附近的茶山仍可看到，那大大小小的石块路上不知浸润过多少茶山民众和筑路民工的血汗。道路上的坡坎，还用精心打凿的长条石筑砌成可以拾级而上的台阶，马蹄印清晰可见，石板上的苔藓，长年累月被马帮踏出的累累坑凹，使石铺驿道平添了几分色彩。有些显要路段，下侧以条石筑砌路基，上侧筑砌石壁防坍挡塌，使路段险而不危。这条用石块铺筑的茶马驿道，犹如一条鳞片显露的老龙静卧在千山万壑之内，蜿蜒于林木葱茏的缓坡谷地之间。石板驿道沿途没有无法攀爬的陡坡，没有难以逾越的沟坎，与山乡坎坷崎岖的羊肠小道相比，确实堪称“坦途”。

以上所说的茶马驿道，都是先到倚邦再达易武。易武茶山崛起之后，当地官商另辟蹊径，开辟了易普驿道。这驿道起于易武，经正北面的曼洒、曼乃、象庄、整董，再西行经曼克老、曼老街、大树脚、石膏井计十站六百一十里至普洱，里程虽然比思易茶马驿道多三四站，但途中没有天堑，驿道上仍有大队马帮通行。石砌驿道的修通，使六大茶山的茶业进入了鼎盛时期。

清·舒熙盛《茶庵鸟道》诗

崎岖鸟道锁雄边，一路青云直上天。

木叶轻风猿穴外，藤花细雨马蹄前。

山坡晓度荒村月，石栈春含野墅烟。

指顾中原从此去，莺声催送祖先鞭。

考：诗句生动地描绘了官马大道上茶庵塘驿道的雄奇惊险和运茶马帮过茶庵鸟道的情景。

清代是普洱茶和茶马古道大发展时期。为适应贡茶和茶叶运输贸易的需要，清代还投入人力、物力对始于昆明经普洱止于六大茶山易武的古道进行了修缮拓宽。清雍正十三年（1735年），清政府便在思茅设驿丞，在原来通道的

路线上沿旧道不断修筑从普洱（思茅）经倚邦达易武的石板驿道（即思易石板大道，前面已提到）。清道光二十五年（1845年），普洱府组织拓宽修缮普洱易武、普洱至昆明的官道，至道光三十年（1850年），修建完工了，始于昆明止于普洱的石头镶就的“官马大道”。

经笔者实地考察，茶庵塘驿道位于今宁洱县城北10公里处，凤阳乡民主村的普洱至磨黑东北12.5公里的茶庵塘坡头。这里海拔1960.7公尺，山石古道在一片半原始森林中盘山径仄而上。有过往马帮踏出的约两公分深的马蹄印诉说着昔日“径仄愁回马，峰危畏如去”的艰险。

这里过去曾是古代重要关哨汛塘之一。清光绪年间，曾在茶庵塘设兵丁5名驻守。茶庵塘旁过去有几户人家居住，多数设店接待过往行人和马帮吃住，又称为茶庵寨子。茶庵塘坡陡山高路险，以前路两边大树参天，难见天日，古人形容只有鸟儿才能飞过，故又称“茶庵鸟道”。因茶庵塘驿道蜿蜒险峻，万树成荫，风光独特，故在清代被文人墨客誉为“普阳八景”之一。

为考察茶庵塘驿道，我们从今宁洱县城出发，走2公里的简易公路，便进入茶马古道的入口——凤阳乡民主村头酒房社，这是一个有着50户人家320人的普通村庄。在村庄的上段，我们寻到了留有依稀可辨的马蹄印的石镶古道，我们一级一级慢慢地走过这些历史的见证。石镶路两旁，还有不少老房子。现在的头酒房，许多人家盖起了洋房，不少人现已搬入县城，我们看到的这些老屋大多是村庄里比较困难的人家的栖息场所。

我们由茶庵寨子往北，出门就上坡，坡高又陡，石镶路呈“之”字形，路边大树参天，难见天日，据说新中国成立前土匪出没，行人视为畏途。寨边原有寺庙，据说原是傣族居住之地，庙就是傣族缅寺，傣族迁居后改为“关庙”。现为恢复当年运茶马帮过茶庵鸟道的情景，当地政府对茶庵塘进行了保护性建设，建起驿站，这里有茶站、庙堂、马店。

清·林俊《由藏归程记》

廓尔喀横逆，余以桌司督办粮饷。大军奏凯，于癸丑五月二十五日脱然就道。鸡鸣而起，策马东旋，各牧令候送河干。匆匆揖别，遂乘皮船径渡，稳放江流，于波涛中顷刻即登彼岸。朝暾初上，风日晴佳，碧草黄花，殊不荒寂。入菜园稍憩片时，午间抵德庆，因与承观察同行，即在碉楼小饭。次日晓征，山路多寒，绝似深秋天气。约三十里至占达，青稞绿麦，一望无涯。沿途村妇番民，共相力作。又三十里至纳木，田亩更佳。假寓吹仲庙中。寺极宽敞，所奉佛像，皆状貌狰狞，屋檐排架弓矢刀矛等兵器。吹仲如内地巫师，蛮家奉若神，一切吉凶，尽取决也。少间喇嘛吹仲落桑汪敦来见，年约三旬，人颇文秀。洵知娶有家室，生子即传其业，询夷俗也。次日由墨竹工至仁进里，道路较长，几及百里。次日，仁进里起程，自藏一路，俱系循河行走。至乌斯江，一派西流，询亦藏河上游也。新涨初生，势极浩瀚，由此取道东行，晚抵维达。童山濯濯，风景荒凉，仅有败屋数椽，塘兵及番妇数人而已，此外别无寨落，购买颗粒俱难。幸人有裹粮，马有野草，借以度此寒宵。次日上鹿马岭，未及数里，四望重阴，雪山层迭，寒风刺骨，手足俱僵。五月杪，不啻三冬。下至半山，气候稍暖，草木丛生，渐行渐入佳境。凝芳积翠，山色顿觉改观，为西藏以来所未有。次日至顺达。沿途山色颇佳，茂林深密，百鸟争鸣，如一路笙簧，呖呖可听。晚登碉楼远眺，见夕阳芳草，牧马成群，嫩绿丰肥，足资刍秣。次日密雨绵绵，石头路滑，中有山径，宽仅二尺许，峭壁连云，势极险仄。过此即系江达。当面一山，群峰苍崖，绝似黄大痴笔意。至行馆。

次日天晓，尚霪霖不绝。峰岚合沓，云气蓊然，或锁山腰，或覆山顶，于缥缈中策马而行。沿河曲折，水势又见西流，应亦藏河东派，山重水复，未能一溯其源。行六十里，即在林多喇嘛寺住宿。楼高百尺，万山俱在目前，树色岚光，苍翠欲滴。次日雨势连绵，不过五六十里，即于常多住歇。四山壁立，风景荒寒，绝无栖止之所。仅有黑帐房一所，又复破烂欹斜，不足以庇风雨，兀坐半宵，未明即行。上瓦子山，势极高峻，一路俱系碎石粗沙，形同瓦砾，意即瓦子山所山名也。山顶石径陡险，积雪尺余，凛冽寒风，砭人肌骨。过山，马不能下，随更换肩舆，令蛮夫十余人，牵马于后。建领之势，犹觉足不能留。下观一片茫茫，云气如海。途次窝咱塘，日已向暮。次拉里山，迤逦而上，道尚宽平，惟到顶峰亚，高入青冥。下坡，路险而长，径反而曲，傍晚抵拉里旧台，屋宇整洁。山程跋涉，业已经旬，马亦间有疲乏者，又值大雨连宵，积雪层峦，虽狐裘重选，犹觉寒气逼人。少住一日，至擦竹卡，遇雨更大，仅止土屋一间，聊资憩息，坐以待旦。

起过鲁公拉，为西藏第一名山。路径绵长，砂石纵横，与瓦子相等。至半山，则巨石山岩，乱流奔溢，人马均无著足之处。有雕犬如鹤，啄食倒毙人马，见人亦不惊，数十为群。行百里，至多洞。本系一站，缘柴草俱无，不能止宿。复策马至甲贡，途间山色绝佳，苍翠相接，路亦稍平。闻前站阿南多，更胜于此。次日，束装过鹦哥嘴。有巨石横踞道旁，尖矗于外，故以为名。径极陡窄，虽设有危栏，而步行甚险。两峰山势雄奇，劈斧乱柴，各成其妙。又有古柏万株，群木森列。浓阴积翠，蔽日干霄，曲折迂回，如行深巷。中间奔流急湍，声若惊雷。绝壁之上，瀑布飞悬数百步，喷薄如雨。过危桥七道，抵阿南多。小住休息一日，拟行两站，午间抵大咱窝，至浪吉宗。晓起趱行，皆砂石。过插拉松，即系上坡。行二三十里，遥望丹达，雪峰并峙，中路影一条，盘旋而上，陡险异常。有雪城数仞，壁立如墙，或遇风狂雪化，往往被其倾压。山下丹达神庙，最称灵应，人过必祭赛。瞻谒神祠，庙貌重新，规模宏敞。是日抵站后，忽有十数马，委顿不食，不知何病。询之蛮人，云系误食醉马草，当令人针刺，数匹倒，毙两匹。由丹这塘起程，道路平坦，裸麦青葱，庙宇碉房，亦皆修整。次大坡，势极高峻。次赛瓦舍，上下五十余里。次忠义沟，路径亦与赛瓦舍相类。次硕板多，有大喇嘛寺一座。该处本有都司一员，近改驻后藏，仅留千总防守。是日行六十余里，住紫泥喇嘛庙。殿宇宏深，即万人亦多余地。

由紫泥至洛隆宗，为口外丰美之所。由洛隆宗行数里，即入谷口。万山夹峙，中隔一线河流，翠岭苍崖，岚光合沓。沿山曲折而行，地转峰回，别有天地，为所遇第一佳处。少憩，登别蚌山头，松树连云，随下马坐树根，心目一爽。抵加峪桥，过麻利山，至瓦合寨。由此上山，虽不甚险陡，而道路绵长。有干海子一处，闻当年总镇带兵驻此，大雪连霄，官兵五百余名，尽行压毙。是日至恩达塘，历阎王编。巨石临崖，峻峭逼仄。其无路处，驾一偏桥，偶一失足，与鬼为邻。号曰阎王，河不诬也。至梭罗桥，山两旁，皆良田，无隙地，弥望青葱，内地秋稼之佳，亦不过此。中间老柏成林，实为胜景。过次角山。过俄落桥。过擦术多，该处为前藏至打箭炉适中之地。大桥二道，一通云南，一通西炉。上有喇嘛庙，屋宇极多。下有土城，俱系官兵驻扎。城外寨落甚稠，滇民贸易者不少，真口外一大都会也。憩二日，午刻起程，至孟普山，风景亦佳。小住炮墩，出门，上窟窿山。下山里许，巨石横坡，势颇奇峭。中有石孔，透石穿云；旁有石门，通风度水；其余亦多小洞也。行半日，山色不同，雄伟山岩，山如积雪，遥望番寨山田，已抵巴贡。曲折欹斜，直同鸟道。至王卡，上下均极陡峻，非土非石，一望黑沙数里。有大溪一道，名老龙沟。水势略为加长，行人阻绝。至噶噶，赶至昂地，时已向暮。风雨骤来，衣履沾湿。按站应住乍丫。平明上山，行过一沟，与老龙沟相等。前途山水涨发，探有别径，随复登山。气候凝寒，山顶雪深数寸。绕道至雨撒，系新开羊肠一线，险仄之处，备极艰难。抵暮，始到乍丫。住一日，明晨就道。水势浩瀚，河分三股，中流尤深，人马均从惊涛骇浪中行。又过大桥一道，方登彼岸。崎岖七八十里，抵洛家宗，自是行路较平坦。过陉达河，深处几没马背。三十里系阿图，又十三里系石板桥。由黎树塘过河数次，至黎树山。当面玉峰危峙，与三爱巴地界毗连，向为夹具（即响马）出没之所。

至大具少憩片时，抵江卡，泥深尺许，普拉更换牛马，傍晚始至古树塘，建有行馆，门列老树。次日至南墩，路通滇省，卖有普茶等物。晚住莽里，过空子顶，绿树成荫，野梅成熟，从人摘食，味甚酸，亦可望而止渴也。历竹巴陇，次公拉牛谷渡，上坡过茶树

顶，入巴塘，居然内地风景。寓舍前有柳树一株，倔曲歌检势极奇古，殆百年物。遂由奔搓木上大锁塘，次松林口，低三物塘。行至雪山，约八九十里，气候凝寒。又自二郎湾历喇嘛亚，山形峭削，色杂青黄，壁立如屏。松杉万株，层层迭翠，干诸山另具一格。由喇嘛亚行，正当刈割之际，寨落毗连，内有八角战碉一座。二十里至喇嘛尔塘。一路空山荒寂，树木惧无。又数十里，至滥泥塘。登山，气候极冷。山头有干海子一处，人语马嘶，风雹立至，半晌方停，亦属怪事。又行三十里，至黄上冈，地、颇平旷，各山竟似碎瓦乱砖堆积而成。计程百里，抵公撒塘。天气严寒，围炉而坐。至裹塘行馆小住，往喇嘛寺瞻玩。寺倚层峦，梵宇琳宫，高下层迭，僧徒三千六百众，为大丛林。

又六十里，至火竹卡。由千把岭历坡岭、翦子湾，一路树禾丛生。浓荫交阴，参天蔽日，如在翠幄中行。而曲径连云小桥跨岸，风景绝佳。四十里至河口，水势奔腾。船从惊涛急湍中顺流而下，浪头飞溅入舱，骇人心目。到寓后，随步游览，旁有小阁两层，供奉观音大士。相连即系平台，波光山色，悉在目前。次日路径颇平，至八角楼，历卧龙石，多系平原丰草。至东俄洛，人稠寨密，几与内地相同。薄暮抵阿娘坝，至提茹，道路亦皆平坦。过上折多，山势高峻，积翠凝芳，借榻一宵。行五十里，即至打箭炉，行馆颇为华美，铺陈亦极鲜明，即锦官城之官署人家，亦不能有此丰盛也。

考：《由藏归程记》是林俊于乾隆五十八年（1793年）自德钦返回打箭炉行程的记录。西藏虽地处雪域高原、遥远偏僻，但与中原人民长期保持着密切的政治、经济、文化诸方面的联系、交往。文章记载了作者随朝廷重臣福康安平定边乱之后，由拉萨返回四川康定旅途中的所见所闻，对高原特异的风光、藏族传统风俗等都有形象生动的描写，为我们展示了一个神秘新奇的世界，特别还提到“次日至南墩，路通滇省，卖有普茶等物”。在写景方面，作者重点突出高原的特点，如“朝暾初上，风日晴佳，碧草黄花，殊不荒寂”，写出了清晨的清新美丽。“晚登碉楼远眺，见夕阳芳草，牧马成群，嫩绿丰肥，足资刍秣”，写出了畜牧之盛。上席马岭，重阴、雪山、寒风，“五月抄，不啻三冬”；而下至半山，则气候渐暖，草木葱茏，到处凝芳积翠，山色顿觉改观；形象地描绘出高原雪山的立体式气候特点。在人文景观方面，也新奇别致。如渡江皮船，碉楼；一路寺庙辉煌宏丽，可见藏族民众宗教信仰之虔诚；占达村青稞绿麦，一望无际；吹仲庙喇嘛文雅清秀，娶有家室，生子可袭其职等等。阅读此文，缩短了历史，缩短了空间，使我们在作者的介绍中，了解到两百多年前康藏高原的风土人情及藏族兄弟灿烂的文明。

清·纪陶思曾等撰《藏輶随记·炉藏道里最新考》

由康定去拉萨，凡五月，行路之艰苦，实为生平所未经……为朝廷命吏之所必经，乃驿递之往还，商旅之出入。

清·焦应旂《藏程纪略》一卷

越拉里之山，坚冰滑雪，万仞崇岗，如银光一片。俯首下视，神昏心悸，毛骨悚然，令人欲死……是诚有生未历之境，未尝之苦也。

考：西藏地势高峻、地形复杂、气候寒冷，决定了进藏路线和藏族聚居区交通线的极端重要性，对于从内地进藏从事行政管理或执行军事任务的人员尤其是这样。探索和记载西藏的交通站程，几乎是所有涉及西藏地理的文献中必不可少的部分。康熙年间，焦应旂《藏程纪略》记载了自西宁入藏的路线和沿途见闻。

清·杜昌丁《藏行纪程》

十二阑干为中甸要道。路止尺许，连折十二层而上，两骑相遇，则于山腰脊先避，俟过方行。高插天，俯视山，沟深万丈，……绝险为生平未历。澜沧江索桥，桥阔六尺余，长五十余丈，以牛皮缝馄饨（应作浑脱）数十只，竹索数十条，贯之浮水面，施板于上，行则水势荡激，掀播不宁。盖江在大雪山之阴．雨则水涨，晴则雪消，故江流奔注无息时。舟筏不能存，桥成即断。土人系竹索于

两岸，以木为溜，穿皮条缚腰际，一溜而过，所谓悬渡也，俗名溜筒江。时畏竹索之险，故俟桥成，是日巳刻，水高桥二尺余，波浪冲击，蒋公几至倾覆，赖刘牧扶掖得免。余虽不致倾跌。而水已过膝，过片刻桥即冲断，坠水三人，一以足指挂索得生，余则无从捞救矣。

考：康熙五十九年（1720年），杜昌丁的《藏行纪程》记述了他们从云南到西藏的惊险历程，不仅时间、路线、程站、见闻翔实可据，而且保存了异域风光、生态气候、民族风情等珍贵史料。

杜昌丁在康熙五十九年（1720年）十二月从昆明出发，沿怒江两岸护送戴罪立功的上司进藏的记录。入藏后在分左贡、八宿、洛隆3县境内，经必兔（碧土）—札乙滚—崩达—瓦河（瓦合）—洛隆宗，次年七月十一日始由此独自折回。这是清代较早记录从云南入藏的文献。

进藏者遇到的困难，首先是必须与高山和严寒气候抗衡。杜昌丁在康熙六十年（1721年）闰六月廿八日观察，崩达以西六十里，"其寒盛夏如隆冬，不毛之地名雪坝，山凹间有黑帐房，以牛羊为生，数万成群，驱放旷野"。游记中，描述了特点突出的若干自然地理现象。杜昌丁在必兔（碧土）观察到，"怒江之水，昼夜温湿，不闻言语。缘江万丈，俯视江流如钱，间有奇胜，中心惴惴，无暇领略也"，河流强烈切割造成的河谷地貌的巨大落差，给进藏者以深刻的印象。

清·王我师《藏炉总记》

自康熙五十八年安设塘站，以炉始，总计里塘、巴塘、乍丫、昌都、洛隆宗、说板多、拉里，前抵西藏，此官兵仓储地共计八十七站。从炉右出，自霍尔之甘孜、叠尔格（德格）至纳夺，抵昌都，尽属草地；再由恩达至类五齐，亦大道也：过江达桥，由铜项至墨竹工卡合路进藏。至如西宁进藏之路，由青海至琐里麻、白燕哈利，左折儿郎嗟、玉树过河，由毕利当阿以至宁城南成，可至察水多。若由白燕哈利过拉布其图河、木鲁乌苏河，尽属黑帐房草地，至党术热贡、八个塔、羊八景是抵藏。再考松潘，自黄胜关出口，由郭罗克、阿树、杂竹卡至竹浪过河，亦会琐里麻，与西宁路同。云南进藏者，由塔城过溜通江，由大小雪山直至察木多。至于后藏之辽阔，由札什伦布通阿里、白布、布鲁克巴，即与生番喇丹接准噶界。再过初布寺、刚吉拉，愈荒渺矣。

考：王我师，雍正四年（1726年）参与藏炉分界事务，所撰《藏炉总记》记载了从四川、青海、云南入藏的三条路线。王我师的上述记载，奠定了关于进藏道路的文献基础。

清·乾隆《东川府志》卷20

清（迤东道摄东川府）廖英《改蒙姑坡新路添建茶亭记》：蜀道最险，而接壤于滇者为尤甚，攒蹙累积，横贯大路，攀缘而登，箕踞而遨，彳亍喘吁，人马交病，或百里，或数十里，足不得停，渺无歇息之所。滇之东川，东川之巧家，巧家之蒙姑，更峻且遥者也。前通府治，后绕金江，为入川要道，而进巧必由之地，坡历众山奥处，穷日之力，仅仅克举。所以往来其途者，习知蜀道通滇，其道僻；滇道通蜀，其道冲。方当圣化遐敷，何僻不冲，所谓半肩行李，几队马牛，不啻日倍蓰其勤瘁，岂非奉扬仁风之所必恤哉？前守阅厂过此，议别通道以避之。远览旁搜，访得捷径，鸠工半载，程近二十，蚕从鸟道，易就康庄，人心大便。又请于适中之地，建设茶亭，使长途偶憩，以白云为藩篱，以碧山为屏风，俭而且固，亦诗人劳止小休之义也。将择无碍之土，给为永业，以垂后焉。抑闻之巧家连属江外，迩年为铜运割附，运已附存，其生野夷，性每多剽掠，远虑者常以披沙秋忧，用咽喉实在蒙姑。兹既遵王化，道路亦复荡平，彼丑类闻风，敢不贴然欤！予摄东川三月，民即以工告成，是固不缓民事之一端也，且边境绸缪，有足为先事备者。因不辞，而为之记。

考：从昆明经东川出云南为茶马古道北道，亦称“贡茶路”“官马大道”或“铜运”古道，即由思茅（普洱）至省城昆明再从滇东北昭通进入内地。清代云南的贡茶和京铜，从思茅途经那科里、普洱、磨黑、通关、墨江、

阴远、元江、青龙厂、化念、峨山、玉溪、晋宁、昆明、嵩明、寻甸、东川、昭通、大关、盐津、宜宾，宜宾可乘船沿长江而下入湖北至杭州，转“京杭大运河”到京城。该道运输同样是“半肩行李，几队马牛”人背马驮的艰难。

该干道起源于云南与中原联系最早的主要交通线“五尺道”，它从四川成都往东南行经棘道（宜宾）、广南（盐津）、朱提（昭通）、夜郎西北（威宁一带）、味县（曲靖）至滇池（昆明），然后经楚雄至叶榆（大理）。这条道路早在公元四世纪中叶由当地土著部族开凿而成。公元前316年，秦惠文王派司马错定蜀、置郡，以四川为基地，分别南下西进，开拓经营今云南地区。公元前285年前后，秦蜀守张若“取笮及其江南地”，攻取今四川雅安，并南下岷江以南地区。公元前250年，秦孝文王时，李冰任蜀郡太守，在棘道开始修筑通往滇东北的道路，这便是“五尺道”的开端。秦统一六国后，因“其处险，故道才广五尺”。“五尺道”修通后，云南与内地的联系紧密起来。西汉武帝时，唐蒙发巴蜀兵继续扩修之，“以通南中，迄至建宁（曲靖），二千余里”。

清代为保障贡茶安全，必须通过政府控制最严密的这条主干道运至京师，自清康熙元年（1662年）始，便“饬云南督抚派员，支库款，采买普洱茶5担运送到京，供内廷饮用”。从此形成定例，按年进贡一次。到清嘉庆元年（1796年）改为10担。其品种有普洱女儿茶、普洱蕊茶、普洱茶膏等“八色”加以精美的包装后作贡。清朝每年派官员支库银到思普区采办就绪后，由督辕派公差从普洱押运昆明检验后由差员押运进京，在驮运马帮的马驮子上插有“奉旨纳贡”杏黄旗，走滇黔线，经平彝（富源）胜镜关入贵州，经湖南至京城（北京）。人们将此道称为“皇家贡道”，也是商旅的通京大道。这条道所经路段为元明以来的驿站，在清代更是对西南及其边远地区政治贯彻、政令传达和经济开发的主要交通网络。在对清代云南交通开发中，清政府一直引以高度重视并投入大力开发拓展的交通网络莫过于这条昆明至滇南普洱车里和六大茶山的“贡茶路”和“通京大道”。

清·光绪《思茅口华洋贸易情形论略》

车里人民视茶最为切要，此茶运至思城，发销西藏及十八省地方……车里，地属瘴乡，汉人中每有运脚马户食力工人出入其地，无半生还……大理经商此道大半回民，看其于暹罗缅甸之地年往年来，稍无滞疑，或身躯壮健，瘴毒不侵，或饮食精谨，不受瘴气，是皆未得而知…………自夏入秋，雨水淋沥，涂泥碍道，障蔽一空，且林木丛生，途为之梗，往来骡马其困苦难以形容……

考：十八、十九世纪是普洱茶的极盛时代，也是普洱逐步成为普洱茶生产、加工、销售、出口最为辉煌的时代，许多马帮将滇南茶叶运往西藏，大理回民是茶马古道贸易运输线上的一支主力军。

过去在茶之途的大理段的茶马古道上，大理马组成的马帮在过去是很有名的。大理巍山是滇马的主产地，滇马“质小而蹄健，上高山，履危径，虽数十里不知喘汗”。《滇西驿运报告书》记载：“马匹及马户经下关之帮以蒙化（巍山）者为最多，风仪、弥渡、大理等次之……蒙化不仅为驮马之生产地，亦且为其集中地，倘有需要，即万匹亦可招致之，盖附近各属之马帮，可向蒙化集中也”。滇马虽然不能乘骑，但在横断山区的崎岖道路上，却最为实用。自古以来，巍山几乎户户养马，还被朝廷规定每年上贡，而走茶马古道马帮自然也要到这里购买马匹。

巍山马帮的兴起完全与茶有关，同时又与回族善于经商有关。不仅巍山的永建、大仓两个回族主要聚居的乡镇，还包括历史上属于巍山，后随南涧划分出去的公郎镇，都是回族经商而崛起。他们主要就是经营茶叶，几乎垄断了从产茶地临沧、思茅到交易中心下关的茶叶交易。大量交易需要大量运输，随之而起的就是巍山马帮。今作为茶马古道上的一个大站，过去曾经有许多马店，分布在城里、城外，但随着汽车取代了骡马，这些马店也就消亡了。今马店已变成旅社，汽车代替了马帮，但生活在广袤山区的人们，骡马仍是必不可少的运输工具。

除巍山马帮外，大理的鹤庆、凤仪、剑川等各地马帮同样众多。大理马帮形成了一套较为系统的内部组织形式，越大的马帮组织越严密。有上百匹马的马帮，每2至5匹马配备一名赶马人，整个马帮还专门配备武装保卫队，明清时期，保卫队身带刀、弩，有的还配有猎狗，近现代则配枪支，其职责是防土匪和猛兽的袭击。马帮要经过许多少数民族聚居的地方，甚至到达国外，因

此马帮往往还有翻译人员，大中型马帮设有大锅头、二锅头、管事。大锅头是马帮的大头领，指挥、安排全盘工作，二锅头是二头领，负责管理内部经济，大锅头不在时，代大锅头负全责。马帮还有专人敲铓锣，以铓锣声联络所有的马群，以统一步伐，避免混乱。马帮有专门旗号。头骡挂有大铃，二骡挂有串铃，头骡、二骡的头部有花笼套口，挂着彩带，装扮得很漂亮。整个队伍按习惯的行程歇宿。大理马帮分工细，声势大，比其他地区的马帮有过之而无不及。下关在四五十年代，成了各大商帮的聚集地，同时还有1500多家商行，经营下关沱茶等50多种行业，大理地区先后出现了永昌祥、锡庆祥、福春恒等由当地人经营的大商行。马帮商队极受各商号的重视和优待。大锅头与大商号关系密切，鱼水相依，互相利用。商号赚钱，大锅头捎带生意，亦可赚钱，成为有钱有势的富豪。凤仪锅头包文彩共有骡马四五百匹，在驮运物资中，时常坐“滑竿”，让人抬着指挥马帮。有些大锅头靠马帮运输发财，转而成为商号掌柜。巍山郭锅头的9个儿子，因赶马发财，在下关等地开设“福利和”商号，一跃而成为富商。

清·宣统《思茅口华洋贸易情形论略》

猛遮等处前半年兵革频兴，而往来缅甸之货不得不过其境，然伐罪之兵反待夏季而发，亦可谓商贾之幸，盖本处节交夏令，淫雨淋漓，瘴毒蛮烟，行人受恐，路滑泥泞，骡马行艰，是以来往货物咸系停息矣……本埠僻处南郊叠嶂层峦，海滨远隔与商务荟萃之区遥遥千里，实有不克达到之势，加以道路险阻，恒久不修，自夏徂秋霏霏淫雨，山岚瘴气，连月不开，致交通困难，实因此数诚足碍本埠商务之进步也。

考：该史料充分说明了六大茶山道路运输的艰辛。

西藏高原地势险峻，滇藏茶马古道是世界上最为惊心动魄的商道。茶马古道所穿行的青藏高原是世界上海拔最高、面积最大的高原，被称作“世界屋脊”或“地球第三极”茶马古道几乎横穿了中国最高与云贵高原和青藏两大高原，所穿越的青藏高原东缘横断山脉地区是世界上地形最复杂和最独特的高山峡谷地区，故其崎岖险峻和通行之艰难为世所罕见。历史文献记录也斑斑可见。

清·乾隆《卫藏通志》

“察木多南河而进，逼仄多偏桥，行者戒焉”。“浪荡沟二十里，……进沟上山，有偏桥行，险异常，雪凌滑甚，且有瘴气”。过瓦台山，“高峻且百折，……过此戒勿出声，违则冰雹骤至。山之中鸟兽不栖，四时俱冷，逾百里无炊烟”。“嘉裕桥西南行，上得贡拉山，山势陡峻，上下二十五里，诘屈如蛇形，有松林，路悉险窄，多溜沙地”。赛瓦合山，“沿山绕河而行，地多溜沙，足却不前”。沙贡拉山，“峭壁摩空，蜿蜒而上，过阎王碥，夏则泥滑难行，冬春冰雪成城，一槽逼仄，行人拄杖鱼贯而进，此赴藏第一险阻也”。

考：《卫藏通志》是乾隆清初以汉文编纂的西藏地方志书，编者未具名。有人推测是和琳、松筠等人在驻藏办事大臣任内主持编纂成书的。成书年代约在乾隆六十年（1795年）以后。

严酷的自然条件极大制约了西藏的对外交通，故不少文献有着令人惊心动魄的描述。《明史·食货志》载：“自碉门、黎、雅抵朵甘、乌斯藏，行茶之地五千余里”。茶马古道路途之遥还在其次，之险峻崎岖、气候之复杂多变则旷世少有。这里记载是昌都至工布江达沿途，对茶马古道之险峻崎岖有生动的描述。

民国·白眉初《西藏始末纪要》

乱石纵横，人马路绝，艰险万状，不可名态。

考：《西藏始末纪要》分两部分，前半叙述唐朝以来西藏与中央的关系，后半叙述近代以来涉外交涉，以及西藏面临的危机。

青藏高原，天寒地冷，空气稀薄，气候变化莫测，《明史·食货志》载：“自碉门、黎、雅抵朵甘、乌斯藏，行茶之地五千余里”。如此漫长艰险的高原之路，使茶马古道堪称世界上通行难度最大的道路。茶马古道所穿越的青藏高原东缘横断山脉地区是世界上地形最复杂和最独特的高山峡谷地区，故

其崎岖险峻和通行之艰难亦为世所罕见。茶马古道沿途皆高峰耸云、大河排空、崇山峻岭、河流湍急。藏族聚居区民众中有一种说法，称茶叶翻过的山越多就越珍贵，此说生动地反映了藏族聚居区得茶之不易。

民国·刘曼卿《国民政府女密使赴藏纪实》（原名《康藏轺征》）

忽见广坝无垠，风清月朗，连天芳草，满缀黄花，牛羊成群，帷幕四撑，再行则城市俨然，炊烟如缕，恍若武陵渔父，误入桃源仙境……地广人稀，富藏未发，亦不过为太古式生活之数万康人优游之所耳。

民国·刘曼卿《康藏轺征续记》

万山丛脞，行旅甚艰，沿途负茶包者络绎不绝……肩荷者甚吃苦，行数武必一歇，尽日只得二三十里。

考： 川滇藏交界的地方，乃三江流域（金沙江、澜沧江、怒江）中上游，地势高亢，河流切割剧烈，多处是群山濯濯，风景荒凉，极其萧索。但一路上也有旖旎难状的高原美景。

民国·任乃强《康藏史地大纲》上册

康藏高原，兀立亚洲中部，宛如砥石在地，四围悬绝，除正西之印度河流域、东北之黄河流域倾斜较缓外，其余六方，皆作峻壁陡落之状，尤以与四川盆地及云贵高原相接之部，峻坂之外，复以邃流绝峡窜乱其间，随处皆成断崖促壁，鸟道湍流。各项新式交通工具，在此概难展施。

考： 西藏自治区位于中国西南边陲，四周环山，昆仑山在北，喜马拉雅山处南，东有横断山脉，西为帕米尔高原和喀喇昆仑山，系青藏高原的主体部分——西藏高原。这是一片石质寒漠地带，平均海拔约5000米。喜马拉雅山绵延2400多公里，群峰林立，世界8000米以上高峰有14座，其中11座雄踞该山腹心地区，珠穆朗玛峰则称其首。此外，西藏境内尚有7000米以上高峰50余座，6000米以上高峰180座。大山似海，无边无际，构成世界上最高的高原，誉为地球南极、北极之外的第三极。

西藏高原又是亚洲主要河流的发源处，雅鲁藏布江流去印度称布拉马普特拉河，澜沧江入老挝、泰国等称湄公河，怒江入缅甸名萨尔温江，噶尔河西流克什米尔为印度河，萨特累季河流去巴基斯坦，长江、黄河则为我国之最大两条江河。西藏境内诸江，水流湍急，河谷深切，虽无舟楫之利，水力资源堪称全球之最。

地图上，茶马古道行走于亚洲大陆中部的奇异地貌间。这里高山群峙，大江汇集，呈南北纵向，仿佛是地球上所有的山川突然紧蹙于此。这就是著名的横断山脉。山脉西侧，是世界屋脊青藏高原，北方是中华文明的摇篮黄土高原，东边是奇妙的云、贵、川地区，南面是富饶的东南亚诸国。令人难以置信的是，在横断山脉的险山恶水之间，在世界屋脊的原野丛林之中，绵延盘旋着一条神秘古道，这就是世界上地势最高最险峻的文明文化传播古道。它无疑是我们这个星球上最令人惊心动魄的道路之一。

千百年来，茶马古道上的西藏拉萨，既是终点又不是终点。在从云南至拉萨两条主线的沿途，密布着无数大大小小的支线，将滇、藏、川地区紧密联结在一起，形成了世界上地势最高、山路最险、距离最遥远的茶马文明古道。而到达拉萨的茶叶，还经江孜、日喀则，向西前往南亚、中亚、西亚和西非红海岸，形成了更广意义上的“茶马古道”，不过路上往返的货物已与来时不同，茶叶已经不是主要的物资，而且负责运输的也不再是同一批马帮。实际上，自古以来，很少有人能够走完这条古道，但在一站一站的传递中，中外商人在与彼国毗邻的边境，通过以茶易物的方式，向西域等地如西亚、北亚和阿拉伯等国输送，最终抵达欧洲各国，使“茶马古道”成为一条名副其实的国际大通道。这条国际大通道，在抗日战争中中华民族生死存亡之际，发挥了重要的作用，谱写了中国以茶叶为载体向海外传播中华文明的宏大史诗。

王先梅《从昌都到拉萨》

夏贡拉（东雪山）海拔六千三百米，终年积雪。登上山顶，需爬过三个山峰，以第三峰最为峻险。由于气压低，高山缺氧（按：空气含氧量仅为平原的1/4甚至1/5，有时连火柴都划不燃），使人感到胸闷、脑涨，心脏好像要跳出躯体。走上十步、二十步，就得停下来喘几口粗气，稍事休息。山的坡度约有七八十度，爬山时一团团浮云从眼下和身旁飘过。回头一望，四周山头尽在眼下，觉得头晕眼花，心跳不止，有许多同志真的在爬行了。

考：茶马古道穿越的青藏高原东缘横断山脉地区是世界上地形最复杂和最独特的高山峡谷地区，故其崎岖险峻和通行之艰难亦为世所罕见。茶马古道沿途皆高峰耸云、大河排空、崇山峻岭、河流湍急。从上述资料统计，滇藏茶道从洛隆宗（今西藏洛隆）到拉萨共有34站，1866里，普洱府距昆明1230里，加上昆明到洛隆宗的距离3923里，滇藏“茶马古道”共计长7019里，中间有100多个驿站，当为“茶马古道”中最长的一条通道。川藏茶道至拉萨则“全长约四千七百华里，所过驿站五十有六，渡主凡五十一次，渡绳桥十五，渡铁桥十，越山七十八处，越海拔九千尺以上之高山十一，越五千尺以上之高山二十又七，全程非三四个月的时间不能到达”。如果再加上从拉萨到尼泊尔、印度等地的里程，茶马古道可谓是名副其实的“万里之遥”。

从唐宋直至民国年间，云南滇藏茶道上的迪庆高原仍持续着这千百年来的古老驿道，运输全靠人背马驮，道路之险举世罕见。首先出丽江后至塔城，渡金沙江到中甸，经插民西到德钦，往北渡溜革江后翻越梅里雪山去拉萨，此路全程计4000里以上，需90余日。一路穿行于横断山脉之中，途中鸟道迂回，险夷互见。三次渡江，无数次涉河仅凭危险的筏船、溜索，夏日水急浪高，则不能过，胆大者多有坠流无踪影。翻越数座雪山，一山高逾一山，山高气寒，冰封雪盖，冬春季节经常锢塞不通。进入迪庆的第一道关口——“十二栏杆”却是“悬崖峭壁，插入天空……绿悬崖腰际，迂回而过，凡十二曲折”，故称“十二栏杆”，路宽不过三尺，最窄尺余，“行人至此，莫不股栗心悸，不敢俯视涧底，尤不敢仰望岩巅，屏息敛气，鱼贯而行”。

另一条更不见得轻松，从丽江鲁甸爬栗地坪到维西，逆澜沧江穿江岩山腰而上（若从岩瓦渡江可达怒江、缅甸等地）至德钦，在雁门谷扎筏渡江后翻太子雪山去西藏，最后到达印度。其间，“长峰巨岭，绵延不断，道路千回百转，狭隘崎岖，水不能行舟，陆不可并辔，百步九拐，坎坷难行”。

迪庆境内，河流纵横。渡江过河主要靠几种工具：金沙江沿线多使用木船（分木船和猪槽船）、木筏和羊皮筏（革囊）。木船数量少，规模小，猪槽船和木筏一次过渡二三人至七八人不等，水涨流急，往往翻船，藏身鱼腹。

茶马古道沿线天寒地冻，氧气稀薄，气候变幻莫测。清人所记沿途有瘴气、令人欲死之现象，实乃严重缺氧所致之高山反应，古人因不明究竟而误为“瘴气”。茶马古道沿途气候更是所谓一日有四季，一日之中可同时经历大雪、冰雹、烈日和大风等，气温变化幅度极大。一年中气候变化则更为剧烈，其行路之艰难可想而知。千百年来，茶叶正是在这样人背畜驮历尽千辛万苦而运往藏族聚居区。如此漫长艰险的高原之路，使茶马古道堪称世界上通行难度最大的道路。

藏族英雄史诗《格萨尔》：“汉地的货物运到博（藏族聚居区），是我们这里不产这些东西吗？不是的，不过是要把藏汉两地人民的心连在一起罢了”（引自中国科学院地理科学与资源研究所：《西藏昌都茶马古道旅游开发可行性研究报告》，2001年铅印本，第133页）。这是藏族民众对茶马古道和茶马贸易之本质的最透彻、最直白的理解。所以，无论从历史与现实看，茶马古道都是汉、藏民族关系和民族团结的象征与纽带。

这样一条险峻曲折的驿路，作为中国古老神秘的西南丝路之一，像一条神奇的彩带，缠绕着万水千山，隐显于林海雪山之上，回旋于大江深谷之间，将云南与西藏乃至印巴次大陆连接起来，它闪烁着生活在这里的高原各民族不畏艰险的探索精神及创造出的人间奇迹，更反映着滇藏高原各族人民悠久的历史和文化。尽管这是一条中国西南连接异国他邦的重要孔道，但从汉晋至中华人民共和国成立前的一千多年来，漫长的岁月始终没有能使之变为通衢。直至中华人民共和国成立后，经过艰苦筑路，318和214国道在云南至西藏和四川至西藏的贯通，才彻底结束了人背马驮的古老运输方式。

（二）有关马帮及赶马人、背夫等史料辑考

民谚：“正二三，雪封山；四五六，淋得哭；七八九，稍好走；十冬腊，学狗爬。”

考：长途运输，风雨侵袭，骡马驮牛，以草为饲，驮队均需自备武装自卫，携带幕帐随行。宿则架帐餐饮，每日行程仅20—30里。加上青藏高原天寒地冷，空气稀薄，气候变化莫测，该谚形象地描述了行路难的景况。

《格萨尔王传》

> 来往汉藏两地的牦牛，背上什么东西也不愿驮，但遇贸易有利，连性命也不顾了。

考：《格萨尔王传》（以下简称《格》）是一部在藏民族中产生，在藏蒙民族中广为流传的英雄史诗。这部史诗现在流行在世界各地的分部本约有六十部，百余万诗行，一千多万字。它是以口头说唱和手抄本并行的方式流传在我国西藏、青海、四川、甘肃、云南、内蒙古等地广大藏蒙民族极其珍贵的一部具有人民性和艺术性的英雄史诗。它运用浪漫主义的手法，以说唱体史诗的形式，塑造了以格萨尔为首的许多藏族英雄的群像。

马帮不惜以生命为代价，与恶劣的自然环境做卓绝的抗争，翻越千山万水，年复一年不辞辛劳地往来供需各地，形成了独一无二的马帮运输的壮观景象，这当然与贸易有利相关。

《滇西驿运报告书》

> 马匹及马户经下关之帮以蒙化（巍山）者为最多，风仪、弥渡、大理等次之……蒙化不仅为驮马之生产地，亦且为其集中地，倘有需要，即万匹亦可招致之，盖附近各属之马帮，可向蒙化集中也。

考：巍山是一座马帮的小城。直到今天，在巍山的公路上，在通往各个村的马路上，马车仍然是一种交通工具。千百年来，马帮作为茶马古道上极其特殊的载体，沟通了各地区的经济物资交流，并对扩大各民族文化的传播和影响发挥了积极的作用，使得茶马古道逐渐形成了联系沿途各地区政治、经济和文化的纽带。历史上的巍山马帮，不仅沟通了弥渡、保山、祥云、下关、丽江等附近地区的物资交流网络，更将古道延伸至昆明、思茅、四川，甚至缅甸、泰国、老挝等。

清末，巍山不仅是滇西交通的枢纽，也是工商业物资的集散地。早在清朝时期，巍山马帮已经具有很大的规模。从清末到民国初期，官办驿运体制已经衰落，而商品经济的发展对各地商品流通的需求大大增长；由于大牲畜价值高，当时多数农户都有饲养并把家畜当作“半个家业”来扶持，民营马帮正是在这样的情况下迅速发展并壮大起来的。由于马帮驮运的货物来自民间、销往民间，马帮一直作为一种完全由民间自然生成并服务于民间的运输方式存在着。后来，马帮发展到鼎盛时期，和商号结合在一起时，也还是保持民间状态的。据有关资料统计显示，1922年，巍山全县共有用于长短途运输的骡马7800匹。1949年，全县有长途马帮204帮，计有骡马7784匹。

赶马人唱的歌谣

身着大地头顶天，星星月亮伴我眠。阿哥赶马走四方，阿妹空房守半年；砍柴莫砍苦葛藤，有囡莫给赶马人。三十晚上讨媳妇，初一初二就出门。男走夷方女则居孀，生还发疫，死弃道旁；头发棵里生露水，草帽顶上下白霜。三个石头搭眼灶，就地挖坑做脸盆……

考：赶马人唱的歌谣写在云南驿的马帮博物馆墙上，记录了旧时茶马古道上赶马人的艰辛。云南马帮文化博物馆坐落在祥云县云南驿古代驿道的中段，坐南朝北，同云南驿（明清驿站）和二战中印缅战区交通史纪念馆隔一丈宽的青石板古道相望。博物馆本身就是古镇的大马店，占地550平方米，为土木结构、两层三进带后院的古建筑，建筑面积约一千平方米，布局完整，是云南省现存完好的最大的马店。

九　近现代有关云南古茶山及交通贸易田野调查资料

普洱茶在云南历史上曾发挥过重要作用。普洱茶从历史至今不断起伏发展历程中，对云南的社会经济发展，交通贸易及茶马古道产生着不可忽视的影响，因而引起了史家和学者的众多关注。这里有必要收录当代史学家及茶叶专家对普洱茶研究资料和一些比较有价值的研究成果，以供对上述文献的研究参考。

方国瑜《普洱茶》[①]

久已驰名国内并畅销国际市场的云南普洱茶，产于西双版纳的易武（今勐腊县）和佛海地区（今勐海）。这些地区栽培茶树始于何时尚待研究，但据查，佛海南糯山种茶在倚邦（今勐腊县）、易武诸山之后。现在南糯山有三人合抱的大茶树，已枯死一棵，锯其干，从年轮知道已生长了七百多年。这是现存最古老的茶树之一。不一定是最早种的，开始种植的年代当比七百多年前更古，倚邦、易武诸茶山的历史之久，就可想而知了。

考：中国人民日常生活中，煮茶作饮料的年代很早。最初是一种小树的苦叶，称为苦荼，汉魏以后，才有采茶品茗，至唐代，此风大盛，种茶、产茶者越多。《本草图经》说茶的生产“闽、浙、蜀、荆、江浙、淮南山中皆

① 方国瑜著、林超民编：《方国瑜文集》第四辑，云南教育出版社2001年版。

有之”。[1]陆羽嗜茶，著《茶经》卷三，讲采制饮用之法。其后各家著述尤多（所知有专书约二十多种），茶也成为必需饮料了。

西双版纳产茶的记载始见于唐朝，西双版纳产茶，因此当地的茶叶贸易发达。元代李京《云南志略·诸夷风俗》“金齿百夷”（即傣族）条说：“交易五日一集，以毡布茶盐互相贸易”。而傣族集市上，以有易无，茶为主要商品之一。而茶叶之集中出口则在普洱。

茶叶市场在普洱，由此运出，所以称为普洱茶。但普洱地并不产茶，而产于邻近地区，阮福的《普洱茶记》已讨论过这个问题，他说：“所谓普洱茶者，非普洱界内所产，盖产于府属思茅厅界也”。这就是所谓六大茶山，以倚邦、易武最著名。此外佛海[2]、景谷等处的茶叶也汇集于普洱，都称为普洱茶了。

方国瑜教授是当代最早写文章介绍普洱茶历史的著名史学家，该文对普洱茶的历史及价值做了系统阐述，同时指出，“茶马互市不仅把西藏、云南和内地在经济上紧密联系起来，而且在促进政治联系上也有很大作用……所以普洱茶的作用，已经不是单纯一种商品了”。但囿于当时研究不够深入，文中对普洱茶产地的说法有误，一是对樊绰《云南志》卷七“茶出银生城界诸山”仅认为西双版纳，并“从语言来研究，云南各族人民饮用之茶主要来自西双版纳。今西双版纳傣语称茶为la……茶叶市场在普洱，由此运出，所以称为普洱茶……但普洱地并不产茶，而产于邻近地区……”普洱地不产茶这是明显有误的。

范和钧《创办佛海茶厂的回忆——为纪念滇茶公司成立五十周年而作》

今年是云南中国茶叶公司成立五十周年纪念。笔者从20世纪30年代起，就从事祖国茶叶事业。特别关心与笔者有过密切渊源的云南中茶公司。抚今思昔，回顾早年创办佛海茶厂的艰辛往事，历历在

① 见《政和证类本草》卷十三。
② 佛海即今勐海。

目，记忆犹新。现摘要追叙于后，以飨茶界人士共资纪念。

（一）中茶公司的成立与恩施茶厂的开办

1936年夏，南京举办全国手工艺展览会，上海商品检验局承办中国茶叶特展。展室悬挂两幅世界产茶国的巨型图表。触目惊心地显示出近百年来世界产茶国家茶叶产量直线上升，与我国茶叶出口数量逐年下降，形成了强烈的对照。观众莫不痛感国茶生产的危机，势非急起直追不可。

1937年春，当时的中央经济部周贻春次长在沪召开中国茶叶公司筹备会议。笔者有幸应邀出席。会议决定由皖、赣、湘、浙、闽产茶省份，每省各出资20万元，由中央经济部及各大私营厂商集资200万元，成立中国茶叶总公司，由经济部商业司司长寿景伟任总经理。讵料是年7月，抗日战争爆发，东南各省茶叶产销相继停顿，中茶公司分公司迁往汉口，并在湖北恩施筹办恩施实验茶厂。由笔者负责设计创制各种制茶机械，采用大规模生产方式机制红茶，替代老法落后的手工操作，产品悉数运销重庆，畅销后方，成效显著。由于采用科学机械制茶，既提高了茶叶品质，又为发展国茶外销开辟了光明的前景，并为今后国内各地办厂提供了样板。

（二）云南中茶公司的设立与佛海茶厂的筹建

1938年，中茶公司又与云南省政府合资设立云南中茶公司于昆明。滇方代表为当时云南富滇新银行行长缪云台先生，中茶公司则委任郑鹤春氏为经理。初步拟定在顺宁（今凤庆）、佛海（今勐海）及宜良三地设立实验茶厂，汲取前中茶公司恩施茶厂办厂的经验，全面推广机械制茶。

1. 建厂前的调查研究

佛海地处祖国边陲，为少数民族（傣族）聚居之地。地理环境特殊，当地风俗民情及茶叶分布情况，我们一无所知。于是笔者受命前往实地调查考察。

1939年春，笔者偕同张石城先生，由昆明起程，取道滇缅公路，经芒市进入缅甸腊戍，搭汽车经景栋绕道中国西双版纳抵达佛海。

经过半年的考察，首次试制了红、绿样茶。原来佛海地方乃一天然野生茶区，是大叶种茶的原生地，产量极丰，品质醇厚，制成红茶足与印度大吉岭、中国安徽祁红相媲美，如大量制销，必能风行国际市场。但是要在佛海办厂，并非易事，必须进行艰苦的斗争。因为佛海地区一向被视为瘴疠之乡，人烟稀少，每年死于恶性疟疾者却为数甚多，人们视为畏途。当地居民刀耕火种，生产原始，生活简单贫苦，社会环境、商业条件还很落后。以货易货是当时当地的主要贸易方式，还有日中为市的古风，纸币却不易通行，成为贸易的重大障碍。该地气候全年分干湿两季，湿季为制茶季节，干季为茶叶包装运销季节。

2. 建厂人员、资金、物资的筹备

1939年冬，笔者和张石城先生带着考察资料及样茶取道思普返回昆明。我们将调查结果报告中茶公司董事会。滇方代表缪云台董事长在私宅设宴，席间研究了佛海的自然、社会条件及产茶的情况与前景，作出创办佛海实验茶厂的决定，委笔者担任厂长。茶厂开办费定为5万元。另筹资金50万元，成立沸海服务社。茶厂所需营运资金悉数由服务社提供，不另投资。云南省政府为在佛海地区推行使用法币，委任华侨梁宇皋先生为佛海县县长，协助我们开展厂务。

1940年春，正式开始建厂。笔者首先飞往重庆，请求中茶总公司调用原恩施茶厂初制茶工25人，江西精制茶工20人。另请滇茶公司支援云南茶叶技术人员训练所见习学员20人，同时由宜良茶厂殷保良技师在宜良雇用竹篾木工5人。由殷保良带队，茶厂首批职工九十余人，由宜良搭车到玉溪，然后雇用马帮经峨山、元江、墨江、普洱、思茅、车里（今景洪市）等地，长途跋涉月余，安全到达佛海。

重庆事毕，笔者即前往上海，聘请了电气工程师、医生及铁工等五六人，为茶厂采购了各种机器设备、医药器材、防疟药品，又为佛海服务社向中国百货公司采购了傣族妇女喜爱的大毛巾、纱头巾、毛巾毯、热水瓶、儿童玩具等日用百货，用木箱包装海运泰国曼谷，委托当地侨商蚁美厚先生运缅甸景栋转到中国佛海。

笔者从上海返滇途中先抵泰国曼谷，和旅泰侨商蚁美厚先生接洽，采购了部分制茶机器，其中所购的拣梗机，在中国尚属首次进口。随后笔者又前往仰光，为茶厂采购水泥、钢筋等建厂需用的建筑材料。笔者才离开缅甸仰光搭车赴景栋，由旱路返抵佛海。

3. 自力更生，兴建厂房

经过我们年余的艰苦筹备，才在人员、资金、机器、物资各个方面为建厂准备了比较成熟的条件。紧接下来的任务便是选择厂址和兴建厂房。当时的情况，佛海的土地还没有所有权归谁所有的问题。谁要使用土地，只要向当地土司提出申请，得到头人的同意，即可占用。森林木材也是无主之物，自由伐用。只有毛竹是当地居民种植的作物，不得侵占，须通过购买或易货才能获得。

我们选择的厂址在佛海市集中心附近，是一块八十余亩的荒地。后有丛林小溪，前有市场大道，交通甚为方便。就地取材和自力更生是我们兴建厂房的两条基本原则。厂址既定，我们就派出伐木工人到附近深山砍伐木料，就地锯制成材，大批毛竹购自当地居民，为建盖厂房宿舍备用。同时部分木工赶制桌椅床屉等生活用具及各种生产工具。

这时厂里还雇用了民工在厂后的稻田里挖泥刨土，制成土砖及土坯烧成的红砖约二十余万块，在厂房周围筑起了一条九尺高的围墙，厂内职工自力更生，同甘共苦，与民工一起，日夜兴工，砌砖垒墙，架梁盖顶，厂房宿舍一幢一幢地矗立起来，从根本上改变了昔日荒芜面貌。

4. 建厂两年

创业是艰难的。厂房建成了，制茶机器运转了，当第一批茶叶生产出来的时候，全厂职工心情激动，满怀喜悦。两年来，我们一边建厂，一边发展滇茶生产，开展滇茶外销，繁荣了当地的经济，改善了边民的生活。我们的贡献虽然微薄，但精神上却得到了很大的安慰。事情都不会是一帆风顺的，困难与成果往往是共生的，克服的困难越大，收获的成果越巨。佛海茶厂在发展茶叶生产、扶助茶农茶工、维护国家经济利益的过程中，曾经解决过不少困难问题，略举数例如下。

（1）发展紧茶生产，扶持茶农茶工。佛海是藏销紧茶的重要产地，紧茶是藏胞一日不可缺少的生活必需品，销藏紧茶每年为数可观。紧茶制作并不复杂。每年冬季将平时，收购积存的干青毛茶，取出开灶蒸压后，装入布袋，挤压成心形，然后放置屋角阴凉处约四十天后，布袋发微热40℃左右，袋内茶叶则已发酵完毕，解开布袋，取出紧茶，再外包棉纸，即可包装定型。俟季节性马帮到来，便可装驮起运。先到缅甸景栋、岗己，转火车到仰光，搭轮到印度加尔各答，转运至中国西藏边境成交。

由于茶农茶工本小力微，往往被当地士绅操纵，从中备受剥削，生计困难，生产的积极性受到束缚。佛海茶厂为了扩大紧茶生产，扶助茶农茶工自产自销，凡自愿经营紧茶业务的，皆可由佛海茶厂出面担保，向当地富滇新银行贷款。制成紧茶后，交由佛海茶厂验收，合格者由佛海茶厂统一运销，售出后所得的茶款，减除各项费用及开支后，余数全归生产者所有。因此大大地增加了茶农茶工的收入，改善了边民的生活，提高了生产积极性，从而发展了紧茶的生产。

（2）与印度力争豁免紧茶的进口税和过境税。太平洋战争发生以前，印缅本来同属英国殖民统治，印缅两地货物进出均作为在同一国国内的运输处理，素来免税。但印缅分治后，紧茶由缅甸仰光运到印度加尔各答登陆，要上进口税和过境税。印度海关人员认为茶叶乃印度特产，进口税很高，转口税也不轻。此次紧茶到达印度，突然要交纳进口税和过境税，佛海厂商毫无思想准备，茫然不知所措。佛海茶厂认为事关紧茶外销，并危及厂商和茶农茶工的切身利益，立即申请滇茶公司，由缪云台董事长商请当时中国银行外汇业务专员蒋锡瓒先生赶赴加尔各答，委托当时中国驻印领事黄朝琴先生一再向印海关交涉，据理力争：紧茶是专销藏胞的，并不进

入印度市场，而且印度并不生产紧茶，紧茶与印茶毫不存在竞争销路问题。最后设法让印英海关人员到仓库中验看紧茶品质，印方人员方知紧茶系用粗老之茶叶压制而成，专为藏民所饮用，并不影响印度的经济利益，这才同意仍按过去惯例免税放行。由于佛海茶厂的及时行动，使国家和厂商与茶农茶工免遭经济损失。

（3）解决佛海外销茶结汇问题，使产销得以顺利进行。1941年冬，中央政府外汇政策规定：一切外销茶叶所得外汇，必须结汇给中央政府财政部。关于佛海外销茶结汇问题，滇中茶公司会同佛海茶厂办理。中茶总公司乃令滇中茶公司通令佛海茶厂承办。海关则严格取缔外销茶私运出境。

佛海虽属边城，驻有海关人员，但佛海并非茶叶成交之地。茶叶必须外运，经过滇边打洛关出境后，通过缅印两地运到中国西藏边境才能成交，才能获得外汇。事实上不可能在佛海结算外汇，佛海根本没有外汇来源。经佛海茶厂与海关人员多次协商，采取两全的办法，即茶叶出口时，许可用书面具结运输，先行出口，然后再结算外汇。海关及当地厂商都认为此法可行，并由海关方面通令执行。由于结汇问题得到圆满解决，外销茶叶才能得到货款，这才保证了茶厂的产销得以顺利进行。

（三）坚持建厂，忍痛撤退

太平洋战争爆发，1941年日本侵略魔爪伸向南洋，战火迫近缅泰。佛海地区遭受日机轰炸扫射，人心惶惶，动荡不安。云南中茶公司电令茶厂职工全部撤至昆明。这时佛海茶厂建厂任务正进入全面完成的最后阶段。全厂职工接到撤退的电令，莫不心情沉重，不由激起了我们心头的怒火，我们绝不甘心，我们一定要在撤退之前，把厂全部建成，以表达我们对日本侵略者绝不屈服的决心。全厂动员，上下一心，加班加点，赶装发电机器。一周后，机房供电，全厂灯火通明，显示我们终于完成了建厂的历史任务。同时，机声隆隆奏出了我们撤离前的悲痛心情。翌日，全厂职工将刚刚安好的机械和一切原有的设备，一一拆卸装箱驮运到思茅，主要机器沿途寄存民间保管，全厂员工除本地人员留守护厂外，其余人员全部撤离。临别之际，大家欲哭无泪，欲语无言。回想当初，大家本着抗战到底的决心，离乡背井，辗转流徙，来此瘴疠之乡，经年累月，为滇茶事业流血挥汗，一旦撤离，怎不令人心碎。每念及此，心潮起伏，不禁使我夜不能寐。

值得欣慰的是1949年春雷一声，全国获得解放。佛海茶厂获得新生与重建。西双版纳恶疟几乎绝迹，成为国内外观光旅游的胜地。佛海生产的红碎茶已在国际市场赢得崇高的声誉。笔者侨居海外，十分兴奋，衷心祝愿祖国茶叶生产日新月异，蒸蒸日上，前途无量！

注：范和钧（1905—1989年），江苏省常熟人。早年留法勤工俭学，归国后在上海商检局工作期间，深入茶叶产区考察研究，与吴觉农先生合著《中国茶叶问题》一书，曾在中茶公司湖北恩施实验茶厂负责设计创制各种制茶机械，机制红茶。1939年春，范和钧与张石城从缅甸景栋绕道到云南佛海考察取得样茶后，取道思茅普洱返回昆明做汇报。同年冬天，云南中茶公司决定在佛海创办试验茶厂，委任范和钧为厂长，为创办佛海茶厂，写下了历史性的篇章。

蒋铨《在云南种茶是“濮人”先行》[①]

《逸周书·商书·伊尹朝献》和《逸周书·王会解》记载，“仆人”曾向商朝献“短狗”，向周王朝献“丹砂”。“仆人”就是“濮人”，为云南最早的土著民族之一，居住在元江以西，元江古称“仆水”，因“仆族”而得名。汉晋时期，德宏、保山、临沧、西双版纳及文山州广南县、曲靖地区富源县、大理州祥云县的

① 本文选自赵春洲、张顺高编：《版纳文史资料选辑——西双版纳茶叶专辑》第四辑，西双版纳傣族自治州委员会文史资料工作委员会1988年11月编印。

云南驿等处都有濮人居住。祥云、富源的濮人是在三国蜀汉章武二年（222年）从永昌郡（即今云南保山等地）迁来，西晋元康末年（299年），在临沧地区的濮人（闽濮）又南移到耿马。隋唐时期（589年～907年），百濮系统的朴子蛮（即濮人）分布在景东文井街、景东、保山及今云龙以西等处，在丽江塔城西北沿澜沧江亦有其部落。元延祐五年（1318年）汪申讨永昌蒲蛮（即朴子蛮），蒲蛮分支之一的布朗族南逃至镇康、宁一带。元史《泰定帝记》载：“泰定四年（1327年）十一月，云南蒲蛮来附，置顺宁及宝通州庆甸县（云县）。”清时，汉族、白族不断迁入顺宁、云县等地，布朗族又逐渐南迁，现在布朗族分布于景东、凤庆、双江、临沧、耿马、云县、镇康、勐海及澜沧等处。而濮族的另一支系德昂族，主要分布于德宏州的半山区，在潞西、盈江、瑞丽、陇川、梁河及保山等县均有德昂族居住。

蒋铨《古“六大茶山”访问记》

1957年云南省西双版纳傣族自治州人民政府，组织了一支茶叶普查工作队，当时笔者负责澜沧江以东“江内片”普查队成员来自茶试站、茶叶公司和州农技站。江内一片分攸乐、勐旺和易武3个组。参加各组工作的同志为：攸乐组的金鸿祥、李顺达、白崇智、宴志发；勐旺组的杨友光、张礼轩、段慧；易武组的郑钟文、张绍儒、夏灿南，后因郑钟文同志“打摆子”（疟疾），与金鸿祥同志对调。

普查指导工作，顺便走访了云南普洱茶产区古“六大茶山”，从1957年11月15日起到12月15日止，历时一个月，行程一千二百多里。为了研究普洱茶史，特将零星访问随笔，摘录回忆整理刊登，供同行同志们参考。

考：蒋铨（1918—1991年），浙江人，中共党员，地下工作期间，化名相乐安，早年以茶叶工作为掩护，在浙江从事革命武装斗争。1939年被反动派逮捕入狱，1950年随南下服务团入滇，任勐海军事接管代表，1951年8月，云南省农林厅佛海茶叶试验站成立（省茶科所前身），任站长、所长。

蒋铨作为云南茶叶科学研究创始人，对恢复云南茶叶生产，推广红茶，实行低产茶园改造，发展新茶园，进行了30年的不懈努力，他治学严谨，艰苦朴素，其著作《六大茶山访问记》极为翔实。他于1981年离休，1991年病故。

《云南各族古代史略》说："布朗族和德昂族统称朴子族，善种木棉和茶树，今德宏，西双版纳山区还有一千多年的古老茶树，大概就是德昂族和布朗族的先民种植的。"[①]根据现有材料分析，濮人是云南种茶的祖先，云南大叶种茶树确系布朗族和德昂族的先民濮人所种植。

据调查，云南有不少古老茶林，历代传说确系濮人所种植。如"德宏莲山大寨背后有野生茶30万株，竹山寨有90万株，是一百多年前德昂族所种植的"（《云南日报》1955年6月3日），陇川瓦幕发现二万株野茶，系德昂族先民所栽种的栽培型茶树（《团结报》1958年7月23日），1965年6月云南省科协组织的保山地区经济林木考察组在保山地区高黎贡山、丫口保屯公路8l公里处看到一片云南大叶种荒芜茶园，据向导介绍，对面德昂族居住地比此地所处的海拔高，也有许多像这样的荒芜茶园。在西双版纳傣族自治州勐海县格朗和南糯山僾伲人的茶，传说是前人蒲蛮族（即布朗族）所种，僾伲人从墨江县搬到勐海南糯山，迄今已有五十六代，在僾伲人搬到南糯山前，已有了这些茶树，如以每代18—20年计算，南糯山的茶园至少已有一千年，在一千多年以前的唐朝时期，蒲蛮族已在南糯山种植了茶树。

布朗族现在的分布区域为勐海、澜沧、景东、双江、镇康、临沧、耿马、云县等县[②]，而这些地区也就是中华人民共和国成立前云南大叶种茶的主产区。1939年时，上述数县已成为云南茶叶的主产区，当时全省有26个县产茶，共产茶87700担。其中，勐海29000担，澜沧3000担，景东及景谷12000

---

① 《云南各族古代史略》编写组编：《云南各族古代史略》，云南人民出版社1977年版，第250页。

② 云南省革命委员会边疆组编印：《云南少数民族分布状况》，1973年3月。

担，双江11000担，缅宁（今临沧）4000担，云县600担，合计60400担，占全省茶叶产量的68%。[①]

德昂族现在主要分布在德宏州的潞西、盈江、陇川、梁河等县及保山地区的保山等地，[②]据有关报刊报道，云南大树茶的主要分布区也就在德宏州各县，如瑞丽登戛乡有茶树20万株（1957年4月2日《团结报》），潞西有野生茶80万株，盈江山区有40万株荒野茶（《云南茶讯》第29期1959年11月7日），梁河有野生茶，当地农民砍倒茶树，砍断枝叶采茶（1957年4月11日《团结报》）。

除上述县外，凡是古“濮人”居住过的县，现在有的是该地区的茶叶主产县，有的是大树茶的生长区。如古称“仆水”的元江县，是玉溪地区的主产茶县，中华人民共和国成立前，元江、墨江与镇沅三县所产之茶年产达到2400担[③]，元江糯茶叶质柔软，叶大形圆，茶芽特别肥壮，为他处所罕见。

汉兴古郡句町县，系汉晋时期（公元前206年—公元420年）姓“母”的濮王“句町王国”所在地，现为文山州的广南县，是文山州的茶叶主产区，中华人民共和国成立前已产茶500担[④]，汉建宁郡的谈稿县，现为曲靖地区的富源县，在三国时期就有濮人迁入居住，现在该县与贵州交界处的十八连山还有不少野生大树茶。

晋永昌郡的永寿县，现为临沧地区的耿马县，两晋时期濮人迁入居住，现在该县海拔2000米的古林中也发现有野生茶。

---

① 张肖梅：《云南经济》第十二章《云南茶叶》。

② 云南省革命委员会边疆组编印：《云南少数民族分布状况》，1973年3月。

③ 云南省人民政府财委会编：《云南经济资料》（据中华人民共和国成立前云南省中国茶业贸易公司统计数字）1950年9月。

④ 云南省人民政府财委会编：《云南经济资料》（据中华人民共和国成立前云南省中国茶业贸易公司统计数字）1950年9月。

唐开南、银生、永昌、寻传等处皆有朴子蛮居住，这些地区就是现在的景东文井街、景东县城、保山和云龙以西等处。保山已如前述。景东茶叶在唐时已闻名于世，据唐樊绰《蛮书》记载："茶出银生城界诸山，散收无采造法，蒙舍蛮以椒姜桂和烹饮之。"[①]"银生城"即今景东县城，景东川河又叫银生河，"银生"是古产茶地区，但"银生城界诸山"的茶树不一定是蒙舍蛮所栽，蒙舍蛮是唐时南诏王国（在今大理州巍山县）的统治民族，又名南诏蛮，南诏蒙氏在景东设立银生府，为南诏六节度之一的银生节度使所管辖的地区，包括现思茅专区的景东、景谷、普洱、镇沅及西双版纳等地。蒙氏贵族只知饮用在这些地区"散收"的贡茶却不知茶叶的"采造法"，而对饮茶方法倒是很讲究的，现在勐海县布朗山的布朗族仍吃用椒姜桂等掺和的腌茶，比唐南诏蒙氏贵族的茶叶烹调法的确大有逊色。

现在临沧地区的凤庆县，为当前云南省产茶最多的一个县，元时蒲（濮）人大量迁入凤庆，到明初蒲人已成为凤庆的主要居民，蒲人阿悦贡被任命为顺宁（即凤庆）土官，据章太炎《西南属夷小记》说："明清职贡，永昌顺宁皆贡濮竹，而顺宁专贡矮犬，与《王会》献短狗相契"。凤庆的"蒲蛮"，也就是古时的濮人，所以在明、清时期，献矮犬的习俗仍与商时的濮人同。凤庆现在不仅是云南大叶种茶的主产区，也生长有野生大树茶。传说凤庆在清光绪末年由旗人琦麟任顺宁知府时才开始种茶，其实在清以前已有了茶叶。光绪末年茶叶生产能在凤庆迅速发展，与善于种茶的"蒲蛮"早已迁居该地是有很大关系的。

云南是祖国茶叶的原产地，但云南古时的茶叶究竟是什么民族所种植？历史是劳动人民创造的，要解答这个问题，须从云南古代各族发展的历史来探究。笔者手头资料不多，对云南茶区尚有不少地方未经亲自考察，因此"濮人是云南种茶的祖先"的说法，可能存在很大片面性。发表本文，目的是抛砖引玉，百家争鸣。经过同志们的共同努力，最后得出比较符合实际情况的确切答案。

---

① 向达：《蛮书校注》，第190页。

王郁风《普洱茶与清皇朝——兼议弘扬普洱茶文化》

中国是世界茶树原产地，茶的故乡，而云南省是茶树原产地的中心地带，适长著名的云南大叶种茶，代表性的产品便是古今中外闻名的普洱茶，从这个意义上讲，普洱茶是茶树原产地的“故乡茶”。

考：王郁风，中国著名茶叶专家。1926年生，安徽歙县人。中国土畜产进出口总公司高级经济师。1950年进入北京，供职于中国茶业总公司。本文选自黄桂枢主编，《中国普洱茶文化研究——中国普洱茶国际学术研讨会论文集》，云南科技出版社，1994年4月第1版。

孙官生《茶马古道考察记》

序：展开考察采访茶马古道的巨大工程

正当国家西部大开发战略的实施不断深入，云南、四川、西藏、青海诸省地区加快对外开放步伐，寻求新的商贸旅游通道，建立新的经济增长点的时候，一些有识之士把目光投向了神秘的茶马古道。

于是，淹没了半个多世纪的古道又成为人们的话题。

考：孙官生《茶马古道考察记》（民族出版社2005年版）

林超民《普洱茶之路》

“茶马古道”这个名称，不见于历史文献，是由木霁弘、陈保亚，徐涌涛、王晓松、李林等6位（笔者按，这里只列了5位，还有一位是李旭）志同道合者于1990年7月～10月步行“茶马古道”时首先使用的，并在随后的专著《滇藏川“大三角”文化探秘》中进行论证（木霁弘《茶马古道上的民族文化》，云南民族出版社2003年版，第24页）。十多年来“茶马古道”已经被大多数学者认可，不少的新闻媒体、学术著作都采用“茶马古道”这个名称来概述滇藏川地区的交通与商贸。“茶马古道以马帮运茶为主要特征”，“茶马古道上的马帮把汉地的茶和吐蕃的马、骡、羊毛、羊牛皮、麝香、药材等互换，运输的方式是人赶着马在高山峡谷中跋涉，这就形成了茶马古道的重要特征”（木霁弘《茶马古道上的民族文化》，云南民族出版社2003年版，第26页）。关于茶马古道的著作和文章层出不穷，演绎着在这条道路上的人、马帮、茶叶的各种传说与故事，成为新文化大潮中一朵耀眼的浪花。

考：选自林超民《普洱茶散论·普洱茶之路》。本文系作者在普洱茶国际学术研讨会上提交的论文。

王志芬《普洱茶的兴盛与近代云南马帮》

云南种植、生产茶叶的历史年代久远，是茶叶的原产地之一。云南茶叶中又以普洱茶最为有名。从清始，普洱茶迎来了兴盛时代。一支支以运茶为主的马帮也随着茶叶贸易的兴盛而逐渐发展壮大起来。马帮的发展壮大，最终导致了普洱茶的进一步兴盛。

考：本文选自《农业考古》2003年第4期。

李钧《茶马古道上的大马帮》

驿运、茶马古道和马帮，是近年来媒体关注、影视常显的话题。有许多很好的文字报道和影视作品歌颂这桩历史悠久、对国计民生做出过重大贡献的史实，但由于文学篇幅、影视镜头所限，对马帮、马锅头们在茶马古道上活动的一些细节很难表述出来。我从小对马帮就有所见闻，参加工作后，也有不少接触，对古道上赶马人吃苦耐劳的精神很敬佩，对他们的特殊生活方式也很感兴趣，所以我特别走访了我的老乡，顺宁茶厂的第一代赶马人杨毓柏同志，请他把茶马古道上赶马人的生活习俗、技术诸方面给我作详细介绍。我把它整理出来作为普通史料，是一项趣事也是我的心愿，虽篇幅较长，但若干年后，有些细节就难寻了。

考：李钧的这篇《茶马古道上的大马帮》，对马帮的调研记述十分翔实，有一定的史料和历史研究价值。

李旭《论茶马古道马帮之精神》

马帮是大西南地区特有的一种交通运输方式，它也是茶马古道主要的运载手段。中国大西南区域山高水急的自然条件使水上航行成为纯粹的噩梦，而西南地区自古出虽矮小却富耐力的山地马，这样，马帮的徒步运输就应运而生。马帮的存在和运作，已有上千年的历史，他们构成了一个极为特殊的社会群体。

敏塔敏吉《茶马古道上的马帮文化》

唐宋时期以后，云南和四川的茶叶开始销往西藏地区，受到了藏族同胞的喜爱，以至于到了“不可一日无茶”的地步。茶马古道也就有了两个出发点：一是云南普洱，二是四川雅安。从普洱北行的路线经过南涧、大理、中甸、德钦、碧土，从雅安西行的路线过泸定、康定、理塘、巴塘、芒康、左贡，两条路线在今西藏邦达汇合，然后又分为两条主要的商道通往印度。一是由邦达向西南行，经然乌、察禺进入印度东北角的布拉马普特拉河流域，与著名的“蜀身毒道”和“海上丝绸之路”连接。二是由邦达经昌都一直向西，到达拉萨后又分为两路，一路经江孜等地进入尼泊尔、锡金、不丹，一路继续西行，经日喀则、拉孜、萨嘎、普兰到达印度、尼泊尔。

木霁弘《茶马古道总述》

公元前138年，张骞奉汉武帝之命出使西域——大月氏，在大夏见筇竹杖及蜀布，经详细询问，知道有一条商路经身毒（印度）通往云南和四川。

张骞被囚10年之后，回到汉朝，向汉武帝禀报了西域诸国的各种情况，并告诉汉域版图中的云南及四川同印度、波斯有着商贸往来。汉武帝雄才大略，身毒道的发现，引发了其开发西南夷的雄心。于是汉武帝遣四路使臣前往云南寻找“蜀身毒道（云南、四川通往印度的古道）”，不幸的是使臣纷纷受阻或被杀于洱海区域的昆明。为讨伐阻杀者，汉武帝在长安仿云南洱海外形开凿昆明池演习水兵，从此云南历史上有了“汉习楼船”的故事。张骞出使西域，确认了云南很早就和南亚、西亚、中亚的交往，而汉武帝遣使者的寻访，让中原接触到了西南边疆的文化。西汉王朝明白，一旦打通这条商道，西方文明将会和中原文化相接触，商贸、艺术、文化的交流将会有新的通道。

这条古道静默着。到了唐代，随着吐蕃王朝的崛起，藏族和南亚、西亚人大量饮茶，古道又恢复了它的喧嚣。唐朝的樊绰写了一本很著名的《云南志》（也叫《蛮书》），书中详细地记载了滇茶入藏的道路。

该路有两条，一是从云南的西部西双版纳、思茅经临沧、保山、大理、怒江、丽江、迪庆到四川的甘孜及西藏的昌都、察隅、波密、林芝、拉萨，再进入尼泊尔、锡金、不丹、印度、阿富汗。一条是从四川的雅安出发，经康定到昌都的左贡同云南之道相汇。茶马古道在时间和空间上规模宏大，它是亚洲大陆上庞大的以茶叶为纽带的古道网络。随着茶叶为载体的商贸日趋发达，宋、元、明、清大大强化了这条道路，由此形成了亚洲大陆最为庞大复杂的商业道路。

考：茶马古道这一名称在过去的历史文献中没有使用过。该名称是由木霁弘、陈保亚、徐涌涛、王晓松、李林等六位志同道合者于1990年7—10月步行茶马古道时首先使用的，并在随后的专著《滇藏川“大三角”文化探秘》中进行了论证，接着一批学者及拍电视片的人也肯定了这种说法。

蒋文中《重归神奇的滇藏茶马古道》

半个世纪前，英国作家詹姆斯在他《走出地平线》将“香格里拉”那个美丽神奇而又遥远陌生的地方描写得无比美丽，让数以万计的人们怀着兴奋的目光去寻找那世外桃源。

参考文献与资料

一　古籍文献参考资料（按时间顺序）

东晋·《华阳国志·巴志》光绪二年西山房重刊本。另见常璩撰、任乃强校注，《华阳国志校补图注》，上海古籍出版社1987年版。

唐·陆羽著，宋刊刻本《茶经》，西泠印社出版2011年版。另见张芳赐等释《〈茶经〉译释》，云南科技出版社2004年版。

唐·樊绰《蛮书·云南管内物产》，方国瑜主编《云南史料丛刊》第2卷，云南大学出版社1998年版。另见向达：《蛮书校注》。

唐·李肇《唐国史补》，古典文学出版社1957年版。

宋·李石《续博物志》卷七，方国瑜主编《云南史料丛刊》第2卷，云南大学出版社1998年版。

宋·范成大《桂海虞衡志》明万历间刊本。

宋·《太平寰宇记》。

宋·周去非《岭外代答》，杨武泉撰注之《岭外代答校注》，中华书局1999年版。

宋·杨佐《云南买马记》。

元·《经世大典》元代官修政书，又名《皇朝经世大典》。元文宗至顺元年（1330年）由奎章阁学士院负责编纂。

元·冯承钧译：《马可波罗行纪》，上海书店出版社2001年版。

元·《元一统志》卷七。

元·《经世大典·站赤》。

明·谢肇淛《滇略》卷三，方国瑜主编《云南史料丛刊》第2卷，云南大学出版社1998年版。

明·《万历云南通志》。

明·方以智《物理小识》，方国瑜主编《云南史料丛刊》第二卷，云南大学出版社1998年版。

明·《滴露漫录》。

明·杨慎著《滇程记》和《滇载记》为明万历三十三年乙巳（1605年）刊刻，黄棉纸印本。

明·兰茂《滇南本草节选》，黄桂枢著《普洱茶文化大观》，云南民族出版社2005年版。

明·《明英宗实录》卷177、291。

清·刘健《庭闻录》。

清康熙·章履成《元江府志》云南省图书馆藏。

清乾隆·《卫藏通志》，《西藏研究》编辑部，西藏人民出版社1982年版。

清乾隆·《腾越州志·关隘志》。

清乾隆·赵学敏《本草纲目拾遗》，赵春洲、张顺高编《版纳文史资料选辑——西双版纳茶叶专辑》第四辑，西双版纳傣族自治州委员会文史资料工作委员会1988年11月编印。

清·《道光云南志钞》，云南省社会科学院文献研究所编，1995年第2期。

清·道光《云南通志稿》。

清·焦应旂《藏程纪略》。

英国驻打箭炉（康定）领事孔贝《藏人论藏》。

清·杜昌丁《藏行纪程·滇程记》。

清·师范《滇系·山川》，《滇系》第六册，光绪云南通志馆刊本。

清·檀萃《滇海虞衡志》，云南人民出版社1990年版。

清·倪蜕《滇云历年传·卷十二》，李埏校点《滇云历年传》，云南大学出版社1992年版。

清·张泓《滇南新语·滇茶》，方国瑜主编《云南史料丛刊》第11卷，云南大学出版社1998年版。

清·吴大勋《滇南闻见录》下卷《物部·团茶》，方国瑜主编《云南史

料丛刊》第12卷，云南大学出版社2001年版。

清·檀萃《滇海虞衡志·卷十一志草木》，云南人民出版社1990年版。

清·阮福《普洱茶记》，赵春洲、张顺高编《版纳文史资料选辑——西双版纳茶叶专辑》第四辑，西双版纳傣族自治州委员会文史资料工作委员会1988年11月编印。

清·雪渔《鸿泥杂志》卷二，赵春洲、张顺高编《版纳文史资料选辑——西双版纳茶叶专辑》第四辑，西双版纳傣族自治州委员会文史资料工作委员会1988年11月编印。

清·段永原《信征别集》卷下，赵春洲、张顺高编《版纳文史资料选辑——西双版纳茶叶专辑》第四辑，西双版纳傣族自治州委员会文史资料工作委员会1988年11月编印。

清·郑绍谦等道光《普洱府志稿》，道光三十年（1850年）刊本。

清·光绪《普洱府志》，清光绪二十六年（1900）51卷全书刊本。

清·陈宗海等《光绪普洱府志稿》，光绪二十六年（1900年）刊本。

清·嵇璜等《清朝通典·食货八杂税附》，赵春洲、张顺高编《版纳文史资料选辑——西双版纳茶叶专辑》第四辑，西双版纳傣族自治州委员会文史资料工作委员会1988年11月编印。

清·尹继善、靖道谟纂修《云南通志》，乾隆元年（1736年）30册刊本。

清·阮元、伊里布、王崧、李诚纂修《云南通志稿》，道光十五年（1835年）112册刊本。

清·舒熙盛《茶庵鸟道》《茶马古道诗》。

清·《光绪思茅口华洋贸易情形论略》。

民国·赵尔巽《清史稿·食货志五》，赵春洲、张顺高编《版纳文史资料选辑——西双版纳茶叶专辑》第四辑，西双版纳傣族自治州委员会文史资料工作委员会1988年11月编印。

民国·《新纂云南通志·物产考》。

民国·邹应龙、李元阳纂修《云南通志》民国二十三年（1934年）重印明隆庆间本。

民国·《西藏始末纪要》1930年版。

民国·任乃强《康藏史地大纲》，西藏古籍出版社2000年版。

民国三十四年《滇西驿运报告书》。

藏族英雄史诗《格萨尔》。

民国·谭方之《滇茶藏销》，1933年云南民众教育馆编印《云南边地问题研究·西北边地状况纪略》。

民国·李拂一《西藏与车里之茶业贸易》。

洛克《中国西南古纳西王国》，洛克（Rock.J.F）著，刘宗岳等译，宣科主编，杨福泉、刘达成审校，云南美术出版社1999年版。

《普洱哈尼族彝族自治县志》，普洱哈尼族彝族自治县地方志编纂委员会，三联书店1993年版。

顾彼得《被遗忘的王国》，李茂春译，云南人民出版社1992年版。

（英）詹姆斯·希尔顿《失去的地平线》。

李拂一《西双版纳与西藏之茶叶贸易》，台北云南同乡会编《云南文献》第32期，台北2002年2月。

二　当代有关文献及研究成果（按时间顺序）

方国瑜主编《云南史料丛刊》第2卷，云南大学出版社1998年版。

方国瑜《普洱茶》，方国瑜著、林超民编《方国瑜文集》第四辑，云南教育出版社2001年版。

《云南各族古代史略》，云南人民出版社1977年版。

平措次仁主编《西藏古近代交通史》，中国公路交通史丛书，西藏自治区交通厅西藏社会科学院编，人民交通出版社2001年版。

蒋铨《在云南种茶是“濮人”先行》，赵春洲、张顺高编《版纳文史资料选辑——西双版纳茶叶专辑》第四辑，西双版纳傣族自治州委员会文史资料工作委员会1988年11月编印。

王世睿《进藏纪程》，四川民族出版社1985年版。

《纳西族简史》，云南人民出版社1984年版。

达仓宗巴·班觉桑布《汉藏史集》，陈庆英译，西藏人民出版社1986年版。

杨毓才《云南各民族经济发展史》，云南人民出版社1989年版。

蒋文中《古代交通与云南经济发展的历史轨迹》，《历史文化资源研究》，云南省史学会论集，云南教育出版社1994年出版。

向翔《茶马古道与滇藏文化交流》，《云南民族学院报》（哲学社会科学版）1994-3-2。

黎世蘅《最初的华番茶叶贸易经过》，北大社会科学季刊，1925年3月第2期。

蒋文中《论云南古代交通与经济的发展》，云南省历史研究所，《研究集刊》1995年第36辑。

邓启耀《灵性高原——茶马古道寻访》，浙江人民出版社1998年版。

蒋文中《滇藏茶马古道历史考察》，云南省方志办《史与志》，1998年版。

李旭《藏客——茶马古道马帮生涯》，云南大学出版社2000年版。

茶马古道编委会《又见茶马古道》，民族出版社2000年版。

宣绍武《茶马古道亲历记》，云南民族出版社2001年版。

木霁弘《茶马古道考察纪事》，云南人民出版社2001年版。

蒋文中《走进西部·云南》，云南教育出版社2001年版。

格勒《茶马古道的历史作用和现实意义初探》，《中国藏学》2002年第3期。

石硕《茶马古道及其历史文化价值》，《西藏研究》2002年第4期。

罗世伟《茶马古道开发的现实意义》，《重庆师范学院报》（自然科学版），2003-3-5。

陈保亚《论茶马古道的起源》，《思想战线》2004年第4期。

李旭《九行茶马古道》，作家出版社2004年版。

赵大川《图说晚清民国茶马古道》，中国农业出版社2004年版。

夫巴《丽江与茶马古道》，云南大学出版社2004年版。

钟颖、邓琨《古城苍茫——亲历茶马古道》，云南民族出版社2004年版。

蒋文中《云南民族文化旅游》，中国旅游教育出版社2005年版。

杨洪波《茶马古道——滇文化精粹》，云南民族出版社2005年版。

林超民《普洱茶散论》，《中国云南普洱茶古茶山茶文化研究——纪念孔明兴茶1780周年暨中国云南普洱茶古茶山国际学术研讨会论文集》，云南科技出版社2005年版。

黄桂枢著《普洱茶文化大观》，云南民族出版社2005年版。

孙官生《茶马古道考察记》，民族出版社2005年版。

蒋文中《中国抗战与滇缅公路》，《中国西南文化研究》，云南科技出版社2005年版。

景宜《茶马古道》，民族出版社2005年版。

边人主编《茶马古道上的活化石》，外文出版社2005年版。

蒋文中《重归神奇的滇藏茶马古道》，《中华普洱茶文化百科》，云南科技出版社2006年版。

蒋文中《金戈铁马茶马古道》，《云南普洱茶》云南科技出版社2006年版。

敏塔敏吉《茶马古道上的马帮文化》，《思茅师范高等专科学校学报》2008年第4期。

任新建《茶马古道的历史变迁与现代功能》，《中华文化论坛》2008年第2期。

蒋文中《不能遗忘的临沧段茶马古道》，《云南普洱茶》，云南科技出版社2008年版。

李旭《茶马古道上的传奇家族》，《中华书籍》2009年1月1日。

张永国《茶马古道与茶马贸易的历史与价值》，《西藏大学学报》2006年第2期。

蒋文中《中国普洱茶》，中国水利水电出版社2006年版。

杨福泉《茶马古道老城丽江忆旧》，《丽江岁月与海外萍踪：杨福泉散文选》，云南人民出版社2006年版。

蒋文中《茶马重镇云南驿》，《云南普洱茶》，云南科技出版社2006年版。

蒋文中《茶马兴废寺登街》，《云南普洱茶》，云南科技出版社2006年版。

蒋文中《香格里拉中的建塘古镇》，《云南普洱茶》，云南科技出版社

2006年版。

杨嘉铭琪梅旺姆《藏族茶文化概论》，《中国藏学》1995年第4期。

黄桂枢《清代、民国时期普洱和思茅的茶庄商号黄桂枢》，中国茶叶2007-29-6。

先燕云《寻找茶马古道》，广东旅游出版社2007年版。

蒋文中《雪山之城升平镇》，《云南普洱茶》，云南科技出版社2007年版。

张顺高、苏芳华、蒋文中主编《中国普洱茶百科全书》，云南科技出版社2007年版。

蒋文中主编《云茶大典》，云南民族出版社2008年版。

蒋文中《古茶乡韵》，云南科技出版社2008年版。

木霁弘《茶马古道总述》，《云南普洱茶》2009年春，云南科技出版社2009年版。

颜恩泉蒋文中等《云南乡土文化》，云南科技出版社2009年版。

陈延斌《大理白族喜洲商帮研究》，中央民族大学出版社2009年版。

薛祖军《大理地区喜洲商帮与鹤庆商帮的分析研究》，云大出版社2010年版。

杨福泉《西行茶马古道》，上海人民出版社。

三　当代已播映影视资料

田壮壮、木霁弘《茶马古道·德拉姆》，故事片（2004年）。

中国民族音像出版社《茶马古道》，电视连续剧。

韩国《茶马古道》，电视纪录片。

何真、王洪波编剧《大马帮》，电视剧（2004年）。

《罕见老照片——老照片1896年，瑶族、佤族——云南那个神秘的思茅！》，中国黑白影像微杂志，2016年。

茶画《清代茶叶生产过程》，别茶书院。

茶马古道百年老照片回乡（云南殷晓骏）。

后　记

文献研究不易，本书从着手到出版，历时十三年，如大海拾贝，其间逐字逐句对照推敲，不胜其苦，但总算达成了初衷，首次将云茶史志收集成册，考据成书，以此为筑牢云南茶业研究和产业发展的历史基石贡献一份力量。在完成文献及调查研究基础上，我的另一部与之相应的《云南茶史》也即将完成。

研究云南茶史、茶文化，源于我在云南省社会科学院历史、文献研究迄今已逾三十年的对云南地方史、民族史和民族文化的研究积累，在查阅大量史籍中，一次次为地方文献中出现的有关普洱茶的记载而震动，发现在历史上，云南并不是封闭落后之区，从经济方面看，明至近代，以矿业、盐业和普洱茶为代表的云南经济曾有过五六百年的大发展。普洱茶曾造福一方，成为中国名茶和云南一项主要经济来源。伴随着普洱茶等商业贸易，不仅出现了云南最早的交通集镇网络，还走出了一条通向中国西藏并直至南亚东南亚的国际大通道——茶马古道。这是一条走在云上的茶路，任何深入过云南茶山和茶马古道的人，都会为各民族人民对茶的敬爱，为那一站站如接力棒般传递茶叶贸易，并在人背马驮中对万里茶路的开拓而深深感慨，为各民族和谐交流与团结相生、共同发展中而放射出的民族精神之光所感动。

多年来，云南独有的乔木大叶种茶和茶马古道，深深吸引我研究的目光。茶作为世界上倍受称赞、最具影响力的植物，其在云南边疆民族地区

社会经济发展史上的作用与影响十分深远，茶如大地和人生的史诗，世界上没有哪个地方如云南茶如此之古老，没有哪一个地域像云南，有如此众多的民族围绕着茶相依共融，没有哪一条路如茶马古道般可唤起人们对这片高原大地如诗的吟诵！作为历史悠久的普洱茶文化，不仅是云南，也是中国和全世界共同拥有的一笔宝贵的自然和文化遗产，深入发掘云茶历史文化价值有着重大的现实意义。

在着手茶的研究中，得先从茶的起源传播和不同茶类的属性、特点及生产工艺入手。从2000年开始至2007年，经过查阅历史记载到走遍全国和云南茶叶生产区的比较调研，我先后撰写并出版了《走进西部·云南》《云南民族文化探源》《云南民族民间手工艺》《中国普洱茶》《中华普洱茶文化》等书，并主编了《云茶大典》《中国普洱茶百科全书》，也因之成为普洱茶研究的知名学者。之后在不断继续深入的研究中，发现普洱茶不仅与祖国内地，更与云南各民族历史文化紧密相连，因而在走遍云岭茶山和民族村寨的田野工作中，在大量有关茶与人文地理及社会经济调查中，从2007年后，用历史人类学的研究方法写作出版了《云南茶业大调查》《爱随茶香》《古茶乡韵》等著作及大量调研报告，之后，为配合云南省打造文化产业，从2013年至2015年完成了《云南茶文化产业发展规划》，出版了《云南文化产业丛书·茶艺》。

通过这一系列的研究，这些年来个人研究最大的体会是：

首先在资料上得有新的突破。随着对云茶和茶马古道历史文化研究的深入，发现还有不少值得深入挖掘的空白，对文献的基础支撑研究显得越加重要。对此，结合我个人始终致力的云南对外交通及贸易史研究，抓住云南历史上最活跃并从古代持续到近现代的茶叶贸易现象和茶马古道，从潜心做文献研究入手，同时应省文化部门对茶马古道保护与开发和申遗的委托，从2009年至2014年，用五年的时间将历史上云南茶与交通贸易的有关史料进行了全面深入系统的收集整理，并结合田野调查考证，完成了25万字的《茶马古道文献考释》，于2014年由云南人民出版社出版。在这一过程中，进一步感到，新资料的发现和补充才能推动学科及未知领域的研究。我不断从新的考古发现、出土文献、少数民族古文书、墓志、族谱家谱等方面拓宽资料来源。从2015年到2019年，又用了五年时间，完成了包括对云南茶叶生产及贸易有关史料，云南茶马贸易茶政、茶法、茶税史料，云南地方志有关云南茶叶及生产贸易史料，清末云南思茅海关茶叶贸易资料，云南茶叶入藏贸易史料，近现代有关云南古茶山田野调查资料等的辑录考证。对这些资料的深入广泛发掘，推动了我的研究，2015年顺利出版了《茶马古道研究》，《云上的茶路》的顺利出版也得益于此，为我辑考编著这本《云茶史志辑考》，为云南茶业资讯及应用研究提供了参考，也为本人下一步完成《云南茶史》奠定了基础。

其次是研究和方法得有所创新和突破。作为一名史学研究者，在传统历史学与文献学结合中，对新领域和新学科也得不断开辟和建立。我不断拓展交通史、城镇史、区域史、产业史、文化史等新领域中与茶史相联的史料，在研究范围的扩大中，促进了相关领域研究，也为重新认识云南茶史和茶马古道提供了新的视角。近年来，云南正大力将普洱茶打造为代表中国绿色食品的世界品牌，做强云南茶产业，助力脱贫攻坚和乡村振兴。然而又如何做呢？云茶从明清直至民国初期曾有过五六百年的繁盛，但在抗日战争后逐渐走向衰落，后直到21世纪初又逐渐走向复兴，再次成为享誉海内外的云南名片，其中一大原因便是因其更具自然、传统和绿色生态健康之优点和深厚的地方特色及民族文化底蕴。近20年来，普洱茶虽有复兴，但发展速度和品牌效益还远远不够，知名度和经济效益尚不成正比，原因便是没有很好地坚守把握住自身特色和优点，因而一直未能打造成为代表云南和中国并影响世界的云茶品牌。经济效益不能提升，便不能加快发展。因此，云茶产业要跨越发展，首先得坚持弘扬普洱茶优秀传统和文化，在传承基础上创新。2021年3月22日，习近平总书记在武夷山考察时指出，要把茶文化、茶产业、茶科技统筹起来，让茶产业成为乡村振兴的支柱产业。

历史研究也得开辟服务于现时领域。对此，我与相关单位合作完成一些应用项目，如两次主编并撰写《云茶大典》及《云茶大典新编》，参与政府制定《云南茶文化产业发展规划》《云茶千亿产业“十四五”规划》及与茶叶协会合作研究《地理证明商标与普洱茶的品牌》《茶城与茶文化产业的建设》等。

第三是加大多元化交流与合作。对云南茶史及茶文化研究，不仅要超越云南范围，还应注重与中原和国外历史的比较研究和交流。且注重在不同阶段将地方史与南亚东南亚历史进行对比，用于在“一带一路”和发挥云南辐射中心研究中，探索人类历史的共同规律以及文化传播途径。我积极参加南亚智库论坛和东盟茶文化论坛等，发表学术论文《用茶马古道扩大“一带一路”国际经济文化的交流》《将丝绸之路的“旧边缘”转变为“新前沿”》等。参与完成省院级课题《发挥昆曼公路文化纽带作用对策研究》《云南与南亚东南亚文化交流与合作研究》及完成《发挥云南茶文化优势，加强与南亚东南亚文化交流与合作》《茶文化在昆曼公路文化建设中的对策及措施》《云南产茶区农村市场化进程中精准扶贫方法创新》《茶旅互促，产业联动，融出富美乡村》等调研报告，并在《云南智库要报》撰写发表多篇建言献策文稿，如《以绿色茶庄园助推山区脱贫发展》《普洱茶迫切需要打造成一张响亮的名片》等。

第四是在横向扩展研究上，结合个人在云南交通贸易史方面的研究，还把由商业活动带来的包括周边文明与中原文明、汉族与沿边民族文化的交流融合等作为课题，并在研究方法上，由重中原文明的传播和周边民族

“汉化”，转向关注多种文化之间的互动、少数民族对汉族文化的影响等，对各文化之间的互动有了更全面的解析。众所周知，由于近现代中国历史学在很大程度上是传统史学与西方方法相结合的结果，许多理论和术语源于西方。在国内，则基本是从中原主流文化中心看边地文化，要改变这一状况，必须充分认识边疆民族历史的独特性，重新对其进行总结性研究。因此，我个人结合茶史和茶马古道研究，已出版《中国普洱茶》《中华普洱茶文化百科》及《茶马古道研究》《云上的茶路》等专著及《普洱茶得名历史考证》《茶马贸易与汉藏民族关系》《普洱茶与清代滇藏贸易》《茶的政治功用与固边大政》《清代“驿屯”与云南边疆治理和经济开发》《清代茶在滇南民族地区社会经济发展中的作用》《茶与民族关系》等文章，旨在梳理中国茶文化的脉络，重新认识和构建云南茶的历史和文化理论体系，并在更大的视角和维度上评估中华文明及中国茶文化在世界史上的独特地位及其影响。

今天，随着中华民族的伟大复兴，茶文化和茶经济正在不断升温。虽然茶马古道已经成为历史，但云茶发展之路还在继续。发挥云茶优势，继承茶马古道的民族精神，让这条源远流长的国际商贸通道在“一带一路”建设中发挥作用，让普洱茶不仅能在古代“蛮荒之地”的云南民族地区造福一方，在今天也同样能让云南的茶变为金花银花。这不是一种宿命的存在，这是绿色发展的必然延伸。源于云南乔木大叶种茶并播及影响世界的中国茶文化，历千年不衰，这在中外历史上是绝无仅有的，这样一条走了几千年还在继续延续的中国茶文化之路，尤如云上的茶路，那依然如故、惊世骇俗的美，那传递给世界各国人民和平文明、健康快乐的无声语言，够我们用一生去感悟，去弘扬。

在本书的编写出版过程中，十分感谢社会科学院历史、文献研究所和杜娟所长给我提供了良好科研环境和条件，才让此作顺利完成。感谢云南

省社会科学院的出版资助，以及帮助评审校改的各位师友学者。

还要特别感谢资深茶人冉皓冰先生对本书在调研写作中的大力支持和帮助。冉皓冰先生虽是重庆人，但在西北工作中深深感受到各民族对普洱茶的喜爱，他由此也深深爱上了普洱茶，从部队到地方工作，每天茶不离身，工作环境及生活条件再艰苦，只要能喝上一杯普洱茶，便有无比的慰藉和快乐。因为喜爱普洱茶，冉皓冰先生便一直钻研普洱茶，收集普洱茶资料书籍，二十多年来尽一切能力寻求购买有代表性的优质普洱茶，在学习研究中，他只要一有空便前往云南茶山实地调研，经多年积累终成被业界认可的专家，与笔者在共同研究中结为莫逆之交，也因冉皓冰先生的帮助，使此书增加了创新的价值。

还要感谢云南茶企中以“匠人制茶”坚持品质至上而在业界有良好口碑的岭南茶业公司，拥进才、拥福江先生和广东资深茶人梁树新先生，因他们在本书的编写中给予的帮助支持，使该书终得完成。

最后，还须说明的是，若本书在引用的资料中，没有注明或有错漏，敬请包涵并在此表示深深感谢！

蒋文中

2021年1月